高等职业教育"十三五"规划教材
高等职业教育公共基础课规划教材

高等数学

◎主　编　孙忠民
◎副主编　宋　宇

电子工业出版社
Publishing House of Electronics Industry
北京·BEIJING

内 容 简 介

本书汲取了全国高职院校高等数学教学改革的成果,以培养和提高学生的思维素质、创新能力为目标,注重学生综合素质培养。突出数学技术与专业技能结合,注重渗透数学思想方法。

本书内容主要包括函数的极限与连续、导数与微分及其应用、一元函数积分及其应用、常微分方程及其应用、空间解析几何及其应用、多元函数积分及其应用、无穷级数共 7 章。

本书可作为高等职业院校及成人高校工科各专业高等数学课程教材,也可作为工程技术人员的参考书。

未经许可,不得以任何方式复制或抄袭本书之部分或全部内容。
版权所有,侵权必究。

图书在版编目(CIP)数据

高等数学 / 孙忠民主编. —北京:电子工业出版社,2019.9

ISBN 978-7-121-34165-6

Ⅰ. ①高… Ⅱ. ①孙… Ⅲ. ①高等数学—高等学校—教材 Ⅳ. ①O13

中国版本图书馆 CIP 数据核字(2018)第 088223 号

责任编辑:裴 杰
印　　刷:北京七彩京通数码快印有限公司
装　　订:北京七彩京通数码快印有限公司
出版发行:电子工业出版社
　　　　　北京市海淀区万寿路 173 信箱　邮编　100036
开　　本:787×1 092　1/16　印张:13　字数:332.8 千字
版　　次:2019 年 9 月第 1 版
印　　次:2021 年 6 月第 5 次印刷
定　　价:39.80 元

凡所购买电子工业出版社图书有缺损问题,请向购买书店调换。若书店售缺,请与本社发行部联系,联系及邮购电话:(010)88254888,88258888。

质量投诉请发邮件至 zlts@phei.com.cn,盗版侵权举报请发邮件至 dbqq@phei.com.cn。

本书咨询联系方式:(010)88254608,zhy@phei.com.cn。

前言
PREFACE

高等数学是支撑高职院校学生职业技能和职业素养的公共基础课程，具有基础性、工具性和发展性，在系统培养高端技能型人才综合素质和可持续发展能力中具有重要作用。随着高等职业教育教学改革的不断深入和人才培养理念、模式的转型升级，迫切需要创新研发出适应高等职业教育专业教学标准、符合高端技能型人才成长规律的教材，以促进高职数学课程教学质量的全面提升，确保高职人才培养目标的实现。

本书围绕满足专业技能培养需求、突出数学技术应用、体现素质教育理念，以高端技能型人才成长和未来职业发展需求为本，根据"面向高职工科类专业，融入数学技术和文化，凸显分层学用数学"的思路精心设计、组织和安排教学内容。

本书内容主要包括函数的极限与连续、导数与微分及其应用、一元函数积分及其应用、常微分方程及其应用、空间解析几何及其应用、多元函数积分及其应用、无穷级数共7章。书中数学实验中，用 Matlab 应用部分，公式全为斜体，以区分正文，特此说明。

本书由孙忠民担任主编，宋宇担任副主编，参与编写的人员还有王兵兵、张明成、冯强等。

由于编者水平所限，成书时间也比较仓促，本书难免有不足之处，敬请读者指正。

编　者

目 录
CONTENTS

第一章 函数的极限与连续 ··· 1
  1.1 函数的概念 ··· 1
  1.2 极限的概念 ··· 7
  1.3 求极限的方法 ·· 19
  1.4 极限的应用 ··· 26
  1.5 数学实验——用 Matlab 绘制平面图形 ·· 33

第二章 导数与微分及其应用 ·· 40
  2.1 导数的概念 ··· 40
  2.2 求导的方法——基本公式和复合函数的导数 ··· 45
  2.3 求导数的方法——隐函数和由参数方程所确定的函数的导数 ··················· 50
  2.4 导数的应用——函数的单调性、极值和最值 ··· 54
  2.5 高阶导数及其应用 ··· 62
  2.6 函数的微分及其应用 ·· 69
  2.7 数学实验——用 Matlab 计算函数导数和最小值 ··································· 73

第三章 一元函数积分及其应用 ·· 78
  3.1 定积分的概念 ·· 78
  3.2 定积分的计算 ·· 85
  3.3 定积分的应用 ·· 96
  3.4 数学实验——用 Matlab 计算积分 ··· 103

第四章 常微分方程及其应用 ·· 107
  4.1 微分方程的概念 ·· 107
  4.2 一阶微分方程 ··· 110
  4.3 二阶常系数线性微分方程 ··· 115
  4.4 微分方程的几个应用案例 ··· 120
  4.5 数学实验——用 Matlab 解微分方程 ··· 124

第五章	空间解析几何及其应用	128
5.1	空间直角坐标系与向量代数基础	128
5.2	空间解析几何及其应用	138
5.3	数学实验——用 *Matlab* 绘制空间图形	148

第六章	多元函数微积分及其应用	152
6.1	多元函数微分学	152
6.2	二元函数的极值与最值	159
6.3	二重积分及其应用	163
6.4	数学实验——用 *Matlab* 求多元函数微积分	172

第七章	无穷级数	178
7.1	常数项级数的概念和性质	178
7.2	正项级数	182
7.3	交错级数	185
7.4	幂级数	188
7.5	函数的幂级数展开	192
7.6	数学实验——用 *Matlab* 计算级数的和	197

参考文献 ··· 201

第1章 函数的极限与连续

学习目标

知识目标

- 掌握函数的概念和性质;
- 理解函数极限的概念和极限思想方法;
- 学会应用极限的四则运算求极限;
- 灵活运用两个重要极限公式求极限;
- 会用函数的连续性及无穷小求极限;
- 了解间断点的类型;
- 掌握闭区间上连续函数的性质.

能力目标

- 能求函数的定义域,能写出复合函数的复合过程;
- 能应用极限方法判断函数在某点的连续性;
- 能应用极限思想方法分析解决实际问题;
- 能用 Matlab 软件绘制平面图形和计算极限.

初等数学主要研究的是常量,高等数学主要研究的是变量,研究的是变量与变量之间的依赖关系,即函数关系.本章主要介绍函数、极限和连续,极限是高等数学最基本的工具.高等数学就是通过极限这个工具,以函数关系为研究对象的一门课程.掌握极限概念及其思想方法是学好高等数学的基础,可以为以后的导数、微分、积分的学习打下基础.

§1.1 函数的概念

一、函数的概念

"函数(function)"一词最初是由德国数学家莱布尼茨在1692年开始使用.

1734年,瑞士数学家欧拉引入了函数符号"$f(x)$",认为函数是由一个公式确定的数量关系.但是当时的函数概念仍然是比较模糊的. 1837年,德国数学家狄利克雷提出"如果对于x的每一个值,y总有一个完全确定的值与之对应,则y是x的函数".这个定义比较清楚地说明了函数的内涵: 不管其对应法则是公式、图像、表格,还是其他形式,函数$f(x)$是x与y之间的一种对应关系.

1859年,清代数学家李善兰第一次将"function"译成"函数".

19世纪70年代以后,随着集合概念的出现,函数概念得以用更加严谨的集合和对应的语言表达.

【案例1 圆的面积】 圆的面积S与半径r的关系可表示为

$$S = \pi r^2$$

【案例2 自由落体运动方程】 在自由落体运动中,物体下落的距离s随下落时间t的变化而变化,下落距离s与时间t之间的依赖关系可以用下式表示

$$s = \frac{1}{2}gt^2$$

其中,g为重力加速度.

1.函数的概念:

定义 1.1 从非空数集D到非空数集B的一个函数关系f是这样一种对应法则(对应关系):对于D中每一个元素x,对应B中唯一确定的元素y.记为

$$y = f(x), x \in D$$

其中x称为自变量,y称为因变量.x的变化范围D称为$y = f(x)$的定义域,y的变化范围称为$y = f(x)$的值域B.

【注】 1.函数关系的"机器"描述: 函数关系本质上是变量之间的一种运算模式或结构,可以形象地看成"一台函数机器",对每一个允许输入的x给出唯一一个确定的输出y.输入的范围构成函数的定义域,输出的范围则构成函数的值域.

$$x \longrightarrow f(x) \longrightarrow y$$

2.函数记号:函数$y = f(x)$的表达式中,$f(\ )$表示函数关系,而$f(x)$表示对应于x的函数值,两者是有区别的.习惯上常把函数f和函数值$f(x)$都称为函数.

3.函数的两要素:函数的定义域D和函数关系f.函数$y = f(x)$的定义域D是自变量x的取值范围,而函数值y是由函数关系f和自变量x来确定的.

【例1】 设函数$f(x) = 2x^2 + 3x - 1$,则有函数关系

$$f(\ ) = 2(\ )^2 + 3(\ ) - 1$$

因此

$$f(2) = 2 \cdot 2^2 + 3 \cdot 2 - 1 = 13$$
$$f(a) = 2a^2 + 3a - 1$$
$$f(x+1) = 2(x+1)^2 + 3(x+1) - 1 = 2x^2 + 7x + 4$$

二、函数的表示方法

1.解析式法（公式法）

用一个(或几个)数学式子表示函数关系的方法称为解析式法,也称为公式法,一个函数的解析式可能不唯一,例如绝对值函数 $y=|x|=\begin{cases} x, & x \geqslant 0 \\ -x, & x < 0 \end{cases}$

2.表格法（列表法）

将自变量的取值与对应的函数值列成表格表示函数的方法称为表格法,例如三角函数表、对数表等是用表格法表示的函数.

3.图像法

函数 $y=f(x)$ 的图像是指坐标平面 xOy 上的集合 $\{(x,y)|y=f(x), x \in D\}$,通常是平面上的一条曲线.

三、函数的四种特性

1.有界性

若存在正数 M,使得函数 $f(x)$ 在某区间 I 上有 $|f(x)| \leqslant M$,则称函数 $f(x)$ 在 I 上有界,否则称函数 $f(x)$ 在 I 上无界.

若函数 $f(x)$ 在 I 上有界,则其图像在直线 $y=-M$ 与 $y=M$ 之间,显然,若函数 $f(x)$ 有界,则其界不唯一.

例如,$y=\sin(x)$ 在区间 $(-\infty,+\infty)$ 内有界,因为 $|\sin x| \leqslant 1$,对 $x \in (-\infty,+\infty)$ 均成立.

【例2】 函数 $y=\dfrac{1}{x}$ 在 $(0,1)$ 内无界,而在 $(1,+\infty)$ 内有界.

2.单调性

若对于区间 I 内任意两点 x_1, x_2,当 $x_1 < x_2$ 时,有 $f(x_1) \leqslant f(x_2)$(或 $f(x_1) \geqslant f(x_2)$),则称 $f(x)$ 在 I 上单调增加(或单调减少),此时区间 I 称为单调增区间(或单调减区间).

3.奇偶性

设函数 $y=f(x)$ 的定义域 D 关于原点对称,若对于任意 $x \in D, f(-x)=f(x)$ 都成立,则 $y=f(x)$ 是 D 上的偶函数;若对于任意 $x \in D, f(-x)=-f(x)$ 都成立,则 $y=f(x)$ 是 D 上的奇函数.

偶函数的图像关于 y 轴对称;奇函数的图像关于原点对称. 如图1.1所示.

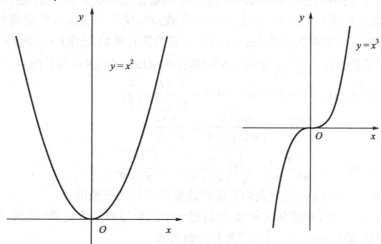

图 1.1

【例3】 讨论函数 $f(x) = \dfrac{e^x + e^{-x}}{2}$ 和 $g(x) = \dfrac{e^x - e^{-x}}{2}$ 的奇偶性.

解 $f(x)$ 和 $g(x)$ 都定义在 $(-\infty, +\infty)$ 内,且

$$f(-x) = \frac{e^{-x} + e^x}{2} = \frac{e^x + e^{-x}}{2} = f(x),$$

$$g(-x) = \frac{e^{-x} - e^x}{2} = \frac{-(e^x - e^{-x})}{2} = -g(x),$$

因此,在 $(-\infty, +\infty)$ 内,$f(x) = \dfrac{e^x + e^{-x}}{2}$ 是偶函数,而 $g(x) = \dfrac{e^x - e^{-x}}{2}$ 是奇函数.

4.周期性

对于函数 $f(x)$,若存在不为零的数 T,对任意 $x \in I$,均有 $x+T \in I$,且 $f(x+T) = f(x)$ 恒成立,称 $f(x)$ 为 I 上的周期函数,称 T 为 $f(x)$ 的周期.通常所说周期是指它的最小正周期.

例如,$y = \sin x, x \in (-\infty, +\infty)$ 是周期函数,其最小正周期为 2π.

四、基本初等函数

微积分的研究对象是函数,而一切初等函数都是由基本初等函数组成的.

中学数学课程中,我们学习过幂函数、指数函数、对数函数、三角函数和反三角函数,这五类函数统称为基本初等函数.

1. 幂函数 $y = x^a$ (a 为常数)
2. 指数函数 $y = e^x$,一般地 $y = a^x$ ($a > 0$,且 $a \neq 1$)
3. 对数函数 $y = \ln x$,一般地 $y = \log_a^x$ ($a > 0$,且 $a \neq 1$)
4. 三角函数 $y = \sin x, y = \cos x, y = \tan x, y = \cot x, y = \sec x, y = \csc x$
5. 反三角函数 $y = \arcsin x, y = \arccos x, y = \arctan x, y = \mathrm{arccot}\, x$

五、复合函数和反函数

1.复合函数

一个函数好比是一台机器,它把输入的原料 x 进行加工,便制造出产品 $f(x)$.如果两台机器前后串联,后者以前者的输出作为输入进行再加工,制造出更新的产品,如此便构成一台更为复杂的机器,这就是复合函数的原理.具体说:如果函数 g 对 x 操作,产生 $g(x)$,然后函数 f 对 g 操作,产生 $f(g(x))$,这样构成的函数称为由函数 g 和 f 复合而成的复合函数,记作 $f \circ g$,即 $(f \circ g)(x) = f(g(x))$.

【例4】 设函数 $f(x) = \dfrac{6x}{x^2 - 9}, g(x) = \sqrt{3x}$,求 $(f \circ g)(12), (f \circ g)(x), (g \circ f)(x)$.

解 $(f \circ g)(12) = f(g(12)) = f(\sqrt{36}) = f(6) = \dfrac{6 \times 6}{6^2 - 9} = \dfrac{4}{3}$;

$(f \circ g)(x) = f(g(x)) = f(\sqrt{3x}) = \dfrac{6\sqrt{3x}}{(\sqrt{3x})^2 - 9} = \dfrac{2\sqrt{3x}}{x - 3}$;

$(g \circ f)(x) = g(f(x)) = g\left(\dfrac{6x}{x^2 - 9}\right) = \sqrt{3\left(\dfrac{6x}{x^2 - 9}\right)} = \sqrt{\dfrac{18x}{x^2 - 9}}$.

显然 $(f \circ g)(x) \neq (g \circ f)(x)$,因此我们说函数的复合不是可交换的.

在微积分中,出于分析和简化的需要,我们把一个函数写成两个更简单的函数的复合.

【例5】 将函数 $h(x) = \sqrt{x^2 - 4}$ 写成复合函数形式.

解 取 $f(u) = \sqrt{u}, g(x) = x^2 - 4$,则 $h(x) = \sqrt{g(x)} = f(g(x))$.

2.反函数

函数是一种对其定义域内每个元素指定其值域中唯一确定的值的规则.例如,$f(x) = x^2$对$x = 1$和$x = -1$指定输出为1,此时两个不同的输入得到相同的输出.而有些函数如$f(x) = x^3$,对不同的输入,输出总是不同的. 若每当$x_1 \neq x_2$时$f(x_1) \neq f(x_2)$,则我们称这样的函数是一对一的.

因为一对一函数的每个输出只来自于一个输入,所以可以反过来从输出找回它的输入,由逆转一对一函数的定义域和值域来定义的函数就称为f反函数,记为f^{-1}. 按照习惯,我们用x表示自变量,用y表示应变量,于是我们把$y = f(x)$的反函数$x = f^{-1}(y)$记作$y = f^{-1}(x)$. f和f^{-1}的图形是关于直线$y = x$对称的,因为将f的"输入—输出"对反过来,就构成了f^{-1}的"输入—输出"对,显然,函数本身和它的反函数无论以何种次序复合,其结果都应为恒等函数,即$f^{-1}(f(x)) = f(f^{-1}(x)) = x$.

【例6】 求$y = 3x + 1$的反函数.

解 先通过函数表达式求出x,可得$x = \dfrac{y-1}{3}$;交换x和y,得到$y = \dfrac{x-1}{3}$;因此,函数$y = 3x+1$的反函数就是$f^{-1}(x) = \dfrac{x-1}{3}$.

六、初等函数与分段函数

1.初等函数

> **定义 1.2** 由常数及基本初等函数经过有限次的四则运算及有限次的复合所构成,并且可以用一个式子表示的函数,称为初等函数.

如$y = \ln(\sin 2x) + x^2, y = e^{\arctan x} + \cos x$都是初等函数.

【**案例3 生产费用**】 某工厂生产计算机的日生产能力为0到100台,工厂维持生产的日固定费用为4万元,生产一台计算机直接费用(含材料费和劳务费等)是2250元. 试建立该厂日生产x台计算机的总费用函数,并指出其定义域.

解 设该厂日生产x台计算机的总费用为y(单位:元),则y为日固定费用和生产x台计算机所需直接费用之和,即

$$y = 40000 + 2250x,$$

由于该厂每天最多能生产100台计算机,所以定义域为$\{x | 0 \leqslant x \leqslant 100, x \in \mathbf{N}\}$.

2.分段函数

在工程技术中,还有一类常见函数—分段函数,它在不同的定义域上用不同的函数表达式表示,一般情况下,分段函数不是初等函数. 下面列举几个常用的分段函数.

(1)绝对值函数(如图1.2所示)

$$y = |x| = \begin{cases} x, & x \geqslant 0, \\ -x, & x < 0. \end{cases}$$

(2)符号函数(如图1.3所示)

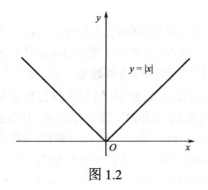

图 1.2

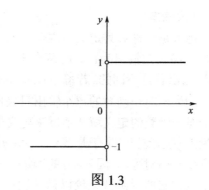

图 1.3

$$y = \operatorname{sgn} x = \begin{cases} -1, & x < 0, \\ 0, & x = 0, \\ 1, & x > 0. \end{cases}$$

(3) 特征函数

$$y = \chi_A(x) = \begin{cases} 1, & x \in A, \\ 0, & x \notin A. \end{cases}$$

其中 A 是数集,此函数常用于计数统计.

(4) 单位阶跃函数

$$u(x) = \begin{cases} 1, & x \geqslant 0, \\ 0, & x < 0. \end{cases}$$

单位阶跃函数是电学中的一个常用函数.

(5) 取整函数

$$y = [x],$$

它表示不超过 x 的最大整数部分,如图 1.4 所示.

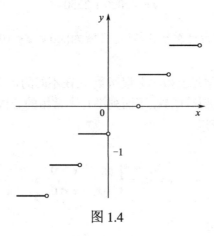

图 1.4

如$[3.7] = 3, [-3.7] = -4, [-8] = -8$

【能力训练1.1】

(基础题)

1.填空题:

(1)函数$y = \dfrac{1}{x} - \sqrt{1-x^2}$的定义域为_____;

(2)函数$f(x) = \begin{cases} -x, & -1 \leqslant x < 0, \\ \sqrt{3-x}, & 0 \leqslant x < 2. \end{cases}$ 则$f\left(-\dfrac{1}{2}\right) = $_____, $f(0) = $_____, $f(1) = $_____;

(3)已知$y = f(x) = \begin{cases} \sin x, & |x| < \dfrac{\pi}{3}, \\ 0, & |x| \geqslant \dfrac{\pi}{3} \end{cases}$ 则$f\left(-\dfrac{\pi}{4}\right) = $_____.

2.基本初等函数具备哪些主要性质?

3.函数$f(x) = 1$与$g(x) = \sin^2 x + \cos^2 x$是否为同一函数?为什么?

4.指出下列函数由那些基本初等函数复合而成.

(1) $y = \cos x^4$;

(2) $y = \dfrac{1}{\arccos \sqrt{x+1}}$;

(3) $y = \sqrt{\sin^2 x}$;

(4) $y = \left[\dfrac{1-(1-x^2)^2}{1+(1-x^2)^2}\right]^3$.

(应用题)

1.[产品收入] 某工厂第t年某种产品的产量为$120 + 2t + 3t^2$单位,单位产品的纯收入为$6000 + 700t$.试建立该厂第t年该产品的年收入函数.

2.[汽车租赁] 汽车租赁公司出租某种汽车的收费标准为:每天基本租金200元,另外每千米收费1.5元.

(1)试建立每天的租车费与行车路程$x$km之间的函数关系;

(2)若某人某天支付了400元租车费,问他行车路程为多少千米?

§1.2 极限的概念

首先考虑一个特殊函数的极限——数列的极限.

【案例1 "一尺之棰"的无限分割】 "一尺之棰,日取其半,万世不竭,"这个句子出自《庄子·天下篇》,"一尺之棰",就是一尺之杖."一尺之棰",今天取其一半,明天取其一半的一半,后天再取其一半的一半的一半,如是"日取其半",总有一半留下,所以这样的过程可以无限制地进行下去,故"万世不竭",一尺之棰是一有限的物体,但它却可以无限地分割下去.这句话蕴含着有限和无限的统一,有限之中有无限,这是辩证的思想.

下面具体讨论这个问题,把每天截下部分的长度记录如下(单位为尺):

第一天截下$\frac{1}{2}$,第二天截下$\frac{1}{2^2}$,第三天截下$\frac{1}{2^3}$,第四天截下$\frac{1}{2^4}$…第n天截下$\frac{1}{2^n}$…,这样就得到一个数列

$$\frac{1}{2},\frac{1}{2^2},\frac{1}{2^3},\frac{1}{2^4},\cdots,\frac{1}{2^n},\cdots$$

我们不难看出,数列通项$\frac{1}{2^n}$随着n的无限增大而无限地趋近于0.

【案例2 一个数字游戏与极限问题】 用计算器对数字4连续开平方,经过若干次后得到1,为什么?任何正数经过一定次数的开平方运算都得到1吗?

经过尝试,你会确定这一点.但原因是什么呢?事实上,探究其数学表达式,对4开平方一次为2;对4开平方两次为$\sqrt{2}$;对4开平方三次为$\sqrt{\sqrt{\sqrt{4}}} = 4^{\frac{1}{2^3}}\cdots$;开平方$n$次为$\sqrt{\sqrt{\cdots\sqrt{4}}} = 4^{\frac{1}{2^n}}$,因此,得到数字4连续开平方序列是:

$$4^{\frac{1}{2}}, 4^{\frac{1}{2^2}}, 4^{\frac{1}{2^3}}, \cdots, 4^{\frac{1}{2^n}}, \cdots$$

可见,随着开平方次数增多,所得结果的指数部分$\frac{1}{2^n}$就越来越接近于零,从而结果就越来越接近于$4^0 = 1$.由于计算器设计了对计算结果的位数处理,因此对4连续开平方若干次就得到1.

不难想到,对任何大于1的正数,开平方次数越多,其结果就越接近于1.

一、数列的极限

> **定义** 1.3 对于数列$\{x_n\}$,如果当n无限增大时,通项x_n无限趋近于某个确定的常数a,那么称常数a为数列$\{x_n\}$的极限.记作:
>
> $$\lim_{n\to\infty} x_n = a \quad \text{或} \quad x_n \to a(n \to \infty)$$
>
> 这时称数列$\{x_n\}$收敛于a.否则称数列发散,发散数列的极限不存在.

【例1】 观察下列数列的变化趋势:

(1) $1, \frac{1}{2}, \frac{1}{3}, \cdots, \frac{1}{n}, \cdots$;

(2) $2, 2, 2, \cdots, 2, \cdots$;

(3) $-1, 1, -1, 1, \cdots, -1, \cdots$;

(4) $\left(-\frac{2}{3}\right), \left(-\frac{2}{3}\right)^2, \left(-\frac{2}{3}\right)^3, \cdots, \left(-\frac{2}{3}\right)^n, \cdots$;

(5) $1, \sqrt{2}, \sqrt{3}, \cdots, \sqrt{n}, \cdots$;

解 (1) 当n无限增大时,$\frac{1}{n}$无限趋近于0,所以$\lim_{n\to\infty} \frac{1}{n} = 0$.

(2) 该数列为常数列,它的每一项都是常数2,当n无限增大时,其值保持不变,所以$\lim_{n\to\infty} 2 = 2$,一般地,对于任一常数列$\{C\}$,有$\lim_{n\to\infty} C = C$.

(3) 当n无限增大时,数列$\{(-1)^n\}$的各项在-1与1之间摆动,没有能接近一个确定的常数,因此数列$\{(-1)^n\}$的极限不存在.

(4) 当n无限增大时,数列$\left\{\left(-\dfrac{2}{3}\right)^n\right\}$在0两侧摆动,越来越接近0,因此$\lim\limits_{n\to\infty}\left(-\dfrac{2}{3}\right)^n=0$.

(5) 当n无限增大时,通项$\sqrt{n}$无限增大,因此数列$\{\sqrt{n}\}$的极限存在.

【案例3 反复学习及效率】 学习及效率问题,越来越为人们所重视.心理学研究指出,任何一种新技能的获得和提高都要通过一定时间的学习,在学习中,常常会碰到这样的现象,不同学生的学习速度和掌握程度都不一样,以学习电脑为例,假设每学习一次,就能掌握一定的新内容,其程度为常数$A(0<A<1)$,试用数学知识来描述经过多少次学习就能基本掌握电脑知识.

分析 不妨作以下假设: (1) b_0为开始学习电脑时所掌握的程度,b_n为经过n次学习后所掌握的程度,显然$0\leqslant b_n<1$.

(2) A表示经过一次学习之后所掌握的程度,即每次学习所掌握的内容占上次学习内容的百分比.

解 根据上面的假设,$1-b_0$就是第一次学习前尚未掌握的新内容,而经过一次学习后所掌握的新内容为$A(1-b_0)$,于是

$$b_1-b_0=A(1-b_0).$$

类似有$b_2-b_1=A(1-b_1)$.以此类推,得到经过n次学习后所掌握的程度为

$$b_n-b_{n-1}=A(1-b_{n-1}),n=0,1,2,\cdots,$$

于是

$$b_n=1-(1-b_0)(1-A)^n,n=0,1,2,\cdots$$

可以看出,随着学习次数n的增加,有$\lim\limits_{n\to\infty}(1-A)^n=0$,则$b_n$也随着增大,且越来越接近于$1(100\%)$,但不会达到$100\%$,即有

$$\lim_{n\to\infty}b_n=\lim_{n\to\infty}[1-(1-b_0)(1-A)^n]=1-\lim_{n\to\infty}[(1-b_0)(1-A)^n]=1.$$

说明了学习中的一个道理:熟能生巧,学无止境.

不妨设在学习过程中,掌握95%以上的学习内容就算是基本掌握.学习次数与掌握程度关系表见表1.1.根据上述模型来计算至少需要学习多少次?一般情况下,$b_0=0$,开始学习时,对电脑一无所知,如果每次学习掌握度为30%,代入数据计算,列表并画出散点图,如图1.5所示.

表1.1

n	1	2	3	4	5	6	7	8	9	10
b_n	0.3	0.51	0.66	0.76	0.83	0.88	0.92	0.94	0.96	0.97

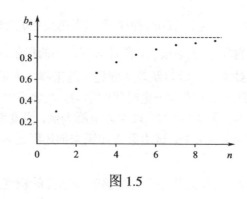

图 1.5

二、函数的极限

在理解了"无限接近、无限逼近"的基础上,我们沿着数列极限的思路,讨论函数的极限.

在讨论函数极限时,自变量的变化过程有以下两种:

(1)自变量的绝对值无限增大,即$|x| \to +\infty$.

(2)自变量x任意地趋近于某一确定点x_0,即$x \to x_0$.

【案例4 水温的变化趋势】

将一盆100℃的热水放在一间室温恒为20℃的房间里,水温T将逐渐降低,随着时间t的推移,水温会越来越接近室温20℃.

【案例5 自然保护区中动物数量的变化规律】 在某自然保护区中生长的一群野生动物,其群体数量N会逐渐增长,由于受到自然保护区内各种资源的限制,这一动物群体的数量不可能无限地增大,它将会达到某一饱和状态,该饱和状态就是时间不断增加时野生动物群的数量.

这两个问题都有一个共同的特征:当自变量逐渐增大时,函数值趋于某一常数.见表1.2和表1.3.

下面具体地考察函数$f(x) = \dfrac{1}{x}$在自变量$x \to \infty$时的变化情况,让$|x|$取值越来越大.

表 1.2

x	1	10	100	1000	10000	100000	1000000	⋯
$\dfrac{1}{x}$	1	0.1	0.01	0.001	0.0001	0.00001	0.000001	⋯

表 1.3

x	-1	-10	-100	-1000	-10000	-100000	-1000000	⋯
$\dfrac{1}{x}$	-1	-0.1	-0.01	-0.001	-0.0001	-0.00001	-0.000001	⋯

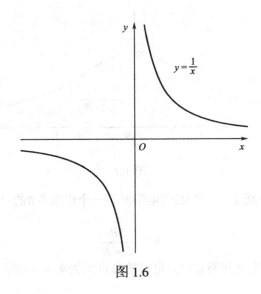

图 1.6

从表1.2,1.3和图1.6可以观察出,当自变量$x \to \infty$时,相应的函数值$f(x) = \frac{1}{x}$与0无限接近.

1.$x \to \infty$时函数$f(x)$的极限

> **定义** 1.4 设函数$f(x)$当$|x| > a$时有定义(a为某个正实数),如果存在一个常数A,当自变量x的绝对值无限增大时,相应的函数值$f(x)$无限接近于A,那么称A为函数$f(x)$当$x \to \infty$时的极限,记作$\lim\limits_{x \to \infty} f(x) = A$或$f(x) \to A(x \to \infty)$.

在定义中$x \to \infty$的方式是任意的,即x可以沿正方向趋于无穷大$(x \to +\infty)$,也可沿负方向趋于无穷大$(x \to -\infty)$,相应的函数值都应无限趋近于常数A.

由上面的分析和定义知

$$\lim_{x \to \infty} \frac{1}{x} = 0$$

相应地,如果存在一个常数A,当$x \to +\infty(x \to -\infty)$时,相应的函数值$f(x)$无限接近于$A$,那么称$A$为函数$f(x)$当$x \to +\infty(x \to -\infty)$时的极限.记作

$$\lim_{x \to +\infty} f(x) = A \quad \text{或} \quad f(x) \to A(x \to +\infty)$$

$$\lim_{x \to -\infty} f(x) = A \quad \text{或} \quad f(x) \to A(x \to -\infty)$$

若$\lim\limits_{x \to \infty} f(x) = A$,则直线$y = A$称为曲线$y = f(x)$的水平渐近线.

当$x \to \infty$时,可以得到$\lim\limits_{x \to \infty} \frac{1}{x^2+1} = 0$,所以$y = 0$是曲线$y = \frac{1}{x^2+1}$水平渐近线图,如图1.7所示.

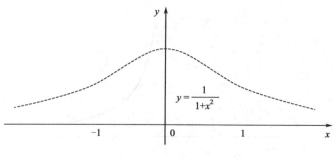

图1.7

【案例6 并联电路电阻】 一个5Ω的电阻器与一个电阻为R的可变电阻并联，电路的总电阻为

$$R_r = \frac{5R}{5+R}$$

当含有可变电阻R这条支路突然断路时，电路的总电阻为$R \to +\infty$时电路的总电阻的极限，即为

$$\lim_{R \to +\infty} \frac{5R}{5+R} = 5$$

【案例7 人影长度】 考虑一个人走向路灯时，其影子的长度问题，目标就是灯的正下方那点，则当此人越来越接近目标时，其影子的长度逐渐趋于0.如图1.8所示.

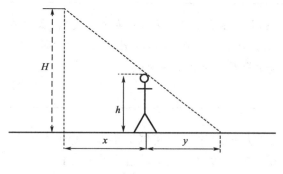

图1.8

解 设路灯的高度为H，人的高度为h，人离目标的距离为x，人影长度为y.由相似三角形对应边成比例得

$$\frac{h}{H} = \frac{y}{x+y},$$

解出人影长度为$y = \frac{h}{H-h}x$，其中$\frac{h}{H-h}$是常数，当人越来越接近目标($x \to 0$)时，显然人影长度$y = \frac{h}{H-h}x \to 0$.即

$$\lim_{x \to 0} \frac{h}{H-h}x = 0$$

【案例8】 当$x \to 1$时，考察$f(x) = \frac{x^3-1}{x-1}$和$g(x) = x^2+x+1$的变化趋势.

我们知道，函数$f(x) = \frac{x^3-1}{x-1}$在$x=1$处无意义.考察函数$f(x) = \frac{x^3-1}{x-1}$在$x \to 1$时的变化趋势，让$x \to 1(x \neq 1)$取值，列出函数值的变化情况(见表1.4)，绘出函数的图如图1.9所示.

表 1.4

x	0.9	0.99	0.999	→	1	←	1.001	1.01	1.1
$\dfrac{x^3-1}{x-1}$	2.71	2.97	2.997	→	?	←	3.003	3.03	3.31

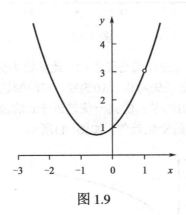

图 1.9

由此可见,当 $x \to 1$ 时,函数 $\dfrac{x^3-1}{x-1} \to 3$. 当 $x \to 1$ 时, $x^2 + x + 1$ 无限趋近于3.

因此,当 $x \to 1$ 时函数 $f(x)$ 和 $g(x)$ 均以3为极限.同时可以看出:当 $x \to 1$ 时, $f(x)$, $g(x)$ 的极限与 $x_0 = 1$ 处是否有定义无关.

2. $x \to x_0$ 时函数 $f(x)$ 的极限

> **定义 1.5** 设函数 $f(x)$ 在点 x_0 的附近 $(x \neq x_0)$ 有定义,若存在常数 A, 当自变量 x 无限趋近于 $x_0(x \neq x_0)$ 时,相应的函数值 $f(x)$ 无限接近于 A, 则称 A 为函数 $f(x)$ 当 $x \to x_0$ 时的极限,记作 $\lim\limits_{x \to x_0} f(x) = A$ 或 $f(x) \to A(x \to x_0)$

为了正确理解函数极限的概念,下面就函数极限 $\lim\limits_{x \to x_0} f(x) = A$ 说明两点:

(1) x 趋近于 x_0 的方式是任意的, x 可能从 x_0 的左侧趋近于 x_0, 也可能从 x_0 的右侧趋近于 x_0, 而相应的函数值都应无限接近于 A.

(2) $\lim\limits_{x \to x_0} f(x) = A$ 与函数 $f(x)$ 在 x_0 处是否有定义无关.

【案例9】 如图1.10所示的矩形波在一个周期 $[-\pi, \pi)$ 内的函数为

$$f(x) = \begin{cases} 0, & -\pi \leqslant x < 0, \\ A, & 0 \leqslant x < \pi. \end{cases} \quad (A \neq 0)$$

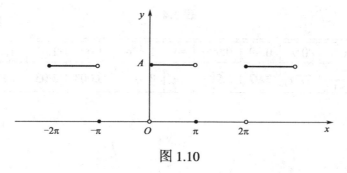

图 1.10

在函数极限的定义中,x趋近于x_0的方式是任意的,此函数为分段函数,在$x=0$点的左、右两侧,$f(x)$的表达式不同,因此,必须先考虑x从0的左、右两侧趋于0时函数值的变化趋势.

另外,有时还会遇到只需考虑x从x_0的某一侧趋近于x_0的函数极限问题.如函数$y=\ln x$,只能考察x从0的右侧趋近于0时函数的变化趋势,如图1.11所示.

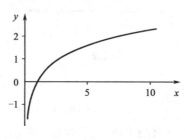

图 1.11

3.函数的单侧极限(左极限和右极限)

> **定义 1.6** 当自变量x仅从小(大)于x_0的一侧趋近于x_0时,相应的函数值$f(x)$无限接近于常数A,则称A为函数$f(x)$当x趋近于x_0时的左(右)极限.
>
> (1) 左极限 $x \to x_0^-$时函数$f(x)$的极限,记作
>
> $$\lim_{x \to x_0^-} f(x) = A$$
>
> (2) 右极限 $x \to x_0^+$时函数$f(x)$的极限,记作
>
> $$\lim_{x \to x_0^+} f(x) = A$$

由$x \to x_0$时函数$f(x)$的极限以及函数的左、右极限的定义,不难得到函数极限与函数左、右极限有如下关系:

当$x \to x_0$时函数$f(x)$极限存在的充分必要条件是函数$f(x)$的左、右极限存在并且相等,即

$$\lim_{x \to x_0} f(x) = A \Leftrightarrow \lim_{x \to x_0^-} f(x) = \lim_{x \to x_0^+} f(x) = A$$

由于分段函数在分段点x_0的两侧有不同的表达式,因此在讨论分段函数$f(x)$在x_0的极限时,需要先讨论函数在x_0处的左、右极限,然后利用函数极限与函数左、右极限的关系判定函数的极限是否存在.

【例2】 已知 $f(x) = \begin{cases} x, & x < 0, \\ x+1, & x \geq 0. \end{cases}$ 判定$f(x)$在$x = 0$点的极限是否存在.

解 因为

$$\lim_{x \to 0^-} f(x) = \lim_{x \to 0^-} x = 0,$$

$$\lim_{x \to 0^+} f(x) = \lim_{x \to 0^+} (x+1) = 1,$$

函数的左极限与右极限存在但不相等,所以$f(x)$在$x = 0$点的极限不存在.

【例3】 讨论案例9的极限是否存在.

解 因为

$$\lim_{x \to 0^-} f(x) = \lim_{x \to 0^-} 0 = 0,$$

$$\lim_{x \to 0^+} f(x) = \lim_{x \to 0^+} A = A \neq 0$$

即

$$\lim_{x \to 0^-} f(x) \neq \lim_{x \to 0^+} f(x),$$

所以$f(x)$在$x = 0$点的极限不存在.

三、无穷小与无穷大

1. 无穷小

【案例10 残留在餐具上的洗涤剂】 洗刷餐具时要使用洗涤剂,漂洗次数越多,餐具残留的洗涤剂就越少,当清洗次数无限增多时,餐具上的残留洗涤剂就趋于零,为了保护身体健康,健康专家建议我们少用或者最好不使用洗涤剂.

【案例11 弹球模型】 一只球从100m的高空掉下,每次弹回的高度为前一次高度的$\frac{2}{3}$,一直这样运动下去,用球的第$1, 2, \cdots, n$次的高度来表示球的运动规律,得到数列

$$100, 100 \times \frac{2}{3}, 100 \times \left(\frac{2}{3}\right)^2, \cdots, 100 \times \left(\frac{2}{3}\right)^{n-1}, \cdots$$

此数列为公比小于1的等比数列,其极限为

$$\lim_{n \to \infty} 100 \times \left(\frac{2}{3}\right)^{n-1} = 0$$

. 即当弹回次数无限增大时,球弹回的高度无限接近0.

【案例12 单摆偏角】 单摆离开铅直位置的偏度可以用角θ来度量,这个角度可规定正负.如果让单摆开始摆动,则由于机械摩擦力和空气阻力,随着摆动振幅不断地减小,角θ无限接近0.

无穷小的概念

> **定义 1.7** 在自变量 x 的某一变化过程中,如果函数 $f(x)$ 的极限为零,则称 $f(x)$ 为无穷小量,简称无穷小.

因为 $\lim\limits_{x\to\infty}\dfrac{1}{x}=0$, $\lim\limits_{x\to\infty}\dfrac{1}{x^2}=0$, $\lim\limits_{x\to\infty}\dfrac{1}{x^3}=0$. 所以当 $x\to\infty$ 时, $\dfrac{1}{x},\dfrac{1}{x^2},\dfrac{1}{x^3}$ 都是无穷小量;

因为 $\lim\limits_{x\to 1}(x-1)=0$, $\lim\limits_{x\to 1}\ln x=0$. 所以当 $x\to 1$ 时, $x-1,\ln x$ 均为无穷小量;

因为 $\lim\limits_{x\to 0}x^2=0$, $\lim\limits_{x\to 0}\sin x=0$, $\lim\limits_{x\to 0}(1-\cos x)=0$. 所以当 $x\to 0$ 时, $x^2,\sin x,1-\cos x$ 都是无穷小量;

【注】 "无穷小" 表达的是量的变化趋势,而不是量的大小;

一个非零的数不管其绝对值多么小(例如 10^{-100}),都不是无穷小;

零是唯一可作为无穷小的常数.

【例4】 讨论自变量 x 在怎样的变化过程中,下列函数为无穷小.

(1) $y=\dfrac{1}{x-1}$; (2) $y=2x-1$; (3) $y=2^x$; (4) $y=\left(\dfrac{1}{4}\right)^x$.

解 (1) 因为 $\lim\limits_{x\to\infty}\dfrac{1}{x-1}=0$, 所以当 $x\to\infty$ 时, $\dfrac{1}{x-1}$ 为无穷小.

(2) 因为 $\lim\limits_{x\to\frac{1}{2}}(2x-1)=0$, 所以当 $x\to\dfrac{1}{2}$ 时, $2x-1$ 为无穷小.

(3) 因为 $\lim\limits_{x\to-\infty}2^x=0$, 所以当 $x\to-\infty$ 时, 2^x 为无穷小.

(4) 因为 $\lim\limits_{x\to+\infty}\left(\dfrac{1}{4}\right)^x=0$, 所以当 $x\to+\infty$ 时, $\left(\dfrac{1}{4}\right)^x$ 为无穷小.

2. 无穷小的性质

性质1 有限个无穷小的代数和是无穷小.

例如, $x\to 0$ 时, x 和 $\sin x$ 都是无穷小量,故 $x+\sin x$ 也是 $x\to 0$ 时的无穷小量.

性质2 有限个无穷小的乘积是无穷小.

例如, $x\to 0$ 时, x、$\sin x$ 都是无穷小量,故 $x\sin x$ 也是 $x\to 0$ 时的无穷小量.

性质3 无穷小与有界变量之积是无穷小.

【例5】 求 $\lim\limits_{x\to 0}x\sin\dfrac{1}{x}$.

解 因为 $\lim\limits_{x\to 0}x=0$, 所以 x 为 $x\to 0$ 时的无穷小;又因为 $\left|\sin\dfrac{1}{x}\right|\leq 1$, 即 $x\to 0$ 时 $\sin\dfrac{1}{x}$ 为有界变量. 根据性质3, $\lim\limits_{x\to 0}x\sin\dfrac{1}{x}$ 仍为 $x\to 0$ 时的无穷小, 即 $\lim\limits_{x\to 0}x\sin\dfrac{1}{x}=0$.

推论 常数与无穷小的积是无穷小.

【注】 两个无穷小之商未必是无穷小.

例如: $x\to 0$ 时, x 与 $2x$ 皆为无穷小,然而 $\lim\limits_{x\to 0}\dfrac{2x}{x}=2$, 即 $x\to 0$ 时,变量 $\dfrac{2x}{x}$ 不是无穷小.

【思考题】 当 $n\to\infty$ 时, $\dfrac{1}{n^2},\dfrac{2}{n^2},\cdots,\dfrac{n}{n^2}$ 都是无穷小,则 $\dfrac{1}{n^2}+\dfrac{2}{n^2}+\cdots+\dfrac{n}{n^2}$ 仍然是 $n\to\infty$ 时的无穷小吗?

3.无穷大

【案例13】 一个人从A地出发,以30km/h的速度到达B地.问他从B地回到A地的速度要达到多少,才能使得往返路程的平均速度达到60km/h?

解 假设A、B两地的距离为s,从B地到A地的速度为v,往返的平均速度为$\bar{v}$,根据条件,从A地到B地的时间t_1,以及从B地到A地的时间t_2分别为

$$t_1 = \frac{s}{30}, t_2 = \frac{s}{v},$$

往返路程所花费的时间一共为

$$t_1 + t_2 = \frac{s}{30} + \frac{s}{v},$$

则他往返A、B两地的平均速度为

$$\bar{v} = \frac{2s}{t_1+t_2} = \frac{2s}{\frac{s}{30}+\frac{s}{v}} = \frac{60v}{v+30}$$

. 由于往返路程的距离为$2s$而平均速度要达到60km/h,然而A地到B地的速度是30km/h,所以$v > 60$

经过计算不难发现,只有当$v \to +\infty$时,$\frac{s}{v} \to 0$才可能有

$$\lim_{v \to +\infty} \frac{2s}{\frac{s}{30}+\frac{s}{v}} = 60$$

所以是真正的高速问题.

无穷大的概念

> **定义1.8** 若当$x \to x_0$(或$x \to \infty$)时,函数的绝对值$|f(x)|$无限增大,则称函数$f(x)$当$x \to x_0$或$(x \to \infty)$时为无穷大.记为∞.

【注】 (1)无穷大有正无穷大和负无穷大的情形;

(2)无穷大是一个变量,不是常数,一个无论多大的常数都不是无穷大;

(3)无穷大量是极限不存在的一种情形,我们借用记号$\lim\limits_{x \to x_0} f(x) = \infty$来表示"当$x \to x_0$时,$f(x)$是无穷大量",但并不表示极限存在.

$\frac{1}{x}$是$x \to 0^-$时的负无穷大;x^2是$x \to \infty$时的正无穷大,记作

$$\lim_{x \to 0^-} \frac{1}{x} = -\infty, \quad \lim_{x \to \infty} x^2 = +\infty$$

无穷大与无穷小的关系

定理1.1 在自变量的同一变化过程中,若$f(x)$为无穷大,则$\frac{1}{f(x)}$为无穷小;若$f(x)$为无穷小,且$f(x) \neq 0$,则$\frac{1}{f(x)}$为无穷大.

例如，当 $x \to 0$ 时，x^2 是无穷小，$\frac{1}{x^2}$ 是无穷大；当 $n \to \infty$ 时，2^n 是无穷大；$\frac{1}{2^n}$ 是无穷小.

【例8】 讨论自变量在怎样的变化过程中，下列函数为无穷大.

(1) $y = \frac{1}{x-1}$; (2) $2x-1$; (3) $y = 2^x$; (4) $y = \ln x$.

解 (1) 因为 $\lim\limits_{x \to 1}(x-1) = 0$，所以 $\frac{1}{x-1}$ 为 $x \to 1$ 时的无穷大;

(2) 因为 $\lim\limits_{x \to \infty} \frac{1}{2x-1} = 0$，所以 $2x-1$ 为 $x \to \infty$ 时的无穷大;

(3) 因为 $\lim\limits_{x \to +\infty} 2^{-x} = 0$，所以 2^x 为 $x \to +\infty$ 时的无穷大;

(4) 因为 $\lim\limits_{x \to 0^+} \ln x = -\infty$，$\lim\limits_{x \to +\infty} \ln x = +\infty$，所以，当 $x \to 0^+$ 及 $x \to +\infty$ 时，$\ln x$ 都是无穷大.

【能力训练1.2】

(基础题)

1. 分析函数的变化趋势，并求极限：

(1) $y = \frac{1}{x^2}$ $(x \to \infty)$; (2) $y = e^{\frac{1}{x}}$ $(x \to 0^-)$;

(3) $y = \frac{1}{\ln x}$ $(x \to +\infty)$; (4) $y = \cos x$ $(x \to 0)$.

2. 下列极限是否存在？若存在，求出其数值：

(1) $y = \lim\limits_{n \to \infty}\left[1 + \frac{(-1)^n}{n}\right]$; (2) $\lim\limits_{x \to 3}(3x+1)$;

(3) $\lim\limits_{x \to -2} \frac{x^2-4}{x+2}$; (4) $\lim\limits_{x \to 0} \frac{x(x-2)}{x^2}$.

3. 已知函数 $f(x) = \begin{cases} x-2, & x<0, \\ 0, & x=0, \\ x+2, & x>0, \end{cases}$ 讨论函数 $f(x)$ 当 $x \to 0$ 时的极限.

4. 下列叙述是否正确，并说明理由：

(1) 一个纳米是一米的十亿分之一(即 10^{-9} m)，则一个纳米是无穷小;

(2) 无穷小是零;

(3) 零是唯一可作为无穷小的常数;

(4) 无穷小是以零为极限的变量.

5. 函数 $f(x) = \frac{x+1}{x-1}$ 在什么变化过程中是无穷小量？又在什么变化过程中是无穷大量？

6. 指出下列函数在变化过程中是无穷小量还是无穷大量？

(1) $10x^2 + x$ $(x \to 0)$; (2) $\dfrac{2}{x}$ $(x \to 0)$;

(3) $\dfrac{1+2x}{x^2}$ $(x \to \infty)$; (4) $\dfrac{x^2}{1+2x}$ $(x \to \infty)$;

(5) e^x $(x \to -\infty)$; (6) $\ln x$ $(x \to 0^+)$;

(7) $1-\cos x$ $(x \to 0)$; (8) $\dfrac{x+1}{x-3}$ $(x \to 3)$.

(应用题)

[出租车费用] 设某市白天出租车的收费y(单位:元)与路程x(单位:km)之间的关系为

$$f(x)=\begin{cases} 8, & 0 < x \leqslant 1, \\ 8+1.8(x-1), & 1 < x \leqslant 7, \\ 18.8+2.7(x-7), & x > 7, \end{cases}$$

求 $\lim\limits_{x\to 1}f(x),\lim\limits_{x\to 7}f(x)$.

§1.3 求极限的方法

前面主要是用观察的方法来判定函数的极限,适用于较简单的函数,当函数表达式较复杂时就不易判定,本节我们给出求极限的几种方法,包括极限的四则运算法则、两个重要极限、等价无穷小替换等.

一、极限的四则运算法则

下面的讨论中,只对$x \to x_0$的情形进行说明,自变量的其他变化情形结论类似.

定理1.2 若$\lim\limits_{x\to x_0}f(x)=A, \lim\limits_{x\to x_0}g(x)=B$,则有

(1) $\lim\limits_{x\to x_0}[f(x)\pm g(x)] = \lim\limits_{x\to x_0}f(x) \pm \lim\limits_{x\to x_0}g(x) = A \pm B$;

(2) $\lim\limits_{x\to x_0}[f(x)\cdot g(x)] = \lim\limits_{x\to x_0}f(x) \cdot \lim\limits_{x\to x_0}g(x) = A \cdot B$;

(3) $\lim\limits_{x\to x_0}\dfrac{f(x)}{g(x)} = \dfrac{\lim\limits_{x\to x_0}f(x)}{\lim\limits_{x\to x_0}g(x)} = \dfrac{A}{B}$ $(B \neq 0)$.

【例1】 求$\lim\limits_{x\to 1}(2x^2 - 3x + 5)$.

解 $\lim\limits_{x\to 1}(2x^2 - 3x + 5) = \lim\limits_{x\to 1}(2x^2) - \lim\limits_{x\to 1}(3x) + \lim\limits_{x\to 1}5$
$= 2\lim\limits_{x\to 1}x^2 - 3\lim\limits_{x\to 1}x + 5$
$= 2\cdot 1^2 - 3\cdot 1 + 5 = 4.$

【例2】 求$\lim\limits_{x\to 2}\dfrac{x-2}{x^2-4}$.

解 当$x \to 2$时,分子、分母的极限均为0,将分母分解因式,然后约分得

$$\lim\limits_{x\to 2}\dfrac{x-2}{x^2-4} = \lim\limits_{x\to 2}\dfrac{x-2}{(x+2)(x-2)} = \lim\limits_{x\to 2}\dfrac{1}{x+2} = \dfrac{1}{4}$$

【例3】 求 $\lim\limits_{x\to 1}\dfrac{4x-3}{x^2-5x+4}$.

解 当 $x \to 1$ 时,分母的极限为0、分子极限不为0,不能直接用商的运算法则.但

$$\lim_{x\to 1}\frac{x^2-5x+4}{4x-3}=\frac{1^2-5\cdot 1+4}{4\cdot 1-3}=0$$

所以

$$\lim_{x\to 1}\frac{4x-3}{x^2-5x+4}=\infty.$$

【例4】 求 $\lim\limits_{x\to\infty}\dfrac{2x^2-5x+9}{3x^2+2x-7}$.

解 当 $x \to \infty$ 时,分子、分母的极限均为 ∞,不能直接用商的运算法则.将分子、分母同时除以 x^2 得

$$\lim_{x\to\infty}\frac{2x^2-5x+9}{3x^2+2x-7}=\lim_{x\to\infty}\frac{2-5\cdot\frac{1}{x}+9\cdot\frac{1}{x^2}}{3+2\cdot\frac{1}{x}-7\cdot\frac{1}{x^2}}=\frac{\lim\limits_{x\to\infty}\left(2-5\cdot\frac{1}{x}+9\cdot\frac{1}{x^2}\right)}{\lim\limits_{x\to\infty}\left(3+2\cdot\frac{1}{x}-7\cdot\frac{1}{x^2}\right)}=\frac{2}{3}$$

【注】 求分式函数当 $x\to\infty$ 时的极限时,分式的分子、分母要同除以 x 的最高次方,然后再求极限.

一般地有如下结果:

$$\lim_{x\to\infty}\frac{a_0 x^m+a_1 x^{m-1}+\cdots+a_m}{b_0 x^n+b_1 x^{n-1}+\cdots+b_n}=\begin{cases}0, & n>m,\\ \dfrac{a_0}{b_0}, & n=m,\\ \infty, & n<m,\end{cases}\text{其中}, a_0\cdot b_0\neq 0,\text{且}m,n\text{为非负整数}.$$

【例5】 求 $\lim\limits_{x\to 1}\left(\dfrac{2}{1-x^2}-\dfrac{1}{1-x}\right)$.

解 当 $x \to 1$ 时,两个分式的极限均不存在,故不能用减的极限法则,可先通分化成一个分式,再约分后求极限.

$$\lim_{x\to 1}\left(\frac{2}{1-x^2}-\frac{1}{1-x}\right)=\lim_{x\to 1}\frac{2-(1+x)}{1-x^2}=\lim_{x\to 1}\frac{1-x}{(1-x)(1+x)}=\lim_{x\to 1}\frac{1}{1+x}=\frac{1}{2}$$

【例6】 求 $\lim\limits_{x\to 0}\dfrac{x}{1-\sqrt{1-x}}$.

解 $\lim\limits_{x\to 0}\dfrac{x}{1-\sqrt{1-x}}$ 是 $\dfrac{0}{0}$ 型极限.

$$\lim_{x\to 0}\frac{x}{1-\sqrt{1-x}}=\lim_{x\to 0}\frac{x(1+\sqrt{1-x})}{(1-\sqrt{1-x})(1+\sqrt{1-x})}=\lim_{x\to 0}(1+\sqrt{1-x})=2$$

二、两个重要极限
1.第一个重要极限

$$\lim_{x \to 0} \frac{\sin x}{x} = 1$$

表1.5列出了函数 $\frac{\sin x}{x}$ 在 x 无限接近0时的一些函数值.

表 1.5

x	1	0.5	0.1	0.01	⋯	-0.01	-0.1	-0.5	-1
$\frac{\sin x}{x}$	0.84	0.96	0.99	0.999	⋯	0.999	0.99	0.96	0.84

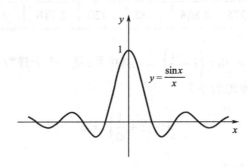

图 1.12

从表1.5和图1.12可以看出,当 $x \to 0$ 时,函数 $\frac{\sin x}{x} \to 1$.
用此重要极限时,常形象地表示为

$$\lim_{\square \to 0} \frac{\sin \square}{\square} = 1$$

【例7】 求极限 $\lim\limits_{x \to 0} \frac{\tan x}{x}$

解

$$\lim_{x \to 0} \frac{\tan x}{x} = \lim_{x \to 0} \left(\frac{\sin x}{x} \cdot \frac{1}{\cos x} \right) = \lim_{x \to 0} \frac{\sin x}{x} \cdot \lim_{x \to 0} \frac{1}{\cos x} = 1$$

【例8】 求极限 $\lim\limits_{x \to 0} \frac{1 - \cos x}{x^2}$

解

$$\lim_{x \to 0} \frac{1 - \cos x}{x^2} = \lim_{x \to 0} \frac{2\sin^2 \frac{x}{2}}{x^2} = \frac{1}{2} \lim_{x \to 0} \frac{\sin^2 \frac{x}{2}}{(\frac{x}{2})^2} = \frac{1}{2} \lim_{x \to 0} \left(\frac{\sin \frac{x}{2}}{\frac{x}{2}} \right)^2 = \frac{1}{2} \cdot 1^2 = \frac{1}{2}$$

2.第二个重要极限

$$\lim_{x \to \infty} \left(1 + \frac{1}{x}\right)^x = e \quad \text{或} \quad \lim_{x \to 0}(1 + x)^{\frac{1}{x}} = e$$

表 1.6

x	3	10	100	1000	10000	100000	⋯
$(1+\frac{1}{x})^x$	2.370	2.594	2.705	2.717	2.718	2.718	⋯

表 1.6 列出了函数 $\left(1+\dfrac{1}{x}\right)^x$ 在 x 取正值无限增大时的一些函数值.

表 1.7 列出了函数 $\left(1+\dfrac{1}{x}\right)^x$ 在 x 取负值无限增大时的一些函数值.

表 1.7

x	-3	-10	-100	-1000	-10000	-100000	⋯
$(1+\frac{1}{x})^x$	3.375	2.868	2.732	2.720	2.718	2.718	⋯

可以看出 $\lim\limits_{x\to+\infty}\left(1+\dfrac{1}{x}\right)^x = \lim\limits_{x\to-\infty}\left(1+\dfrac{1}{x}\right)^x = \mathrm{e}$,其中数 e 是一个无理数,e = 2.718281828459045⋯. 用此重要极限时,常形象地表示为

$$\lim_{\square\to\infty}\left(1+\frac{1}{\square}\right)^{\square} = \mathrm{e}$$

其中 □ 代表同一变量,且 □ → ∞.

上述重要极限可以变形为

$$\lim_{t\to 0}(1+t)^{\frac{1}{t}} = \mathrm{e}$$

【例9】 求极限 $\lim\limits_{x\to\infty}\left(1+\dfrac{1}{x}\right)^{2x}$.

解

$$\lim_{x\to\infty}\left(1+\frac{1}{x}\right)^{2x} = \lim_{x\to\infty}\left[\left(1+\frac{1}{x}\right)^x\right]^2 = \mathrm{e}^2$$

【例10】 求极限 $\lim\limits_{x\to 0}(1+2x)^{\frac{1}{x}}$.

解

$$\lim_{x\to 0}(1+2x)^{\frac{1}{x}} = \lim_{x\to 0}\left[(1+2x)^{\frac{1}{2x}}\right]^2 = \mathrm{e}^2$$

【例11】 求极限 $\lim\limits_{x\to\infty}\left(1+\dfrac{2}{5x}\right)^{-2x}$.

解

$$\lim_{x\to\infty}\left(1+\frac{2}{5x}\right)^{-2x} = \lim_{x\to\infty}\left(1+\frac{2}{5x}\right)^{\frac{5x}{2}\times(-\frac{4}{5})} = \lim_{x\to\infty}\left[\left(1+\frac{2}{5x}\right)^{\frac{5x}{2}}\right]^{-\frac{4}{5}} = \mathrm{e}^{-\frac{4}{5}}$$

【例12】 求极限 $\lim\limits_{x\to\infty}\left(\dfrac{2x-1}{2x+1}\right)^x$.

解
$$\begin{aligned}\lim_{x\to\infty}\left(\frac{2x-1}{2x+1}\right)^x &= \lim_{x\to\infty}\left(1-\frac{2}{2x+1}\right)^{-\left[-\frac{2x+1}{2}+\frac{1}{2}\right]} \\ &= \lim_{x\to\infty}\left[\left(1-\frac{2}{2x+1}\right)^{-\frac{2x+1}{2}}\times\left(1-\frac{2}{2x+1}\right)^{-\frac{1}{2}}\right]^{-1} \\ &= e^{-1}\end{aligned}$$

【案例1. 存款问题】 有一笔存款的本金为 A_0,年利率为 r,若每年结算一次,

(1) [单利计算]

满一年时的本利和为 $A_1 = A_0 + A_0 r = A_0(1+r)$,

满二年时的本利和为 $A_2 = A_1 + A_0 r = A_0 + A_0 r + A_0 r = A_0(1+2r)$,

……

可推知,k 年后的本利和为 $A_k = A_0(1+kr)$.

(2) [一年计一次利息的复利问题]

一年后的本利和为 $A_1 = A_0(1+r)$,

二年后的本利和为 $A_2 = A_1(1+r) = A_0(1+r)^2$,

……

k 年后的本利和为 $A_k = A_0(1+R)^k$.

(3) (一年分 n 期计息的复利问题) 如果一年分 n 期计息,即一年中结算 n 次,年利率仍为 r,则每期利率为 $\frac{r}{n}$,于是

一年后的本利和为 $A_1 = A_0\left(1+\frac{r}{n}\right)^n$,

二年后的本利和为 $A_2 = A_0\left(1+\frac{r}{n}\right)^{2n}$,

……

k 年后的本利和为 $A_k = A_0\left(1+\frac{r}{n}\right)^{nk}$,

(4) [连续复利] 如果结算次数无限增大,也就是立即变现,则 k 年后本利和为

$$A_k = \lim_{n\to 0} A_0\left(1+\frac{r}{n}\right)^{nk}$$

三、无穷小的比较

前面介绍了两个无穷小的和、差及积仍是无穷小.那么两个无穷小的商会出现什么情况呢？看下面的例子.

当 $x \to 0$ 时,$3x, x^2, \sin x$ 都是无穷小,但它们的商的极限

$$\lim_{x\to 0}\frac{x^2}{3x} = 0, \quad \lim_{x\to 0}\frac{\sin x}{x^2} = \infty, \quad \lim_{x\to 0}\frac{\sin x}{3x} = \frac{1}{3}$$

结果有三种情况,这反映了无穷小趋于 0 的速度是不同的.下面给出无穷小阶的定义.

1. 无穷小比较的概念

> **定义 1.9** 设 $\alpha, \beta(\beta \neq 0)$ 是同一变化过程中的两个无穷小. (1) $\dfrac{\beta}{\alpha} = 0$, 则称 β 是比 α 高阶的无穷小, 记作 $\beta = 0(\alpha)$; (2) $\dfrac{\beta}{\alpha} = \infty$, 则称 β 是比 α 低阶的无穷小; (3) $\dfrac{\beta}{\alpha} = C(C \neq 0)$, 则称 β 是 α 同阶无穷小, 特别地, 当 $C = 1$ 时, 则称 β 与 α 是等价无穷小, 记作 $\alpha \sim \beta$ 或 $\beta \sim \alpha$.

例如: 当 $x \to 0$ 时, $\sin x \sim x$; $\tan x \sim x$; $\arcsin x \sim x$.

又如:
$$\lim_{x \to 0} \frac{1 - \cos x}{x^2} = \lim_{x \to 0} \frac{2\sin^2 \frac{x}{2}}{4(\frac{x}{2})^2} = \frac{1}{2} \lim_{x \to 0} \frac{\sin^2 \frac{x}{2}}{(\frac{x}{2})^2} = \frac{1}{2},$$

所以当 $x \to 0$ 时, $1 - \cos x$ 与 x^2 是同阶的无穷小, 从而 $1 - \cos x$ 与 $\dfrac{1}{2}x^2$ 是等价无穷小, 即

$$1 - \cos x \sim \frac{1}{2}x^2$$

2. 等价无穷小及其应用

定理 2.1 设 $\alpha \sim \alpha_1, \beta \sim \beta_1$, 且 $\dfrac{\beta_1}{\alpha_1}$ 存在, 则

$$\lim \frac{\beta}{\alpha} = \lim \frac{\beta_1}{\alpha_1}.$$

此定理称为等价无穷小的替换定理, 求两个无穷小之比的极限时, 分子或分母中的因式都可用其等价无穷小来代替.

当 $x \to 0$ 时, 常用的等价无穷小有:

$$\sin x \sim x, \tan x \sim x, \arcsin x \sim x, \arctan x \sim x$$

$$\ln(1 + x) \sim x, e^x - 1 \sim x, 1 - \cos x \sim \frac{1}{2}x^2, \sqrt[n]{1 - x} \sim \frac{1}{n}x$$

【例13】 求 $\lim\limits_{x \to 0} \dfrac{\tan^2 x}{-\frac{1}{2}x^2}$.

解 当 $x \to 0$ 时, $\tan x \sim x$, 所以 $\tan^2 x \sim x^2$, 所以

$$\lim_{x \to 0} \frac{\tan^2 x}{-\frac{1}{2}x^2} = \lim_{x \to 0} \frac{x^2}{-\frac{1}{2}x^2} = -2$$

【例14】 求 $\lim\limits_{x \to 0} \dfrac{\tan x - \sin x}{x^3}$.

解 原式 $= \lim\limits_{x \to 0} \dfrac{\tan x(1 - \cos x)}{x^3}$. 当 $x \to 0$ 时, $\tan x \sim x$, $1 - \cos \sim \dfrac{1}{2}x^2$, 所以

$$原式 = \lim_{x \to 0} \frac{x \cdot \frac{1}{2}x^2}{x^3} = \frac{1}{2}$$

【例15】 求 $\lim\limits_{x \to 0} \dfrac{\ln(1-2x)}{e^{\sin x} - 1}$.

解 当 $x \to 0$ 时,$\ln(1+x) \sim x$,$e^x - 1 \sim x$,同理当 $f(x) \to 0$ 时,$\ln(1+f(x)) \sim f(x)$,$e^{f(x)} - 1 \sim f(x)$,所以

$$\lim_{x \to 0} \frac{\ln(1-2x)}{e^{\sin x} - 1} = \lim_{x \to 0} \frac{-2x}{\sin x} = \lim_{x \to 0} \frac{-2x}{x} = -2.$$

【能力训练1.3】

(基础题)

1. 求下列函数的极限:

(1) $\lim\limits_{x \to 2}(3x^2 + x - 2)$;

(2) $\lim\limits_{x \to 1}\left(1 + \dfrac{2}{x-3}\right)$;

(3) $\lim\limits_{x \to 2} \dfrac{x-2}{x+2}$;

(4) $\lim\limits_{x \to 2} \dfrac{x+2}{x-2}$;

(5) $\lim\limits_{x \to 1} \dfrac{x^2 - 3x + 2}{1 - x^2}$;

(6) $\lim\limits_{\Delta x \to 0} \dfrac{\sqrt{x + \Delta x} - \sqrt{x}}{\Delta x}$;

(7) $\lim\limits_{h \to 0} \dfrac{(x+h)^3 - x^3}{h}$;

(8) $\lim\limits_{x \to 1} \dfrac{x^n - 1}{x - 1}$;

(9) $\lim\limits_{n \to \infty}\left(1 + \dfrac{1}{2} + \dfrac{1}{4} + \cdots + \dfrac{1}{2^n}\right)$;

(10) $\lim\limits_{x \to \infty} \dfrac{x^2 - 1}{2x^2 - 3x + 1}$;

(11) $\lim\limits_{x \to \infty} \dfrac{x^2 + x}{x^3 + 2x^2 + 8}$;

(12) $\lim\limits_{x \to +\infty} \dfrac{\sqrt{x + \sqrt{x + \sqrt{x}}}}{\sqrt{2x+1}}$.

2. 求下列极限:

(1) $\lim\limits_{x \to 0} \dfrac{\sin 3x}{2x}$;

(2) $\lim\limits_{x \to 0} \dfrac{\sin 5x}{\sin 2x}$;

(3) $\lim\limits_{x \to \infty}\left(1 + \dfrac{2}{x}\right)^x$;

(4) $\lim\limits_{x \to \infty}\left(1 - \dfrac{1}{2x}\right)^{x+2}$;

(5) $\lim\limits_{x \to 0}\left(\dfrac{3-x}{3}\right)^{\frac{3}{x}}$;

(6) $\lim\limits_{x \to 0}(1-x)^{\frac{3}{x}}$;

(7) $\lim\limits_{x \to 0} \dfrac{\ln(1+x)}{x}$;

(8) $\lim\limits_{x \to 0} \dfrac{e^x - 1}{x}$.

(应用题)

设一产品的价格满足 $P(t) = 20 - 20e^{-0.5t}$,请你对该产品价格作一个长期预测.

§1.4 极限的应用

本节主要介绍极限在函数连续性的描述和判定、曲线渐近线的概念和求法等方面的应用.

一、函数连续性的判定

客观世界的许多现象和事物不仅是运动变化的,而且其运动变化的过程往往是连续不断的,比如日月行空、岁月流逝、植物生长、温度变化、物种变化等,这些连续不断发展变化的事物在量方面变化的反映就是函数的连续性.

1.函数在一点处的连续性

为描述函数的连续性,我们先引入函数增量的概念.

定义 1.10 如果自变量x从初值x_1变到终值x_2,终值与初值之差$x_2 - x_1$,称为自变量x的增量,或称为自变量x的改变量,记为Δx,即$\Delta x = x_2 - x_1$.

【注】 (1) Δx是一个记号,Δx可正可负,也可以为零,当$\Delta x > 0$时,变量x是增加的;当$\Delta x < 0$时,变量x是减少的;

(2) 设函数$y = f(x)$在点x_0的某个邻域内有定义,当自变量x从x_0变到$x_0 + \Delta x$有增量Δx时,相应地函数y从$f(x_0)$变到$f(x_0 + \Delta x)$,有增量Δy,且

$$\Delta y = f(x_0 + \Delta x) - f(x_0)$$

【例1】 设函数$y = x^2 + 1$,求适合下列条件的Δx和Δy.
(1)当x由1变到1.5; (2)当x由1变到$1 + \Delta x$.
解 (1) $\Delta x = 1.5 - 1 = 0.5$,
$\Delta y = f(1.5) - f(1) = 2.25 - 1 = 1.25$;
(2) $\Delta x = (1 + \Delta x) - 1 = \Delta x$,
$\Delta y = f(1 + \Delta x) - f(1) = (1 + \Delta x)^2 - 1 = 2\Delta x + (\Delta x)^2$.

定义 1.11 设函数$y = f(x)$在点x_0的邻域$U(x_0, \delta)$内有定义,如果当自变量x在点x_0的增量Δx趋近于零时,函数$y = f(x)$相应的增量$\Delta y = f(x_0 + \Delta x) - f(x_0)$也趋近于零.即

$$\lim_{\Delta x \to 0} \Delta y = 0 \text{ 或 } \lim_{\Delta x \to 0} [f(x_0 + \Delta x) - f(x_0)] = 0.$$

那么称函数$f(x)$在点x_0处连续.

在定义1.11中,若令$x = x_0 + \Delta x$,则当$\Delta x \to 0$时,有$x \to x_0$得

$$\Delta y = f(x_0 + \Delta x) - f(x_0) = f(x) - f(x_0),$$

即$f(x) = f(x_0) + \Delta y$,

故当 $\Delta y \to 0$ 时有 $f(x) \to f(x_0)$. 因而 $\lim\limits_{\Delta x \to 0} \Delta y = 0$ 可改写为

$$\lim_{x \to x_0} f(x) = f(x_0)$$

因此函数 $y = f(x)$ 在点 x_0 处连续的定义又可叙述如下:

> **定义 1.12** 设函数 $y = f(x)$ 在点 x_0 的邻域 $U(x_0, \delta)$ 内有定义,若
>
> $$\lim_{x \to x_0} f(x) = f(x_0)$$
>
> 则称函数 $y = f(x)$ 在点 x_0 处连续.

定义1.12说明函数 $y = f(x)$ 在点 x_0 处连续,必须同时具备下列三个条件:
(1) 函数 $y = f(x)$ 在点 x_0 处有定义,即函数值 $f(x_0)$ 存在;
(2) 极限 $\lim\limits_{x \to x_0} f(x)$ 存在;
(3) $\lim\limits_{x \to x_0} f(x) = f(x_0)$,即在点 x_0 处的极限值等于点 x_0 处的函数值.

【例2】 证明函数 $y = x^2$ 在点 $x = 1$ 处连续.

证 函数 $y = x^2$ 在点 $x = 1$ 的邻域内有定义.因为

$$\lim_{x \to 1} f(x) = \lim_{x \to 1} x^2 = 1,$$

又 $f(1) = 1$,故 $\lim\limits_{x \to 1} f(x) = f(1)$.
由定义1.12知,函数 $y = x^2$ 在点 $x = 1$ 处连续.

【例3】 考察函数 $f(x) = \begin{cases} x, & x \leqslant 0, \\ x\sin\dfrac{1}{x}, & x > 0, \end{cases}$ 在点 $x = 0$ 处的连续性.

解 由于函数在分段点 $x = 0$ 处两边的表达式不同,因此,一般要考虑在分段点 $x = 0$ 处的左极限与右极限,因为

$$\lim_{x \to 0^-} f(x) = \lim_{x \to 0^-} x = 0, \quad \lim_{x \to 0^+} f(x) = \lim_{x \to 0^+} x\sin\frac{1}{x} = 0$$

而 $f(0) = 0$,即

$$\lim_{x \to 0^-} f(x) = \lim_{x \to 0^+} f(x) = f(0) = 0$$

由定义1.12知函数 $y = f(x)$ 在点 $x = 0$ 处连续.

2.左连续与右连续

> **定义 1.13** 若函数 $y = f(x)$ 在点 x_0 的左极限 $\lim\limits_{x \to x_0^-} f(x)$ 存在且等于 $f(x_0)$,即
>
> $$\lim_{x \to x_0^-} f(x) = f(x_0) \text{ 或 } f(x_0^-) = f(x_0)$$

则称函数$y = f(x)$在点x_0处左连续.

若函数$y = f(x)$在点x_0的右极限$\lim\limits_{x \to x_0^+} f(x)$存在且等于$f(x_0)$, 即

$$\lim_{x \to x_0^+} f(x) = f(x_0) \text{ 或 } f(x_0^+) = f(x_0)$$

则称函数$y = f(x)$在点x_0处右连续.

函数$y = f(x)$在点x_0处连续$\iff \lim\limits_{x \to x_0} f(x) = f(x_0) \iff f(x_0^-) = f(x_0) = f(x_0^+)$

3.连续函数与连续区间

若函数$y = f(x)$在开区间(a,b)内的每一点都连续,则称$f(x)$在开区间(a,b)内连续,也称函$y = f(x)$为(a,b)内的连续函数, 区间(a,b)称为函数$y = f(x)$的连续区间.

若函数$y = f(x)$在开区间(a,b)内连续,且在左端点a右连续,在右端点b左连续,则称函数$y = f(x)$在闭区间$[a,b]$上连续. 连续函数的图形是一条连续不间断的曲线.

4.函数的间断点

定义 1.14 使函数$y = f(x)$不连续的点x_0称为函数$y = f(x)$的间断点.

如果函数$y = f(x)$在点x_0处有下列三种情形之一的:

(1) 函数$y = f(x)$在点x_0无定义;

(2) 函数$y = f(x)$在点x_0处虽有定义,但$\lim\limits_{x \to x_0} f(x)$不存在;

(3) 函数$y = f(x)$在点x_0处虽有定义,且$\lim\limits_{x \to x_0} f(x)$存在,但$\lim\limits_{x \to x_0} f(x) \neq f(x_0)$,那么点$x_0$称为$f(x)$的间断点.

设$f(x)$在点x_0处间断,若$f(x)$在点x_0处左、右极限$f(x_0 - 0)$和$f(x_0 + 0)$都存在, 则称点x_0为$f(x)$的第一类间断点;

若$f(x)$在点x_0的左、右极限至少一个不存在,则称点x_0为$f(x)$的第二类间断点;

若$\lim\limits_{x \to x_0} f(x) = \infty$,则称点$x_0$为$f(x)$的无穷间断点;

在第一类间断点中,如果左、右极限存在,但不相等,点x_0称为跳跃间断点;如果左、右极限存在且相等,此时极限$\lim\limits_{x \to x_0} f(x)$存在,$x_0$称为可去间断点.

【例4】 正切函数$y = \tan x$在$x = \dfrac{\pi}{2}$处没有定义,所以点$x = \dfrac{\pi}{2}$是函数$y = \tan x$的间断点.又因$\lim\limits_{x \to \frac{\pi}{2}} \tan x = \infty$,故$\dfrac{\pi}{2}$称为函数$y = \tan x$的无穷间断点.

【例5】 讨论函数$y = \dfrac{x^2 - 1}{x - 1}$在点$x = 1$处的连续性.

解 函数在$x = 1$处没有定义,所以函数在点$x = 1$处不连续.由于

$$\lim_{x \to 1} \frac{x^2 - 1}{x - 1} = \lim_{x \to 1}(x + 1) = 2$$

如果补充定义:令 $x=1$ 时, $y=2$,那么所给函数在点 $x=1$ 点成为连续,所以 $x=1$ 称为可去间断点.

【例6】 讨论函数 $y=f(x)=\begin{cases} x, & x\neq 1 \\ \dfrac{1}{2}, & x=1 \end{cases}$ 在点 $x=1$ 处的连续性.

解 $\lim\limits_{x\to 1}f(x)=\lim\limits_{x\to 1}x=1$,但 $f(1)=\dfrac{1}{2}$,所以 $\lim\limits_{x\to 1}f(x)\neq f(1)$.因此,点 $x=1$ 是函数 $f(x)$ 的间断点,但是,如果改变函数 $f(x)$ 在 $x=1$ 处的定义,令 $f(1)=1$,那么 $f(x)$ 在 $x=1$ 成为连续,所以 $x=1$ 也称为该函数的可去间断点.

【例7】 设 $f(x)=\begin{cases} (1-x)^{\frac{1}{x}}, & x>0 \\ a, & x\leqslant 0 \end{cases}$ 在 $x=0$ 处连续,求常数 a.

解 由于 $\lim\limits_{x\to 0^-}f(x)=a$, $\lim\limits_{x\to 0^+}f(x)=\mathrm{e}^{-1}$,由 $f(x)$ 在 $x=0$ 处连续,得

$$\lim_{x\to 0^-}f(x)=\lim_{x\to 0^+}f(x)=f(0),故 a=\mathrm{e}^{-1}$$

二、初等函数的连续性及性质

1.连续函数的四则运算

基本初等函数在其定义域内都是连续的,由极限的四则运算法则,容易推出连续函数经过四则运算后,其连续性保持不变.

定理4.1 若函数 $f(x)$ 和 $g(x)$ 都在点 x_0 处连续,则它们的和、差、积、商(分母不等于零)也都在点 x_0 处连续.即

(1) $\lim\limits_{x\to x_0}[f(x)\pm g(x)]=f(x_0)\pm g(x_0)$;

(2) $\lim\limits_{x\to x_0}[f(x)\cdot g(x)]=f(x_0)\cdot g(x_0)$;

(3) $\lim\limits_{x\to x_0}\dfrac{f(x)}{g(x)}=\dfrac{f(x_0)}{g(x_0)}$ $(g(x_0)\neq 0)$.

例如:$\sin x,\cos x$ 在 R 上连续,因此,可得 $\tan x,\cot x$ 在其定义域内连续.

【注】 (1)在某点连续的有限个函数,经过有限次的和、差、积、商(分母不为零)运算,其结果仍是一个在该点连续的函数.

(2)连续单调递增(递减)函数的反函数也连续单调递增(递减).

2.复合函数的连续性

定理4.2 设函数 $y=f(u)$ 在点 u_0 处连续,函数 $u=\varphi(x)$ 在点 x_0 处连续.且 $u_0=\varphi(x_0)$,则复合函数 $y=f[\varphi(x)]$ 在点 x_0 处连续.即连续函数的复合函数是连续的.

【例8】 求 $\lim\limits_{x\to 0}\dfrac{\ln(1+x)}{x}$

解 $\lim\limits_{x\to 0}\dfrac{\ln(1+x)}{x}=\lim\limits_{x\to 0}\ln(1+x)^{\frac{1}{x}}=\ln\left[\lim\limits_{x\to 0}(1+x)^{\frac{1}{x}}\right]=\ln\mathrm{e}=1$.

3.初等函数的连续性

定理4.3 初等函数在其定义域内是连续的,即初等函数的定义域就是它的连续区间.

由初等函数在其定义域内连续性可知,如果 $y=f(x)$ 是初等函数,点 x_0 是其定义域内的点,那么有

$$\lim_{x\to x_0}f(x)=f(x_0)$$

初等函数在其定义域内的点 x_0 的极限时,只需求出函数在该点的函数值 $f(x_0)$ 即可.

【例9】 求 $\lim\limits_{x \to 1} \dfrac{2x + \ln(3-x)}{\sqrt{3+x}}$.

解 因为 $f(x) = \dfrac{2x + \ln(3-x)}{\sqrt{3+x}}$ 是初等函数,其定义域为$(-3, 3)$,点$x = 1$在其定义域内,所以

$$\lim_{x \to 1} \frac{2x + \ln(3-x)}{\sqrt{3+x}} = \frac{2 \cdot 1 + \ln(3-1)}{\sqrt{3+1}} = \frac{2 + \ln 2}{2}$$

4.闭区间上连续函数的性质

> **定义** 1.15 设函数$y = f(x)$在区间I上有定义,如果有$x_0 \in I$,使得对于任意$x \in I$,都有
>
> $$f(x) \leqslant f(x_0) \quad (或 f(x) \geqslant f(x_0))$$
>
> 那么称$f(x_0)$是函数$y = f(x)$在区间I上的最大值(或最小值).

性质4.1(最大值和最小值定理) 若函数$f(x)$在闭区间$[a, b]$上连续,则$f(x)$在$[a, b]$上必有而且取得最大值和最小值.

如图1.13所示,设函数$y = f(x)$在区间$[a, b]$上连续,则存在$\xi_1, \xi_2 \in [a, b]$,使得

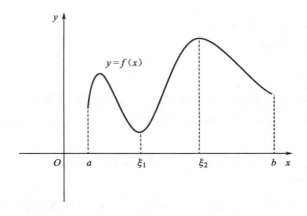

图 1.13

$$f(\xi_1) = \min_{a \leqslant x \leqslant b} f(x) \quad f(\xi_2) = \max_{a \leqslant x \leqslant b} f(x)$$

若函数在开区间内连续,或在闭区间上有间断点,结论不一定成立.

例如:函数$f(x) = x$在开区间$(0, 1)$内连续,但$f(x)$在$(0, 1)$内既无最大值也最小值.

又如函数 $f(x) = \begin{cases} -x + 1, & 0 \leqslant x < 1 \\ 1, & x = 1 \\ -x + 3, & 1 < x \leqslant 2 \end{cases}$ 在闭区间$[0, 2]$上有间断点$x = 1$,$f(x)$在$[0, 2]$上既无最大值也无最小值.

性质4.2(介值定理) 若函数$y = f(x)$在闭区间$[a,b]$上连续，m和M分别为$f(x)$在$[a,b]$上的最小值和最大值，则对介于m与M之间的任一实数C，在(a,b)内至少存在一点ξ，使得

$$f(\xi) = C \quad (a < \xi < b).$$

介值定理的几何意义是:在闭区间$[a,b]$上连续的曲线$y = f(x)$与直线$y = C(m < C < M)$至少有一个交点. 交点的坐标为$(\xi, f(\xi))$,其中$f(\xi) = C$.如图1.14所示,有四个交点,

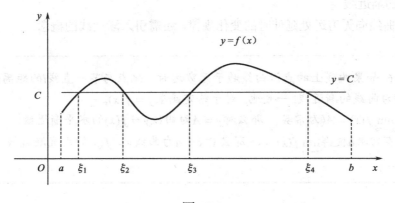

图 1.14

推论(零点定理) 若函数$y = f(x)$在闭区间$[a,b]$上连续，且$f(a)$与$f(b)$异号.则至少存在一点$\xi \in (a,b)$，使得

$$f(\xi) = 0 \quad (a < \xi < b)$$

零点定理的几何意义是:如果连续的曲线弧$f(x)$的两个端点分别位于x轴的上、下两侧,那么这段曲线弧与x轴至少有一个交点$(\xi, 0)$,即有$f(\xi) = 0$.如图1.15所示.

零点定理常被用来判定方程根的存在性,也称为根的存在定理.

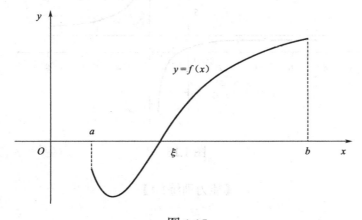

图 1.15

【例10】 证明方程$\sin x + x + 1 = 0$在$\left(-\dfrac{\pi}{2}, \dfrac{\pi}{2}\right)$至少有一个根.

证 令 $f(x) = \sin x + x + 1$,则 $f(x)$ 在 $\left[-\dfrac{\pi}{2}, \dfrac{\pi}{2}\right]$ 上连续,且

$$f\left(-\dfrac{\pi}{2}\right) = -\dfrac{\pi}{2} < 0, f\left(\dfrac{\pi}{2}\right) = 2 + \dfrac{\pi}{2} > 0.$$

由零点定理得:在 $\left(-\dfrac{\pi}{2}, \dfrac{\pi}{2}\right)$ 至少存在一点 ξ,使得 $f(\xi) = 0$.

这说明方程 $\sin x + x + 1 = 0$ 在 $\left(-\dfrac{\pi}{2}, \dfrac{\pi}{2}\right)$ 至少有一个根是 ξ.

三、曲线的渐近线

为了讨论曲线向无穷远处延伸时的变化规律,还需引入渐近线的概念.

定义 1.16 如果曲线上的点沿曲线趋于无穷远时,此点与某一直线 l 的距离趋于零,那么称此直线 l 为曲线的渐近线. 一般地,对于给定函数 $y = f(x)$,

(1) 如果 $\lim\limits_{x \to \infty} f(x) = A$(为常数),那么称 $y = A$ 为曲线 $y = f(x)$ 的水平渐近线;

(2) 如果有常数 a 使得 $\lim\limits_{x \to a} f(x) = \infty$,那么称 $x = a$ 为曲线 $y = f(x)$ 的垂直渐近线.

【例11】 求曲线 $f(x) = \dfrac{x-1}{x-2}$ 的水平渐近线和垂直渐近线.

解 因为 $\lim\limits_{x \to \infty} f(x) = 1$,所有 $y = 1$ 是曲线 $f(x) = \dfrac{x-1}{x-2}$ 的水平渐近线;

因为 $\lim\limits_{x \to 2} f(x) = \infty$,所有 $x = 2$ 是曲线 $f(x) = \dfrac{x-1}{x-2}$ 的垂直渐近线.(如图1.16所示)

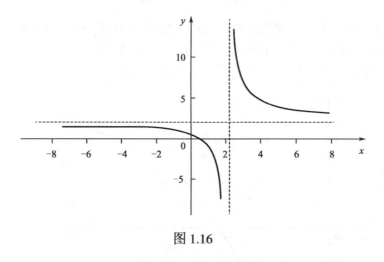

图 1.16

【能力训练1.4】

(基础题)

1.指出下列函数的间断点,并指出间断点的类型:

(1) $f(x) = \dfrac{x}{x+2}$;

(2) $f(x) = \dfrac{\sqrt{1+x^2}-1}{x^2}$;

(3) $f(x) = \begin{cases} x, & -1 \leqslant x \leqslant 1, \\ 1, & \text{其他} \end{cases}$;

(4) $f(x) = \dfrac{x^2-1}{x(x-1)}$.

2.求下列函数曲线的水平渐近线与垂直渐近线：

(1) $f(x) = \dfrac{x+1}{x-1}$;

(2) $f(x) = \dfrac{1}{1+x^2}$;

(3) $f(x) = e^x$;

(4) $f(x) = \ln(x-1)$.

3.证明方程 $x^4 - 4x + 2 = 0$ 在区间 $(1,2)$ 内至少有一个根.

(应用题)

设1g冰从-40℃升到100℃所需要的热量(单位:J)为

$$f(x) = \begin{cases} 2.1x + 84, & -40 \leqslant x \leqslant 0, \\ 4.2x + 420, & 0 < x \leqslant 100. \end{cases}$$

试问函数 $f(x)$ 在 $x = 0$ 处是否连续？若不连续，指出其间断点的类型，并解释其实际意义.

§1.5 数学实验——用Matlab绘制平面图形

一、函数作图

1.Matlab软件作平面图形的常用符号函数为 $fplot(\ )$，其格式如下:

$$fplot('fun', [x\min, x\max]),$$

表示作出函数 fun 在区间 $[x\min, x\max]$ 上的图形.

需注意的是:

(1)函数 fun 中的变量必须用 $syms$ 定义为符号对象;

(2) $fplot$ 函数不能画参数方程和隐函数图形，但在一个图上可以画多个图形.

【例1】 在 $[-2,2]$ 上作出 $y = e^{2x} + \sin(3x^2)$ 的图形.

解 在Matlab的命令窗口输入:

\>> $syms\ x$

\>> $fplot('exp(2*x) + \sin(3*x^2)', [-2,2])$ 回车后，运行结果如图1.17所示.

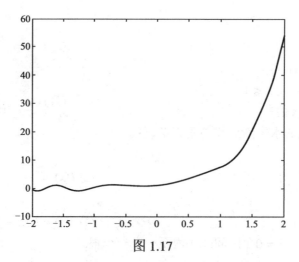

图 1.17

【例2】 在$[-2\pi, 2\pi]$范围内同时作出$y = \sin x, y = \cos x$的图形.

解 在*Matlab*中输入

\>\> *syms x*

\>\> *fplot*$('[sin(x), cos(x)]', [-2*uppi, 2*uppi])$

运行结果如图1.18所示.

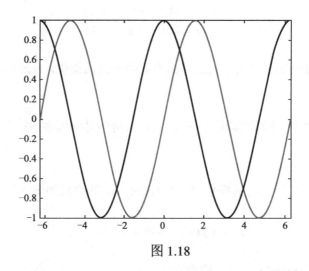

图 1.18

2.*Matlab*中隐函数和参数方程作图都采用函数*ezplot*( )，其格式分别如下：

ezplot$(f, [x\min, x\max, y\min, y\max])$表示在区间$[x\min, x\max, y\min, y\max]$上作隐函数$f(x,y) = 0$的图形；

ezplot$(x(t), y(t), [t\min, t\max])$表示在*t*参数区间$[t\min, t\max]$上作参数方程$x = x(t), y = y(t)$的图形，

【例3】 作隐函数$e^x + \sin(xy) = 0$的图形.

解 在*Matlab*中输入：

\>\> *syms x y*

>> $ezplot('exp(x)+sin(x*y)', [-2, 0.5, 0, 2]$

结果显示如图1.19所示.

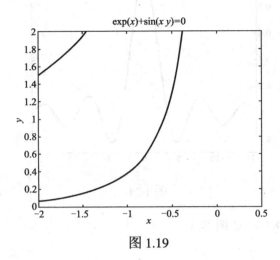

图 1.19

【例4】 作出 $\begin{cases} x = \sin 2t \\ y = \cos t \end{cases}$ 在[0,2π]上的图形.

解 在Matlab中输入:

$syms\ t$

>> $ezplot('sin(2*t)', 'cos(t)', [0, 2*uppi])$

结果显示如图1.20所示.

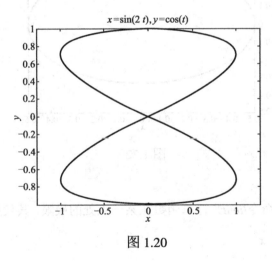

图 1.20

【例5】 作出 $f(x) = \dfrac{\sin x}{x}$ 在[-5π, 5π]上的图形.

解 输入命令:

$syms\ x;$

$ezplot(sin(x)/x, [-5*uppi, 5*uppi])$

输出结果如图1.21所示.

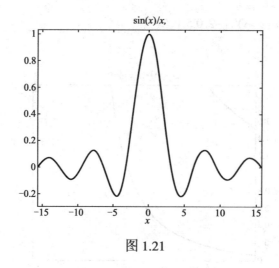

图 1.21

【例6】 作出 $4x^2 + 9y^2 = 1$ 的图形.

解 输入命令:

$ezplot('4*x\wedge2 + 9*y\wedge2 - 1', [-0.5, 0.5, -0.5, 0.5])$

输出结果如图1.22所示.

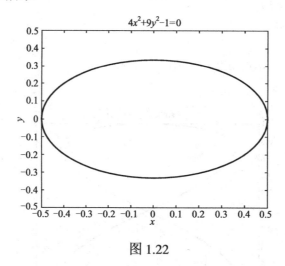

图 1.22

二、极限的计算

在 Matlab 中可以使用命令 limit 来计算函数在某一点处的极限,其使用方法如表1.8所示.

【例7】 计算 $\lim\limits_{x \to \infty}(1 + \dfrac{k}{x})^x$

解 输入命令:

$syms\ x\ k;$

$limit((1 + k/x)\wedge x, x, inf)$

输出结果为 $ans = \exp(k)$,即 e^k.

【例8】 计算 $\lim\limits_{x \to 1}\dfrac{x^n - 1}{x - 1}$.

解 输入命令:

表 1.8 求极限命令

数学表达式	Matlab命令
$\lim\limits_{x\to\infty} f(x)\;(\lim\limits_{x\to+\infty} f(x))$	$Limit(f, x, inf)$
$\lim\limits_{x\to-\infty} f(x)$	$Limit(f, x, -inf)$
$\lim\limits_{x\to a^-} f(x)$	$Limit(f, x, a, 'left')$
$\lim\limits_{x\to a^+} f(x)$	$Limit(f, x, a, 'right')$
$\lim\limits_{x\to a} f(x)$	$Limit(f, x, a)$

syms x n;
limit$((x\wedge n - 1)/(x-1), x, 1)$
输出结果为 *ans = n*.

复习题一

一、单项选择题.

1. 已知数列 $\{2 + (-1)^n\}$,则该数列(　　).
   (A) 收敛于1　　(B) 收敛于3　　(C) 发散　　(D) 都不对

2. $\lim\limits_{x\to\infty} f(x) = A$ 是 $\lim\limits_{x\to+\infty} f(x) = \lim\limits_{x\to-\infty} f(x) = A$ 成立的(　　).
   (A) 充分条件　　(B) 必要条件　　(C) 充要条件　　(D) 无关条件

3. 下列极限错误的是(　　).
   (A) $\lim\limits_{x\to 0} e^{\frac{1}{x}} = \infty$ 　　(B) $\lim\limits_{x\to 0^-} e^{\frac{1}{x}} = 0$
   (C) $\lim\limits_{x\to 0^+} e^{\frac{1}{x}} = +\infty$ 　　(D) $\lim\limits_{x\to\infty} e^{\frac{1}{x}} = 1$

4. 当 $x \to 0^+$ 时,下列变量是无穷小的有(　　).
   (A) $\dfrac{\sin x}{\sqrt{x}}$ 　　(B) $2^x + 3^x - 1$ 　　(C) $\ln x$ 　　(D) $\dfrac{\cos x}{x}$

5. 若 x 是无穷小,下面说法中错误的是(　　).
   (A) x^2 是无穷小　　(B) $2x$ 是无穷小
   (C) $x - 0.00001$ 是无穷小　　(D) $-x$ 是无穷小

6. 下列等式成立的是(　　).
   (A) $\lim\limits_{x\to 0} \dfrac{\sin x}{x} = 0$ 　　(B) $\lim\limits_{x\to\infty} \dfrac{\sin x}{x} = 1$
   (C) $\lim\limits_{x\to 0} x\sin\dfrac{1}{x} = 1$ 　　(D) $\lim\limits_{x\to\infty} x\sin\dfrac{1}{x} = 1$

7. 当 $x \to \infty$ 时,$f(x) = x\sin x$ 是(　　).
   (A) 无穷大　　(B) 无穷小　　(C) 无界变量　　(D) 有界变量

8. 当 $x \to 0$ 时,$1 - \cos x$ 是 $\sin^2 x$ 的(　　).
   (A) 高阶无穷小　　(B) 同阶无穷小,但不等价

(C) 等价无穷小   (D) 低价无穷小

9. 函数 $f(x) = \begin{cases} x + \dfrac{\sin x}{x}, & x < 0, \\ 0, & x = 0, \\ x\cos\dfrac{1}{x}, & x > 0. \end{cases}$ 则 $x = 0$ 是 $f(x)$ 的(   ).

    (A) 连续点   (B) 可去间断点

    (C) 跳跃间断点   (D) 振荡间断点

10. $f(x)$ 在 $x = x_0$ 处极限存在是 $f(x)$ 在 $x = x_0$ 处连续的(   ).

    (A) 充分条件   (B) 必要条件

    (C) 充要条件   (D) 无关条件

二、填空题.

1. 如果函数 $f(x)$ 的定义域为 $[1, 2]$,则函数 $f(1 - \ln x)$ 的定义域为 _____.

2. 函数 $f(x) = e^{\sin^2 x}$ 复合过程为 _____.

3. $\lim\limits_{n \to \infty}\left(1 + \dfrac{1}{3} + \dfrac{1}{3^2} + \cdots + \dfrac{1}{3^{n-1}}\right) = $ _____.

4. $\lim\limits_{x \to 1} \dfrac{x^3 - 1}{x - 1} = $ _____.

5. 设 $f(x) = \begin{cases} x + 2, & x \leqslant 0, \\ \dfrac{\tan x}{x}, & x > 0, \end{cases}$ 则 $x = 0$ 是函数 $f(x)$ 的第 _____ 类间断点.

6. 设 $\lim\limits_{x \to -1} \dfrac{x^2 + ax + 4}{x + 1} = 3$,则 $a = $ _____.

7. 函数 $f(x) = \dfrac{x^3 + 3x + 5}{x^2 + x - 6}$ 的连续区间为 _____.

8. 当 $x \to 0$ 时,$\sqrt[3]{1 + ax} - 1$ 与 $\sin 2x$ 为等价无穷小,则 $a = $ _____.

9. 函数 $y = f(x)$ 是连续奇函数,且 $f(-1) = 1$,则 $\lim\limits_{x \to 1} f(x) = $ _____.

10. 曲线 $f(x) = \dfrac{x + 1}{x^2 - 1}$ 的水平渐近线为 _____,垂直渐近线为 _____.

三、求下列函数的极限.

1. $\lim\limits_{x \to 1} \dfrac{\sqrt{5x - 4} - \sqrt{x}}{x - 1}$;

2. $\lim\limits_{x \to \infty} \dfrac{x - \sin x}{x + \sin x}$;

3. $\lim\limits_{n \to \infty} \dfrac{2^{n+1} + 3^{n+1}}{2^n + 3^n}$;

4. $\lim\limits_{x \to \infty} n(\ln(n + 1) - \ln n)$;

5. $\lim\limits_{x \to \infty} \left(\dfrac{2x + 3}{2x + 1}\right)^{x+1}$;

6. $\lim\limits_{x\to 1}\left(\dfrac{1}{x-1}-\dfrac{3}{x^3-1}\right)$;

7. $\lim\limits_{x\to 0}\ln\dfrac{\sin x}{x}$;

8. 若 $\lim\limits_{x\to\infty}\left(\dfrac{x^2+1}{x+1}+ax+b\right)=0$, 试求常数 a,b 的值.

第2章　导数与微分及其应用

学习目标

知识目标

- 理解导数与微分的概念及其几何意义;
- 掌握导数的四则运算法则和基本初等函数的求导公式;
- 掌握复合函数、隐函数和参数方程所确定函数的导数的求法;
- 了解高阶导数的概念,掌握求函数二阶导数的方法;
- 理解导数和微分的关系;
- 掌握 $\frac{0}{0}, \frac{\infty}{\infty}$ 型未定式极限的求法;
- 掌握用导数判断函数单调性与凹凸性;
- 掌握用导数求函数极值、最值的方法;
- 掌握用导数和微分的知识解决实际问题的方法.

能力目标

- 能应用求导法则和求导公式计算导数;
- 能应用微分的四则运算法则计算微分;
- 能应用导数与微分的知识解决实际问题;
- 能运用Matlab软件计算导数和微分.

本章主要介绍的是在理论和实践中都极为重要的数学概念——导数和微分,导数和微分同上一章的极限、连续概念有着密切的联系,是高等数学基本的也是核心的内容.通过对导数、微分及其应用的学习,能使我们初步领悟变化率问题和微分思想的本质,为以后解决相关的实际问题打下基础.

§2.1　导数的概念

一、变化率问题

【**案例1　高台跳水入水速度问题**】　高台跳水是一项极富冒险性的体育项目,它源于海边渔民的悬崖跳水,目前已被列入世界游泳锦标赛正式比赛项目.为安全起见,在高台跳水国际比赛中,跳台的极限高度为28m,你能计算出运动员入水的瞬时速度吗?

分析　运动员跳水过程可以视为自由落体运动,该例实际上是一个求变速直线运动瞬时速度问题,如图2.1所示.

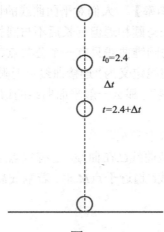

图 2.1

由自由落体运动的知识可知,运动员跳下的距离s(m)和所用时间t(s)的关系为($g = 9.8\text{m/s}^2$):

$$s = \frac{1}{2}gt^2$$

如果运动员起跳时间记为$t = 0$,那么入水时间为$t = \sqrt{\dfrac{28}{4.9}} \approx 2.4(\text{s})$.

计算入水的瞬时速度即跳下2.4s时的速度$v(2.4)$,困难之处在于没有时间间隔.于是,我们考虑用一些持续缩短的时间间隔$[2.4, 2.4+\Delta t]$上的平均速度$\bar{v}$来逐步近似(见表2.1),比如在时间间隔$[2.4,2.41]$上的平均速度为

$$\bar{v} = \frac{s(2.41) - s(2.4)}{2.41 - 2.4} = \frac{4.9 \cdot (2.41)^2 - 4.9 \cdot (2.4)^2}{0.01} = 23.569(\text{m/s})$$

表 2.1 时间间隔与平均速度

时间间隔	平均速度
[2.4, 2.41]	23.569
[2.4, 2.401]	23.525
[2.4, 2.4001]	23.521

容易看出,随着时间间隔的缩短,平均速度越来越接近23.52m/s.

结论:运动员入水的瞬时速度$v(2.4)$定义为从$t = 2.4$开始的逐渐缩短的时间间隔内平均速度的极限值,即

$$v(2.4) = \lim_{\Delta t \to 0} \frac{\Delta s}{\Delta t} = \lim_{\Delta t \to 0} \frac{s(2.4 + \Delta t) - s(2.4)}{\Delta t}$$

一般地,在变速直线运动中,当$|\Delta t|$很小时,时间段$[t_0, t_0 + \Delta t]$内的平均速度$\bar{v}$近似地等于物体在t_0时刻的瞬时速度,且$|\Delta t|$越小,其近似程度越好.当$\Delta t \to 0$时,若平均速度$\bar{v} = \dfrac{\Delta s}{\Delta t}$的极限存在,则此极限值称为物体在$t_0$时刻的瞬时速度$v(t_0)$.即

$$v(t_0) = \lim_{\Delta t \to 0} \frac{\Delta s}{\Delta t} = \lim_{\Delta t \to 0} \frac{s(t_0 + \Delta t) - s(t_0)}{\Delta t}$$

【案例2 平面曲线的切线的斜率】 人们对平面曲线的切线的认识经历了漫长的过程,其中《几何原本》中对圆的切线定义:与圆相遇但延长后不与圆相交的直线,阿波罗尼斯《圆锥曲线》中将圆锥曲线的切线看作是与圆锥曲线只有一个公共点、且不穿过圆锥曲线的直线,莱布尼茨在其1684年发表的论文中将切线定义为"连接曲线上无限接近的两点的直线",或"曲线的内接无穷多边形的一条边的延长线",那么一般平面曲线的切线如何定义呢?切线的斜率该怎么求?

解 下面的方法来源于法国数学家费马.

设连续函数 $y = f(x)$ 的图形是曲线C.在曲线C上有定点M_0和另外一点M,连接M_0与M得曲线C的割线M_0M,当动点M沿曲线C趋近于点M_0时,若割线M_0M存在极限位置M_0T,则称此直线M_0T为曲线C在点M_0处的切线.

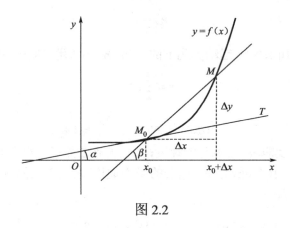

图 2.2

下面求曲线$C: y = f(x)$在点M_0处的切线的斜率(图2.2).设$M_0(x_0, y_0)$, $M(x_0 + \Delta x, y_0 + \Delta y)$,则割线$M_0M$的斜率为

$$\tan\beta = \frac{\Delta y}{\Delta x} = \frac{f(x_0 + \Delta x) - f(x_0)}{\Delta x}$$

当$\Delta x \to 0$时,动点M沿曲线C无限趋近于点M_0,而割线M_0M也随之绕着定点M_0转动,且无限趋近于切线M_0T,因此,曲线C在点M_0处的切线的斜率k为

$$k = \tan\alpha = \lim_{\beta \to \alpha} \tan\beta = \lim_{\Delta x \to 0} \frac{\Delta y}{\Delta x} = \lim_{\Delta x \to 0} \frac{f(x_0 + \Delta x) - f(x_0)}{\Delta x}$$

上面案例1、2中函数的具体含义虽不相同,但从抽象的数量关系看,它们的实质是一样的,都是归结为计算函数增量与自变量增量的比值的极限.

类似问题还有:

电流强度是电量增量与时间增量之比的极限;

线密度是质量增量与长度增量之比的极限;

加速度是速度增量与时间增量之比的极限;

角速度是转角增量与时间增量之比的极限;

……

对于函数$y = f(x)$记$\Delta y = f(x_0 + \Delta x) - f(x_0)$,则$\dfrac{\Delta y}{\Delta x} = \dfrac{f(x_0 + \Delta x) - f(x_0)}{\Delta x}$称为$y = f(x)$在区间$[x_0, x_0 + \Delta x]$上的平均变化率.$\lim\limits_{\Delta x \to 0} \dfrac{\Delta y}{\Delta x} = \lim\limits_{\Delta x \to 0} \dfrac{f(x_0 + \Delta x) - f(x_0)}{\Delta x}$这一比值的极限称为函数$y = f(x)$在$x_0$处的瞬时变化率.

抛开以上问题的具体背景,抓住它们在数学上的共性——求增量比值的极限这个瞬时变化率问题,就得到函数导数的概念.

二、函数$y = f(x)$在点x_0处的导数

1.导数的定义

定义 2.1 【函数$y = f(x)$在某点x_0处的导数】 设函数$y = f(x)$在点x_0的邻域$U(x_0, \delta)$内有定义,当自变量x在点x_0处取得增量Δx,且$x_0 + \Delta x$在x_0的邻域内时,相应的函数值增量为$\Delta y = f(x_0 + \Delta x) - f(x_0)$.如果当$\Delta x \to 0$时,$\dfrac{\Delta y}{\Delta x}$的极限

$$\lim\limits_{\Delta x \to 0} \dfrac{\Delta y}{\Delta x} = \lim\limits_{\Delta x \to 0} \dfrac{f(x_0 + \Delta x) - f(x_0)}{\Delta x}$$

存在,那么称函数$y = f(x)$在点x_0处可导,并称此极限值为$y = f(x)$在点x_0处的导数,记作

$$y'|_{x=x_0}, \quad f'(x_0), \quad \dfrac{\mathrm{d}y}{\mathrm{d}x}\Big|_{x=x_0}$$

即

$$f'(x_0) = \lim\limits_{\Delta x \to 0} \dfrac{f(x_0 + \Delta x) - f(x_0)}{\Delta x}$$

若上述极限不存在,则称函数$y = f(x)$在点x_0处不可导,或称函数$y = f(x)$在点x_0处的导数不存在,特别地,若$\lim\limits_{\Delta x \to 0} \dfrac{\Delta y}{\Delta x} = \infty$也称$y = f(x)$在点$x_0$处的导数为无穷大,其属于导数不存在的情形.

【例1】 根据定义求函数$y = x^2$在$x = 2$处的导数$y'|_{x=2}$

解 (1) $\Delta y = (2 + \Delta x)^2 - 2^2 = 4\Delta x + (\Delta x)^2$;

(2) $\dfrac{\Delta y}{\Delta x} = \dfrac{4\Delta x + (\Delta x)^2}{\Delta x} = 4 + \Delta x$

(3)根据定义

$$y'|_{x=2} = \lim\limits_{\Delta x \to 0} \dfrac{\Delta y}{\Delta x} = \lim\limits_{\Delta x \to 0} (4 + \Delta x) = 4$$

三、曲线在已知点的切线斜率——导数的几何意义

函数$y = f(x)$在点x_0处的导数$f'(x_0)$在几何上表示曲线$y = f(x)$在点$(x_0, f(x_0))$处的切线斜率k,即$k = f'(x_0)$.从而曲线$y = f(x)$在点$(x_0, f(x_0))$处的切线方程为:

$$y - f(x_0) = f'(x_0)(x - x_0)$$

法线方程为:

$$y - f(x_0) = -\dfrac{1}{f'(x_0)}(x - x_0) \qquad (f'(x_0) \neq 0)$$

【例2】 求曲线$y = x^2$在$x = 2$处的切线方程和法线方程.

解 (1)找切点:曲线$y = x^2$在$x = 2$处的切点为$(2,4)$;

(2)求斜率:由例1可知$y'|_{x=2} = 4$,即切线的斜率$k = y'|_{x=2} = 4$;

(3)写由直线的点斜式得曲线$y = x^2$在$(2,4)$点处的切线方程为
$$y - 4 = 4(x - 2)$$
即
$$4x - y - 4 = 0$$
则法线方程为:$y - 4 = -\dfrac{1}{4}(x - 2)$
即
$$x + 4y - 18 = 0$$

四、函数$y = f(x)$在区间(a, b)内的导数——导函数

> **定义 2.2** 如果函数$y = f(x)$在区间(a, b)内任一点处都是可导的,即对每一个$x \in (a, b)$均有对应的导数值$f'(x)$,则称函数$y = f(x)$在区间(a, b)内可导,称$f'(x)$为函数$y = f(x)$的导函数,简称导数.记作:
> $$f'(x), \quad y', \quad \frac{dy}{dx}, \quad \frac{df}{dx}$$

[关于变化率]把导数$f'(x)$称为局部变化率反映了因变量随着自变量在某处的变化的快慢程度.

[关于导数符号]符号y'表示函数$y = f(x)$的因变量y关于自变量x的导数,为强调对自变量x求导数,常常记为y'_x.

[导数的工程意义]

(1) 瞬时速度:在变速直线运动中,路程函数$s = s(t)$对时间t的导数,就是瞬时速度,即$v(t) = s'(t)$.

(2) 电流:$Q = Q(t)$是通过导体某截面的电量,它是时间t的函数,$Q(t)$对时间t的导数,就是电流,即$I(t) = Q'(t)$.

(3) 线密度:非均匀分布的细杆$m = m(x)$在x处的导数,就是该细杆在x处的线密度$\rho(x) = m'(x)$.

【能力训练2.1】

(基础题)

1.根据定义求下列函数的导数

(1)$y = 3x + 2$;　　　　　　　　(2)$f(x) = \sqrt{x}$.

2.求双曲线$y = \dfrac{1}{x}$上在点$(\dfrac{1}{2}, 2)$处的切线方程.

3.在抛物线$y = x^2$上哪一点处的切线分别有如下性质:

(1)平行于x轴;

(2)平行于直线$y = 4x$;

(3)平行于抛物线上两点$(x_1, y_1), (x_2, y_2)$的连线.

(应用题)

1.求曲线$y = \ln(1+x)$在$(0,0)$处的切线方程,把两者的图像画在同一坐标系上,并观察图形之间的关系.

2.以初速度v_0竖直上抛的物体,其上升高度s与时间t的关系是$s = v_0 t - \frac{1}{2}gt^2$.

求(1)该物体运动的速度;

(2)该物体达到最高点的时刻.

3.郭晶晶是我国著名跳水运动员,当她从10m跳台跳下后,入水时的速度有多大?

§2.2 求导的方法——基本公式和复合函数的导数

通过上一节的学习,我们认识了导数的定义,知道求导数的方法与步骤,虽然能够通过定义求导数,然而,对于一般的初等函数,我们仍然需要探索简化求导过程的一般方法,即基本初等函数的求导公式和导数的运算法则.

一、求导公式和法则

1.基本初等函数的求导公式

根据导数的定义,可以求出常数及基本初等函数的导数,作为求导的基本公式.见表2.2.

表 2.2

常函数的导数	$(C)' = 0$　(C为常数)	
幂函数的导数	$(x^a)' = ax^{a-1}$　(a为实数)	
指数函数的导数	$(e^x)' = e^x$	$(a^x)' = a^x \ln a$　($a > 0, a \neq 1$)
对数函数的导数	$(\ln x)' = \dfrac{1}{x}$	$(\log_a x)' = \dfrac{1}{x \ln a}$　($a > 0, a \neq 1$)
三角函数的导数	$(\sin x)' = \cos x;$ $(\tan x)' = \dfrac{1}{\cos^2 x} = \sec^2 x$ $(\sec x)' = \sec x \tan x$	$(\cos x)' = -\sin x;$ $(\cot x)' = -\dfrac{1}{\sin^2 x} = -\csc^2 x$ $(\csc x)' = -\csc x \cot x$
反三角函数的导数	$(\arcsin x)' = \dfrac{1}{\sqrt{1-x^2}}$ $(\arctan x)' = \dfrac{1}{1+x^2}$	$(\arccos x)' = -\dfrac{1}{\sqrt{1-x^2}}$ $(\text{arccot}\, x)' = -\dfrac{1}{1+x^2}$

2.导数的四则运算法则

利用导数的定义,可以证明导数的四则运算法则.

定理3.1　设函数$u = u(x), v = v(x)$在点x处可导,则其和、差、积、商$u(x) \pm v(x), u(x) \cdot v(x), \dfrac{u(x)}{v(x)}$在点$x$处可导,且有:

(1) $(u \pm v)' = u' \pm v'$;

(2) $(u \cdot v)' = u'v + uv'$;

(3) $\left(\dfrac{u}{v}\right)' = \dfrac{u'v - uv'}{v^2}$　($v \neq 0$).

【例1】　设$f(x) = 8x^3 \cos x - \ln 5$,求$f'(x)$及$f'\left(\dfrac{\pi}{2}\right)$.

解 由求导法则得

$$f'(x) = (8x^3\cos x - \ln 5)' = (8x^3\cos x)' - (\ln 5)'$$
$$= (8x^3)'\cos x + 8x^3(\cos x)' - 0 = 24x^2\cos x + 8x^3(-\sin x)$$
$$= 24x^2\cos x - 8x^3\sin x$$
$$f'(\frac{\pi}{2}) = 24(\frac{\pi}{2})^2\cos\frac{\pi}{2} - 8(\frac{\pi}{2})^3\sin\frac{\pi}{2} = -\pi^3$$

【例2】 设 $y = \sin 2x$,求 y'.

解 由求导法则得

$$y' = (2\sin x\cos x)' = 2(\sin x\cos x)'$$
$$= 2[(\sin x)'\cos x + \sin x(\cos x)']$$
$$= 2(\cos^2 x - \sin^2 x)$$
$$= 2\cos 2x$$

【例3】 设 $y = \tan x$,求 y'.

解 由求导法则得

$$y' = (\tan x)' = (\frac{\sin x}{\cos x})'$$
$$= \frac{(\sin x)'\cos x - \sin x(\cos x)'}{\cos^2 x}$$
$$= \frac{\cos^2 x + \sin^2 x}{\cos^2 x}$$
$$= \frac{1}{\cos^2 x}$$
$$= \sec^2 x$$

3.复合函数的求导法则

由例2知,复合函数 $y = \sin 2x$ 的导数为 $y' = 2\cos 2x$.而 $y = \sin 2x$ 是由 $y = \sin u$ 和 $u = 2x$ 复合而成的,则 $\frac{dy}{du} = (\sin u)' = \cos u, \frac{du}{dx} = (2x)' = 2$,显然 $y' = 2\cos 2x$ 恰好等于 $\frac{dy}{du}$ 与 $\frac{du}{dx}$ 乘积,即

$$\frac{dy}{dx} = \frac{dy}{du} \cdot \frac{du}{dx}$$

对于一般的复合函数来说,$\frac{dy}{dx}$ 与 $\frac{dy}{du}$ 和 $\frac{du}{dx}$ 之间也存在这种关系.

定理2.1 如果函数 $u = \varphi(x)$ 在点 x 处可导,而函数 $y = f(u)$ 在对应的点 u 处可导,那么复合函数 $y = f[\varphi(x)]$ 也在点 x 处可导,且有

$$\frac{dy}{dx} = \frac{dy}{du} \cdot \frac{du}{dx} \quad 或 [f(\varphi(x))]' = f'(u) \cdot \varphi'(x).$$

【例4】 求 $y = (2x + 1)^{30}$ 的导数 y'.

解　由复合函数求导法则得

$$y' = [(2x+1)^{30}]'_x$$
$$= [(2x+1)^{30}]'_{(2x+1)} \cdot (2x+1)'_x$$
$$= 30(2x+1)^{29} \cdot 2$$
$$= 60(2x+1)^{29}$$

【例5】　求 $y = \ln\cos x$ 的导数 y'.

解　由复合函数求导法则得

$$y' = (\ln\cos x)'_x$$
$$= (\ln\cos x)'_{\cos x} \cdot (\cos x)'_x$$
$$= \frac{1}{\cos x} \cdot (-\sin x)$$
$$= -\frac{\sin x}{\cos x}$$
$$= -\tan x$$

【例6】　求 $y = \dfrac{1}{1-x^2}$ 的导数 y'.

解　由复合函数求导法则得

$$y' = \left(\frac{1}{1-x^2}\right)'_x$$
$$= \left(\frac{1}{1-x^2}\right)'_{(1-x^2)} \cdot (1-x^2)'_x$$
$$= \frac{-1}{(1-x^2)^2} \cdot (-2x)$$
$$= \frac{2x}{(1-x^2)^2}$$

【例7】　求 $y = \sqrt{a^2-x^2}$ 的导数 y'.

解　由复合函数求导法则得

$$y' = (\sqrt{a^2-x^2})'_x$$
$$= (\sqrt{a^2-x^2})'_{(a^2-x^2)} \cdot (a^2-x^2)'_x$$
$$= \frac{1}{2\sqrt{a^2-x^2}} \cdot (-2x)$$
$$= -\frac{x}{\sqrt{a^2-x^2}}$$

【例8】　求 $y = e^{3x^2+x}$ 的导数 y'.

解 由复合函数求导法则得

$$y' = (e^{3x^2+x})'_x$$
$$= (e^{3x^2+x})'_{(3x^2+x)} \cdot (3x^2+x)'_x$$
$$= (6x+1)e^{3x^2+x}$$

【例9】 放射性元素C-14(1g)的衰减由下式给出:$Q = e^{-0.000121t}$,其中Q是第t年C-14的余量(Q的单位:g).问碳-14的衰减速度(单位:g/a)是多少？

解 C-14的衰减速度v为

$$v = \frac{dQ}{dt} = (e^{-0.000121t})'$$
$$= e^{-0.000121t}(-0.000121t)'$$
$$= -0.000121e^{-0.000121t}(g/a)$$

【能力训练2.2】

(基础题)

1.求下列函数的导数:

(1) $y = x^{100}$； (2) $y = \sqrt[3]{x^5}$； (3) $y = x^{-5}$； (4) $y = \dfrac{x^2\sqrt[3]{x^2}}{\sqrt{x^5}}$.

2.求下列函数的导数:

(1) $y = \dfrac{x^3 - x - 2\pi}{x^2}$； (2) $y = e^x \sin x$

(3) $y = x\ln x + \log e$； (4) $y = \dfrac{x-1}{x+1}$；

(5) $y = x\sin x \ln x$； (6) $y = \dfrac{\ln x}{x^n}$.

3.求下列函数在给定点的导数值:

(1) $y = 6e^x - 3\tan x + 5$,求$y'|_{x=0}$；

(2) $f(x) = \dfrac{1-\sqrt{x}}{1+\sqrt{x}}$,求$f'(4)$.

4.求下列函数的导数:

(1) $y = (2x+5)^4$； (2) $y = \sqrt{1+\ln^2 x}$

(3) $y = \arccos(e^x)$； (4) $y = \sin^2 x$；

(5) $y = \ln\ln x$； (6) $y = (\arcsin x)^2$.

5.求下列初等函数的导数:

(1) $y = \sqrt{1+x}$;

(2) $y = \sin^2 x \cdot \sin(x^2)$;

(3) $y = \arctan\dfrac{1+x}{1-x}$;

(4) $y = \arcsin\sqrt{1+x}$.

(应用题)

1. 求曲线$y = \cos x$在点$P(0,1)$处的切线方程.

2. 将一只球从桥上抛向空中,t秒后球相对于地面的高度为y(单位:m),$y = f(t) = -5t^2 + 15t + 12$.求(1)桥距地面的高度;

(2) 球在$[0,1]$秒内的平均速度;

(3) 球在$t = 1$秒时的瞬时速度;

(4) 在什么时刻,球达到最大高度?

3. [疾病传播] 某城市正在遭受一场瘟疫,通过研究发现,第t天感染该疾病的人数为$p(t) = 120t^2 - 2t^3$(t的单位:天;$0 \leqslant t \leqslant 40$).试求该疾病在$t = 10$天,$t = 20$天,$t = 40$天时的传播速度.

4. [游戏销售] 当推出一种新的电子游戏程序时,短期内其销售量会迅速增加,然后开始下降,销售量s与时间t之间的函数关系为$s(t) = \dfrac{200t}{t^2 + 100}$,$t$的单位为月.

(1) 求$s'(t)$;

(2) 求$s(5)$和$s'(5)$,并解释其意义.

5. [水流速度] 设一圆柱形水箱内装有1000L水,它可以在底端将水抽干,t分时水箱中剩余水的体积为

$$V(t) = 1000\left(1 - \dfrac{t}{60}\right)^2, \quad 0 \leqslant t \leqslant 60,$$

求水箱中水流出的速度,它的单位是什么?

6. [电压的变化率] 一个固定电阻为3Ω,可变电阻为R的电路中的电压由下式给出:$V = \dfrac{6R+25}{R+3}$. 求在$R = 7\Omega$时电压关于可变电阻R的变化率.

7. [利润] 一U盘生产商发现,生产x百个U盘的利润为$P(x) = 400(15-x)(x-2)$元.

(1) 求$P'(x)$.

(2) 求使$P'(x) = 0$时的x值,并说明此时企业利润的意义.

8. [抛锚船只的运动] 一艘抛锚的船只在海中随海浪上、下摆动,它与海平面的距离y(单位:米)与时间t(单位:分)的函数关系为$y = 5 + \sin(2\pi t)$.

(1) $\dfrac{dy}{dt}$表示什么意思?

(2) 求$t = 5$分时船体上下摆动的速度;

(3) 船只的运动有何规律?

9. [弹簧的运动] 弹簧在振动时受到摩擦力和阻力的影响,其运动方程可以用指数函数和正弦函数的乘积来表示,设这个弹簧上一点的运动方程为$s(t) = 2e^{-t}\sin 2\pi t$ (s的单位:厘米,t的单位:秒),求ts时弹簧的振动速度.

§2.3 求导数的方法——隐函数和由参数方程所确定的函数的导数

本节将介绍一些特殊函数——隐函数和由参数方程所确定的函数的求导方法.

一、隐函数的导数

前面,我们接触的函数都具有$y = f(x)$的形式,我们把因变量y由自变量x明确表达成$y = f(x)$形式的函数称为显函数. 但有时,变量x,y之间的函数关系$y = f(x)$由一个含有x,y的方程$F(x,y) = 0$给出.

【案例1 圆的方程】 圆的方程$x^2 + y^2 = 1$确定了一个多值函数$y = \pm\sqrt{1-x^2}$.

这种变量x,y之间的函数关系$y = f(x)$由一个含有x,y的方程$F(x,y) = 0$给出,称y是x隐函数,多数情况下,方程$F(x,y) = 0$确定的隐函数无法表示为$y = f(x)$的形式. 如由方程$e^y + xy = \sin x$所确定的隐函数就是这样,下面介绍隐函数的求导方法.

隐函数的求导方法: 将方程$F(x,y) = 0$两边对x求导,遇到含有y的项,把y看作中间变量,先对y求导,再乘y对x的导数y'_x,得到一个含有y'_x的方程,从中解出y'_x即可.

【例1】 求由方程$e^y + xy = \sin x$所确定的隐函数$y = f(x)$的导数.

解 方程两边同时对x求导,得

$$e^y \cdot y' + y + xy' = \cos x$$

所以

$$y' = \frac{\cos x - y}{x + e^y}$$

【例2】 [双曲线的切线方程] 求双曲线$x^2 - y^2 = 1$上点$(\sqrt{2}, 1)$处的切线方程.

解 将y看成x的函数,方程$x^2 - y^2 = 1$两边同时对x求导,得

$$2x - 2yy' = 0$$

从而$y' = \dfrac{x}{y}$,将$x = \sqrt{2}, y = 1$代入$y' = \dfrac{x}{y}$,得切线斜率

$$k = y'|_{x=\sqrt{2}} = \sqrt{2}$$

过点$(\sqrt{2}, 1)$的切线方程为$y - 1 = \sqrt{2}(x - \sqrt{2})$,

即 $$\sqrt{2}x - y - 1 = 0$$

二、由参数方程所确定的函数的导数

【案例2 椭圆方程】 椭圆的参数方程为:$\begin{cases} x = a\cos\theta \\ y = b\sin\theta \end{cases}$ $(0 \leqslant \theta < 2\pi)$.

【案例3 抛射物体运动轨迹】 与水平方向夹角为θ的初速度v_0抛出的物体的运动轨迹可表示为

$$\begin{cases} x = v_0 t\cos\theta \\ y = v_0 t\sin\theta - \dfrac{1}{2}gt^2 \end{cases}$$ 其中t是物体的运动时间,如图2.3所示.

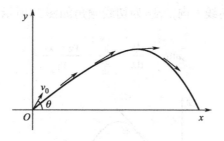

图 2.3

有时,函数 $y = f(x)$ 的关系由参数方程 $\begin{cases} x = x(t), \\ y = y(t) \end{cases}$ $(\alpha \leq t \leq \beta)$ 给出,其中 t 为参数,通过消去参数,参数方程可以化成 y 是 x 的显函数形式,但是这种变化过程有时不能进行,即使可以进行也比较麻烦. 下面介绍直接由参数方程求导数 $\dfrac{dy}{dx}$ 的方法.

设 $x = x(t), y = y(t)$ 都是可导函数,且 $x = x(t)$ 有连续的反函数 $t = x^{-1}(x)$,把 $t = x^{-1}(x)$ 代入 $y = y(t)$ 中,得复合函数 $y = y(x^{-1}(x))$,利用复合函数求导法则和反函数求导公式,有

$$\frac{dy}{dx} = \frac{dy}{dt}\frac{dt}{dx} = \frac{dy}{dt}\frac{1}{\frac{dx}{dt}} = \frac{y'(t)}{x'(t)}$$

即
$$\frac{dy}{dx} = \frac{dy}{dt}\frac{dt}{dx} = \frac{\frac{dy}{dt}}{\frac{dx}{dt}} = \frac{y'(t)}{x'(t)}$$

【例3】 [圆的切线方程]已知圆的参数方程为 $\begin{cases} x = \cos t, \\ y = \sin t. \end{cases}$ $(0 \leq t < 2\pi)$,求圆在 $t = \dfrac{\pi}{4}$ 处的切线方程.

解 $\dfrac{dy}{dx} = \dfrac{\frac{dy}{dt}}{\frac{dx}{dt}} = \dfrac{(\sin t)'}{(\cos t)'} = \dfrac{\cos t}{-\sin t} = -\cot t.$

当 $t = \dfrac{\pi}{4}$ 时, $x = \cos\dfrac{\pi}{4} = \dfrac{\sqrt{2}}{2}, y = \sin\dfrac{\pi}{4} = \dfrac{\sqrt{2}}{2}.$

圆在点 $P(\dfrac{\sqrt{2}}{2}, \dfrac{\sqrt{2}}{2})$ 处的切线斜率为

$$k = \frac{dy}{dx}\Big|_{t=\frac{\pi}{4}} = (-\cot t)\Big|_{t=\frac{\pi}{4}} = -\cot\frac{\pi}{4} = -1,$$

故所求切线方程为
$$y - \frac{\sqrt{2}}{2} = -(x - \frac{\sqrt{2}}{2}),$$
即
$$x + y - \sqrt{2} = 0.$$

【例4】 抛射物体运动轨迹的参数方程为 $\begin{cases} x = v_1 t \\ y = v_2 t - \dfrac{1}{2}gt^2 \end{cases}$ 求抛射物体在时刻 t 的运动速度的大小和方向.

解 先求速度大小,因为速度的水平分量为 $\dfrac{dx}{dt} = v_1$,垂直分量为 $\dfrac{dy}{dt} = v_2 - gt$,故抛射物体的速度大小为

$$v = \sqrt{\left(\frac{dx}{dt}\right)^2 + \left(\frac{dy}{dt}\right)^2} = \sqrt{v_1^2 + (v_2 - gt)^2}$$

再求速度的方向,(即轨迹的切线方向). 设 α 为切线倾角如图2.4所示，则

$$\tan\alpha = \frac{dy}{dx} = \frac{\frac{dy}{dt}}{\frac{dx}{dt}} = \frac{v_2 - gt}{v_1}$$

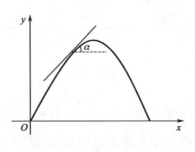

图 2.4

在刚射出时($t = 0$)如图2.5所示,倾角为

$$\alpha = \arctan\frac{v_2}{v_1}$$

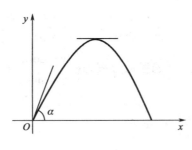

图 2.5

达到最高点的时间为 $\qquad t = \dfrac{v_2}{g}$

最高点的高度为

$$y\Big|_{t=\frac{v_2}{g}} = v_2\frac{v_2}{g} - \frac{1}{2}g\frac{v_2^2}{g^2} = \frac{v_2^2}{2g}$$

落地的时间为 $\qquad t = \dfrac{2v_2}{g}$

抛射的最远距离为

$$x\Big|_{t=\frac{2v_2}{g}} = v_1 \cdot \frac{2v_2}{g} = \frac{2v_1v_2}{g}$$

三、对数求导法

对函数先取自然对数,通过对数运算法则化简后,再利用隐函数求导方法求出函数的导数,这种求导方法称为对数求导法,它不但能解决像 $y = u(x)^{v(x)}$ 类幂指函数的求导问题,而且对连乘连除的函数可使求导运算变得简便.

【例5】 求 $y = x^{2x}(x > 0)$ 的导数.

解 对方程两边取对数得

$$\ln y = 2x\ln x,$$

两边同时对 x 求导得

$$\frac{1}{y}y' = 2\ln x + 2x\frac{1}{x}$$
$$= 2\ln x + 2$$

故

$$y' = 2y(\ln x + 1)$$
$$= 2x^{2x}(\ln x + 1)$$

【例6】 求函数 $y = \dfrac{(x+1)^2\sqrt{x-1}}{(2x+5)^3 e^x}$ 的导数.

解 对方程两边取对数得

$$\ln y = 2\ln(x+1) + \frac{1}{2}\ln(x-1) - 3\ln(2x+5) - x$$

两边同时对 x 求导得

$$\frac{1}{y}y' = \frac{2}{x+1} + \frac{1}{2(x-1)} - \frac{6}{2x+5} - 1$$

故

$$y' = y\left[\frac{2}{x+1} + \frac{1}{2(x-1)} - \frac{6}{2x+5} - 1\right]$$
$$= \frac{(x+1)^2\sqrt{x-1}}{(2x+5)^3 e^x}\left[\frac{2}{x+1} + \frac{1}{2(x-1)} - \frac{6}{2x+5} - 1\right]$$

【能力训练2.3】

(基础题)

1.求由下列方程所确定的隐函数 $y = y(x)$ 的导数 $\dfrac{dy}{dx}$.

(1) $y^3 - 3x^2 y + 2x = 5$;

(2) $xy - \ln y = 3$;

(3) $y = xy^2 + xe^y$;

(4) $x\cos y = \sin(x+y)$.

2.利用对数求导法,求下列函数的导数:

(1) $y = x^{\sin x}$;

(2) $y = \dfrac{(2x-1)^2\sqrt{x+1}}{(x+2)^3\sqrt[3]{x-2}}$.

3.求由下列参数方程所确定的函数的导数:

(1) $\begin{cases} x = 1 - t^2, \\ y = t - t^3; \end{cases}$ (2) $\begin{cases} x = 3e^{-t} \\ y = 2e^t. \end{cases}$

4.求椭圆 $\begin{cases} x = a\cos\theta \\ y = b\sin\theta \end{cases}$ $(a > 0, b > 0, \theta$为参数$)$在$\theta = \dfrac{\pi}{4}$处的切线与法线方程.

5.设质点做直线运动,其运动规律为$s(t) = A\sin\dfrac{\pi t}{3}$($A$为常数),求质点在时刻$t = 1$时的速度和加速度.

(应用题)

1.一质点以每秒50m的发射速度垂直射向空中,t秒后达到的高度为$s = 50t - 5t^2$(m),假设在此运动过程中重力为唯一的作用力,试求:
(1)该质点能达到的最大高度;
(2)该质点离地面120m时的速度是多少?
(3)何时质点重新落回地面?

2.求函数$(x^2 + y^2)^3 = 64x^2y^2$在指定点$(2, 3.07)$和$(2, 0.56)$处的切线斜率.

§2.4 导数的应用——函数的单调性、极值和最值

先介绍用导数求未定式极限的方法——洛必达法则

一、洛必达法则求极限

我们知道,当$x \to a(x \to \infty)$时,两个函数$f(x), g(x)$都趋于0或都趋于无穷大,这时极限$\lim\limits_{x \to a} \dfrac{f(x)}{g(x)}$可能存在,也可能不存在.若存在,其极限值也不尽相同,这种极限称为未定式,并分别简记为$\dfrac{0}{0}$型或$\dfrac{\infty}{\infty}$型.

下面我们以$x \to a$为例给出求这种未定式极限的有效方法——洛必达法则.

1. "$\dfrac{0}{0}$"型未定式

定理4.1 如果(1)当$x \to a$时$f(x)$与$g(x)$都趋向于零;(2)在点a的去心邻域$U_0(a, \delta)$内$f'(x), g'(x)$都存在,且$g'(x) \neq 0$;(3)$\lim\limits_{x \to a} \dfrac{f'(x)}{g'(x)}$存在(或为$\infty$),那么$\lim\limits_{x \to a} \dfrac{f(x)}{g(x)}$存在(或为$\infty$),且

$$\lim_{x \to a} \dfrac{f(x)}{g(x)} = \lim_{x \to a} \dfrac{f'(x)}{g'(x)}$$

【例1】 $\lim\limits_{x \to 2} \dfrac{x^3 - 2x - 4}{x^3 - 8}$.

解 此极限是$\dfrac{0}{0}$型,则

$$\lim_{x \to 2} \dfrac{x^3 - 2x - 4}{x^3 - 8} = \lim_{x \to 2} \dfrac{3x^2 - 2}{3x^2} = \dfrac{10}{12} = \dfrac{5}{6}$$

若$\lim\limits_{x \to a} \dfrac{f'(x)}{g'(x)}$仍属于$\dfrac{0}{0}$型,且满足洛必达法则条件,我们可继续使用洛必达法则.

【例2】 求$\lim\limits_{x \to 1} \dfrac{x^3 - 3x + 2}{x^3 - x^2 - x + 1}$.

解 此极限是 $\frac{0}{0}$ 型,则

$$\lim_{x\to 1}\frac{x^3-3x+2}{x^3-x^2-x+1}=\lim_{x\to 1}\frac{3x^2-3}{3x^2-2x-1},$$

则它仍是 $\frac{0}{0}$ 型,继续使用洛必达法则,有

$$原式 = \lim_{x\to 1}\frac{6x}{6x-2}=\frac{3}{2}.$$

2. "$\frac{\infty}{\infty}$"型未定式

定理4.2 如果(1)当$x\to a$时$f(x)$与$g(x)$都趋向于无穷大;(2)在点a的去心邻域$U_0(a,\delta)$内$f'(x)$,$g'(x)$都存在,且$g'(x)\neq 0$;(3)$\lim\limits_{x\to a}\frac{f'(x)}{g'(x)}$存在(或为$\infty$),那么$\lim\limits_{x\to a}\frac{f(x)}{g(x)}$存在(或为$\infty$),且

$$\lim_{x\to a}\frac{f(x)}{g(x)}=\lim_{x\to a}\frac{f'(x)}{g'(x)}.$$

当$x\to\infty$时,可用同样方法来确定"$\frac{\infty}{\infty}$"型未定式的极限.

【例3】 求 $\lim\limits_{x\to +\infty}\frac{\ln^2 x}{x}$.

解 原式$=\lim\limits_{x\to +\infty}\frac{2\ln x\cdot\frac{1}{x}}{1}=2\lim\limits_{x\to +\infty}\frac{\ln x}{x}=2\lim\limits_{x\to +\infty}\frac{\frac{1}{x}}{1}=0.$

3.其他未定式

除"$\frac{0}{0}$"型或"$\frac{\infty}{\infty}$"型外,还有"$0\cdot\infty,\infty-\infty,0^0,\infty^0,1^\infty$"五种类型的未定式,我们可以通过适当变换将其化为"$\frac{0}{0}$"型或"$\frac{\infty}{\infty}$"型,然后再用洛必达法则计算.

【例4】 求 $\lim\limits_{x\to 0^+}x\ln x$.

此极限是"$0\cdot\infty$"型未定式,由于$x\ln x=\frac{\ln x}{\frac{1}{x}}$,所以它能转化为"$\frac{\infty}{\infty}$"未定式极限,应用洛必达法则,得

$$\lim_{x\to 0^+}x\ln x=\lim_{x\to 0^+}\frac{\ln x}{\frac{1}{x}}=\lim_{x\to 0^+}\frac{\frac{1}{x}}{-\frac{1}{x^2}}=\lim_{x\to 0^+}(-x)=0.$$

【例5】 求 $\lim\limits_{x\to 0^+}(\frac{1}{x}-\frac{1}{e^x-1})$.

解 此极限是"$\infty-\infty$"型未定式,则

$$\lim_{x\to 0^+}(\frac{1}{x}-\frac{1}{e^x-1})=\lim_{x\to 0^+}\frac{e^x-1-x}{x(e^x-1)}=\lim_{x\to 0^+}\frac{e^x-1}{e^x-1+xe^x}=\lim_{x\to 0^+}\frac{e^x}{2e^x+xe^x}=\frac{1}{2}.$$

二、函数的单调性

【案例1 微波炉中食品的温度】 将一碗冷饭放进微波炉中加热,其温度T随着时间t的增加而升高,我们称函数$T=f(t)(t\leq 0)$是单调增加的.

对于函数$y=f(x)$,若对任意的$x_1,x_2\in[a,b]$,且$x_1<x_2$,有$f(x_1)<f(x_2)$,则称函数$y=f(x)$在区间$[a,b]$上单调增加;若有$f(x_1)>f(x_2)$,则称函数$y=f(x)$在区间$[a,b]$上单调减少.

【案例2 路程与速度的关系】 做直线运动的物体,若其速度$v(t) = \dfrac{\mathrm{d}s}{\mathrm{d}t} > 0$,则其路程函数$s(t)$是单调增加的.

另外,从图2.6可以看出,单调增加(减少)函数的图形是一条沿x轴方向上升(下降)的曲线,此时如果函数在每一点的导数都存在,我们不难发现曲线在该点处的切线与x轴正向的夹角为锐(钝)角,其斜率为正(负),即$f'(x) > 0(< 0)$.

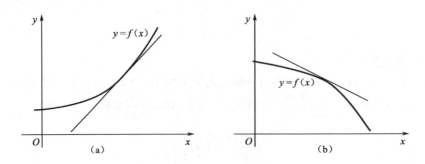

图2.6 函数的单调性

函数单调性的判定方法 设$y = f(x)$在闭区间$[a, b]$上连续,在开区间(a, b)内可导,
(1)若在(a, b)内$f'(x) > 0$,则函数$y = f(x)$在$[a, b]$上单调增加;
(2)若在(a, b)内$f'(x) < 0$,则函数$y = f(x)$在$[a, b]$上单调减少.

【例6】 判断函数$f(x) = 4x + 2\cos x$在$[0, 2\pi]$上的单调性.

解 在$(0, 2\pi)$内,$f'(x) = 4 - 2\sin x > 0$.
由上述判别法知:$f(x) = 4x + 2\cos x$在$[0, 2\pi]$上单调增加.

【例7】 求函数$f(x) = 2x^3 - 9x^2 + 12x - 23$的单调区间.

解 函数的定义域为R,$f'(x) = 6x^2 - 18x + 12 = 6(x-1)(x-2)$,令$f'(x) = 0$,得$x = 1, x = 2$,把函数的定义域为三个区间,列表见表2.3.

表2.3

x	$(-\infty, 1)$	1	$(1, 2)$	2	$(2, +\infty)$
$f'(x)$	+	0	-	0	+
$f(x)$	↗		↘		↗

所以,函数$f(x)$在$(-\infty, 1]$,$[2, +\infty)$上单调增加,在$[1, 2]$上单调减少.

综上所述,求函数$f(x)$的单调区间的步骤如下:
(1)确定函数的定义域;
(2)求出$f(x)$的单调区间的所有可能的分界点(包括使$f'(x) = 0$的点,$f(x)$的间断点,$f'(x)$的不可导点),根据分界点把原定义区间重新划分成若干个子区间;
(3)判断$f'(x)$在各区间的符号,从而确定单调区间.

【例8】 讨论函数$f(x) = \sqrt[3]{x^2}$的单调性.

解 该函数的定义域为R，其导数$f'(x) = \dfrac{2}{3\sqrt[3]{x}}$，显然在$x = 0$点不可导，用$x = 0$将原定义域重新划分，列表见表2.4：

表 2.4

x	$(-\infty, 0)$	0	$(0, +\infty)$
$f'(x)$	-		+
$f(x)$	↘		↗

所以，函数$f(x)$在$(-\infty, 0]$上单调减少，在$[0, +\infty)$上单调增加.

三、函数的极值

【案例3 易拉罐的设计】 如果把易拉罐视为圆柱体，你是否注意到可乐、雪碧、健力宝等大饮料公司出售的易拉罐的半径与高之比是多少？请你测量一下？为什么这些公司会选择这种比例呢？

企业常考虑用最低的成本获取最高的利润,在设计易拉罐时,大饮料公司除考虑外包装的美观、便于运输等因素之外,还必须考虑在容积一定(一般为250mL)的情况下,所用材料最少、焊接或加工制作费最低等,以降低生产成本.在实际问题中,常常遇到求"产量最大"、"用料最省"、"成本最低"和"效率最高"等问题,这类问题在数学上就是求函数的最大值和最小值问题,它可以表示为如下模型：

$$\max(\min) f(x)$$

即求某一函数$y = f(x)$(通常称$f(x)$为目标函数)的最大或最小值,这一类问题统称为最值问题,它是数学上一类常见的优化问题. 要解决并回答以上问题,需要先学习函数的极值.

1.函数的极值

函数的极值不仅是函数形态的重要特征,而且在实际问题中有着广泛的应用,下面我们用求导的方法来讨论函数的极值问题.

> **定义 2.3** 若函数$y = f(x)$在x_0的附近$(x \neq x_0)$取值时有$f(x_0) > f(x)(f(x_0) < f(x))$，则称$f(x_0)$为函数$y = f(x)$在$x_0$的极大值(极小值).函数的极大、极小值统称为极值,使函数取得极值的点x_0称为函数的极值点.

由此可见,极大值与极小值是一个局部概念,函数在某个区间上的极大值不一定大于极小值.观察图2.7可以看到：点$x_1, x_2, x_3, x_4, x_5, x_6$为函数$y = f(x)$的极值点,其中$x_1, x_4, x_6$为函数$y = f(x)$的极小值点；$x_2, x_5$为函数$y = f(x)$的极大值点,但$f(x_2) < f(x_6)$.再观察图2.7还可以发现：在极值点处或者函数的导数为零(如x_1, x_2, x_4, x_6)或者导数不存在(如x_5).

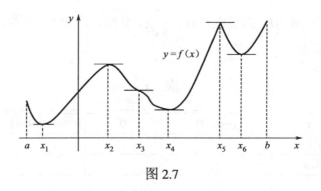

图 2.7

极值的必要条件 设函数$f(x)$在点x_0处可导,且在点x_0取得极值,那么$f'(x_0) = 0$. 结合函数单调性的判定方法,下面给出函数极值的判别方法.

极值的判别法 设函数$f(x)$在点x_0连续且在x_0的附近(不含x_0)可导,则

(1)若当$x < x_0$时,$f'(x) > 0$;当$x > x_0$时,$f'(x) < 0$,那么函数$f(x)$在x_0处有极大值;

(2)若当$x < x_0$时,$f'(x) < 0$;当$x > x_0$时,$f'(x) > 0$,那么函数$f(x)$在x_0处有极小值.

【例9】 求函数$y = \dfrac{x^3}{3} - 2x^2 + 3x + 2$的极值.

解 函数的定义域为$(-\infty, +\infty)$,且

$$y' = x^2 - 4x + 3 = (x-3)(x-1)$$

令$y' = 0$,得$x_1 = 1, x_2 = 3$,列表见表2.5.

表 2.5

x	$(-\infty, 1)$	1	$(1, 3)$	3	$(3, +\infty)$
y'	+	0	-	0	+
$f(x)$	↗	极大	↘	极小	↗

所以,当$x = 1$时,有极大值$y = 3\dfrac{1}{3}$;

当$x = 3$时,有极小值$y = 2$.

从以上的分析我们可以看出:

1.可导函数$f(x)$的极值点一定是驻点,但驻点不一定是极值点. 如$y = x^3$的导数为$y' = 3x^2$,$x = 0$是$y = x^3$的驻点,但$x = 0$不是$y = x^3$的极值点(图2.8).

2.任意函数的极值点一定是驻点或不可导点,但驻点或不可导点不一定是极值点. 如函数$y = x^{\frac{1}{3}}$的导数为$y' = \dfrac{1}{3}x^{-\frac{2}{3}}$,函数在$x = 0$处的导数不存在,但$x = 0$不是它的极值点.

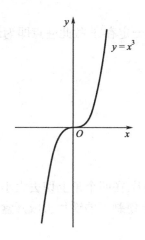
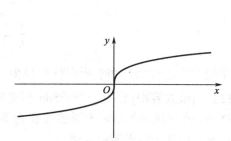

图2.8 $y = x^3$ 与 $y = x^{\frac{1}{3}}$ 图像

四、函数的最值

求函数的最值问题是最优化问题的重要内容,下面讨论如何求函数的最值.

从图2.7可以看出:函数$f(x)$在闭区间$[a,b]$上的最大值或最小值在函数的极大(小)值点处达到,或在区间的端点$x = a$或$x = b$处取得,因此,求函数$f(x)$在$[a,b]$上最值的具体步骤如下:

第一步:找出方程$f'(x) = 0$的点以及使$f'(x)$不存在的点$x_1, x_2, \cdots, x_n$;

第二步:比较$f(x_1), f(x_2), \cdots, f(x_n), f(a), f(b)$的大小,最大者就是函数$f(x)$在$[a,b]$的最大值,最小者就是函数$f(x)$在$[a,b]$上的最小值.

【例10】 求函数$f(x) = 2x^3 + 3x^2 - 12x + 10$在$[-3, 4]$上的最大值与最小值.

解 $f'(x) = 6x^2 + 6x - 12 = 6(x+2)(x-1)$.

令$f'(x) = 0$,得驻点$x_1 = -2, x_2 = 1$.

由于 $f(-2) = 30, \quad f(1) = 3, \quad f(-3) = 19, \quad f(4) = 138$

比较得函数$f(x)$在$x = 4$处取最大值$f_{\max}(4) = 138$,在$x = 1$处取最小值$f_{\min}(1) = 3$.

在求解实际问题时,若函数$f(x)$在定义区间内部只有一个驻点x_0,而最值又存在,则可以根据实际意义直接判定$f(x_0)$是所求问题的最值.

【例11】 [容器的设计] 要设计一个容积为500mL的圆柱形容器,设容器壁四周的厚度是均匀的,问其底面半径与高之比为多少时容器所耗材料最少?

解 设其底面半径为r,高为h,则表面积为

$$S = 2\pi r h + 2\pi r^2$$

该问题为求表面积S最小.由容积

$$V = 500 = \pi r^2 h,$$

得$h = \dfrac{500}{\pi r^2}$,代入$S = 2\pi r h + 2\pi r^2$,得

$$S = \frac{1000}{r} + 2\pi r^2$$

求导得

$$S' = -\frac{1000}{r^2} + 4\pi r$$

令 $S' = 0$,得唯一驻点 $r = \left(\dfrac{500}{2\pi}\right)^{\frac{1}{3}}$,因为此问题的最小值一定存在,故此驻点即为最小值点,将 $r = \left(\dfrac{500}{2\pi}\right)^{\frac{1}{3}}$ 代入 $500 = \pi r^2 h$ 得 $h = \left(\dfrac{2000}{\pi}\right)^{\frac{1}{3}}$,即

$$\frac{r}{h} = \frac{1}{2}$$

故当底面半径与高之比为 1 : 2 时,所用材料最少.

【例12】 [最大容积] 设有一个长 8dm 和宽 5dm 的矩形铁片,在四个角上切去大小相同小正方形,如图2.9所示,问切去的小正方形的边长为多少 dm 时,才能使剩下的铁片折成开口盒子的容积为最大?并求开口盒子容积的最大值.

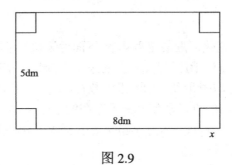

图 2.9

解 设切去的小正方形的边长为 $x$dm,则盒子的容积为

$$V = (8 - 2x)(5 - 2x)x \quad (0 < x < \frac{5}{2})$$

求导得

$$\begin{aligned}V' &= -2(5 - 2x)x - 2(8 - 2x)x + (8 - 2x)(5 - 2x) \\ &= 4(x - 1)(3x - 10).\end{aligned}$$

令 $V' = 0$,得驻点 $x_1 = 1, x_2 = \dfrac{10}{3}$ ($x_2 > \dfrac{5}{2}$ 应舍去),则符合题意的驻点只有 $x = 1$. 由于开口盒子容积的最大值一定存在,且在 $(0, \dfrac{5}{2})$ 内取得,而 $V' = 0$ 在 $(0, \dfrac{5}{2})$ 内只有一个根 $x = 1$,故 $x = 1$ 为所求的最大值点.

所以切去小正方形的边长为 1dm 时,做成的开口盒子容积最大,最大容积为 18dm³.

【例13】 [油管铺设路线的设计] 要铺设一条石油管道,将石油从炼油厂输送到石油罐装点,如图2.10所示,炼油厂附近有条宽 2.5 km 的河,罐装点在炼油厂的对岸沿河下游 10km 处. 如果在水中铺设管道的费用为 6 万元/km,在河边铺设管道的费用为 4 万元/km. 试在河边找 P,使管道铺设费用最低.

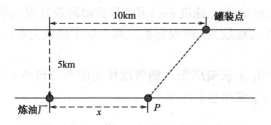

图2.10

设P点到炼油厂的距离为$x$km,管道铺设费为y万元,由题意有

$$y = 4x + 6\sqrt{(10-x)^2 + 2.5^2} \quad (x > 0),$$

$$y' = (4x)' + 6\cdot\frac{[(10-x)^2 + 2.5^2]'}{2\sqrt{(10-x)^2 + 6.25}}$$

$$= 4 - \frac{6(10-x)}{\sqrt{(10-x)^2 + 6.25}}$$

令$y' = 0$,得驻点$x = 10 \pm \sqrt{5}$,舍去大于10的驻点,由于管道最低铺设费一定存在,且在$(0,10)$内取得,所以最小值点为$x \approx 7.764$ km,最低的管道铺设费为$y \approx 51.18$万元.

【能力训练2.4】

(基础题)

1.利用洛必达法则求下列函数极限:

(1) $\lim\limits_{x\to 0}\dfrac{\sin 5x}{x}$;

(2) $\lim\limits_{x\to 0}\dfrac{e^x - e^{-x}}{\sin x}$;

(3) $\lim\limits_{x\to 0}\dfrac{1-\cos x^2}{x^2\sin x^2}$;

(4) $\lim\limits_{x\to 0}\dfrac{\sqrt{a+x}-\sqrt{a-x}}{x}$ $(a>0)$;

(5) $\lim\limits_{x\to +\infty}\dfrac{\ln x}{x}$;

(6) $\lim\limits_{x\to 1}(\dfrac{2}{x^2-1} - \dfrac{1}{x-1})$.

2.求下列函数的单调区间:

(1) $y = xe^x$;

(2) $y = \dfrac{1}{3}(x^3 - 3x)$.

3.求下列函数的极值:

(1) $y = x^2 + 2x - 1$;

(2) $y = x - e^x$.

(应用题)

1.[人口增长] 中国的人口总数P(以10亿为单位)在1993——1995年间可近似地用方程$P = 1.15 \times (1.014)^t$来计算,其中$t$年(从1993年计),根据这一方程,说明中国人口总数在这段时间是增长还是减少?

2.[最小淋雨量] 人在雨中行走,速度不同可能导致淋雨量有很大不同,即淋雨量是人行走速度的函数.记淋雨量为y,行走速度为x,并设它们之间有以下函数关系$y = x^3 - 6x^2 + 9x + 4$,求淋雨量最小时的行走速度.

3.[快餐店的最大利润] 某快餐店每月销售汉堡包的单位价格p与需求量x的关系由$p(x) = \dfrac{60000 - x}{20000}$确定,又设生产$x$个汉堡包的成本为

$$C(x) = 5000 + 0.56x \quad (0 \leqslant x \leqslant 50000),$$

问当产量是多少时,快餐店获得最大利润?

4.[广告策略] 某一新产品问世后,公司会为推销这一新产品而花费大量的广告费,但随产品在市场上被认可,广告的作用会越来越小,何时减少甚至取消广告往往取决于产品的销售高峰——最畅销时间,设某产品在时刻t的销量由$x(t) = \dfrac{2000}{1 + 19e^{-3t}}$给出,试问该产品何时最为畅销?

5.[厂房设计] 某车间靠墙壁要盖一间长方形小屋,现有存砖只够砌20m长的墙壁,问应围成怎样的长方形才能使这间小屋的面积最大?

6.[运输路线的选择] 铁路线上AB的距离为100km,工厂C距A处为20km,AC垂直于AB,现要在AB线上选定一点D向工厂修筑一条公路,已知铁路与公路每千米货运费之比为3:5,问D选在何处,才能使从B到C的运费最少?

7.[成本最低] 某厂商每天生产x单位产品,其每天的成本包括:

(1)固定成本12000元;

(2)单位产品的成本12元;

(3)订货成本$\dfrac{1000}{x}$元.

请写出每天生产x单位产品的总成本,并求每天产量为多少时总成本最低.

8.[最大利润] 某淘宝店主以每条100元的价格购进一批牛仔裤,设此牛仔裤的需求函数为

$$Q = 400 - p,$$

其中p为售价.问销售价定为多少时,才能获得最大利润?

9.[最大利润] 某厂生产某种产品q个单位时,销售收入为$R(q) = 8\sqrt{q}$,成本函数为

$$C(q) = 0.25q^2 + 1,$$

求使利润达到最大时的产量q.

§2.5 高阶导数及其应用

一、高阶导数的概念

【案例1 加速度的表示】 我们知道,变速直线运动的速度$v(t)$是路程函数$s(t)$关于时间t的导数,即$v(t) = s'(t) = \dfrac{ds}{dt}$或$v(t) = s'(t)$,而加速度$a$又是速度$v(t)$关于时间$t$的导数,即

$$a = \frac{dv}{dt} = \frac{d}{dt}\left(\frac{ds}{dt}\right) \text{或} a = (s'(t))'$$

我们把导数$(s'(t))'$称为路程s对时间t的二阶导数.

一般地,有

> **定义 2.4** 若函数 $y = f(x)$ 的导数 $f'(x)$ 在点 x 处可导,则 $f'(x)$ 在点 x 处的导数称为函数 $y = f(x)$ 在点 x 处的二阶导数,记作 y'' 或 $f''(x)$ 或 $\dfrac{d^2y}{dx^2}$.

类似地,二阶导数 $f''(x)$ 的导数称为函数 $y = f(x)$ 的三阶导数,记作 y''', $f'''(x)$ 或 $\dfrac{d^3y}{dx^3}$. 一般地,函数 $y = f(x)$ 的 $n-1$ 阶导数 $f^{n-1}(x)$ 的导数称为 $y = f(x)$ 的 n 阶导数,记作 $y^{(n)}$, $f^{(n)}(x)$ 或 $\dfrac{d^ny}{dx^n}$

$$f^{(n)}(x) = [f^{(n-1)}(x)]'$$

二阶及二阶以上的导数统称为高阶导数.

由此可知,加速度是路程函数 $s(t)$ 关于时间 t 的二阶导数,即 $a = s''(t)$.

显然,求高阶导数就是多次接连地求导数,所以仍可用前面学过的求导方法来计算高阶导数.

【例1】 设 $y = x\ln x + e^{2x}$,求 y''.

解

$$\begin{aligned} y' &= (x\ln x + e^{2x})' \\ &= \ln x + x \cdot \frac{1}{x} + 2e^{2x} \\ &= \ln x + 2e^{2x} + 1 \\ y'' &= (\ln x + 2e^{2x} + 1)' \\ &= \frac{1}{x} + 4e^{2x}. \end{aligned}$$

【例2】 [刹车测试] 某一汽车厂在测试一汽车的刹车性能时发现,刹车后汽车行驶的路程 s(单位:m)与时间 t(单位:s)满足 $s = 19.2t - 0.4t^3$.假设汽车作直线运动,求汽车在 $t = 3s$ 时的速度和加速度.

解 汽车刹车后的速度为

$$v = \frac{ds}{dt} = (19.2t - 0.4t^3)' = 19.2 - 1.2t^2 (m/s),$$

汽车刹车后的加速度为

$$a = \frac{dv}{dt} = (19.2 - 1.2t^2)' = -2.4t (m/s^2)$$

$t = 3s$ 时汽车的速度为

$$v = (19.2 - 1.2t^2)|_{t=3} = 8.4 (m/s),$$

$t = 3s$ 时汽车的加速度为

$$a = -2.4t|_{t=3} = -7.2 (m/s^2)$$

二、曲线的凹凸性与拐点

函数图形能直观地反映函数的变化规律,利用函数的一阶导数可以判断函数是上升还是下降的,但这还不够,有时,还需要知道曲线的弯曲方向,它是向上弯还是向下弯,从图2.11可以观察到,当曲线向下弯曲时,曲线总在它的切线上方;当曲线向上弯曲时,曲线总在它的切线的下方.于是有如下的定义.

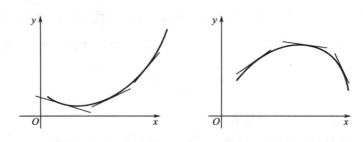

图 2.11　曲线的凹凸

定义 2.5 在区间I上任意作曲线$y = f(x)$的切线,若曲线总是在切线的上方,则称此曲线在区间I上是凹的;若曲线总是在切线的下方,则称此曲线在区间I上是凸的;曲线凹、凸的分界点称为曲线的拐点.

从图2.11可以进一步看出:当曲线是凹的时,切线的斜率随着x的增大而增大,即$f'(x)$是单调增加的;当曲线是凸的时,切线的斜率随着x的增大而减小,即$f'(x)$是单调减少的,而函数$f'(x)$的单调性,可以用$(f'(x))' = f''(x)$的符号来判别.

曲线凹凸性的判定法　设函数$f(x)$在闭区间$[a,b]$上连续,且在开区间(a,b)内具有二阶导数,对于任意$x \in (a,b)$,如果

(1) $f''(x) > 0$,则曲线$f(x)$在区间$[a,b]$上是凹的;

(2) $f''(x) < 0$,则曲线$f(x)$在区间$[a,b]$上是凸的.

由此判定方法,得求函数曲线的凹凸区间的步骤如下:

第一步　确定$f(x)$的定义域;

第二步　求$f'(x),f''(x)$,解出使$f''(x) = 0$的点和$f''(x)$不存在的点;

第三步　用这些点将定义域分成若干小区间,列表判定$f''(x)$在小区间内的符号;

第四步　写出曲线$y = f(x)$的凹凸区间及拐点.

【例3】　求曲线$y = x^4 - 4x^3 + 2x - 5$的凹凸区间及拐点.

解　(1)函数的定义域为$(-\infty, +\infty)$.

(2) $f'(x) = 4x^3 - 12x^2 + 2$,

　　$f''(x) = 12x^2 - 24x = 12x(x - 2)$.

令$f''(x) = 0$,得$x_1 = 0, x_2 = 2$.

(3)列表如下.

表 2.6

x	$(-\infty, 0)$	0	$(0, 2)$	2	$(2, +\infty)$
$f''(x)$	+	0	-	0	+
$f(x)$	∪	拐点	∩	拐点	∪

(4)由表2.6知,曲线$y = f(x)$在$(-\infty, 0]$与$[2, +\infty)$上是凹的,在$[0, 2]$上是凸的,曲线$f(x)$的拐点为$(0, -5)$、$(2, -17)$.

三、二阶导数的意义

从函数$f(x)$的二阶导数$f''(x)$的定义可以看出,$f''(x) = [f'(x)]'$实际上是函数$f(x)$的变化率$f'(x)$的变化率,$f''(x) > 0$说明$f'(x)$是单调增加的,即函数$f(x)$的变化率是单调增加的.

【案例2 国防预算的增长】 1985年美国的一家报刊报道了国防部长抱怨国会和参议院减少了国防预算.但是他的对手却反驳道,国会只是削减了国防预算增长的变化率,换句话说,若用$f(x)$表示预算关于时间的函数,那么预算的导数$f'(x) > 0$,预算仍然在增加,只是$f''(x) < 0$,即预算的增长变缓了.

【案例3 经济学中的拐点】 2006年,全球经济出现高速增长,2006年末,经济学家预测2007年全球经济会出现拐点,即全球经济的增长率会放缓.

[案例4 股票曲线] 若用$P(t)$表示某日某上市公司在时刻t的股票价格,并设$P(t)$连续可导,请根据以下叙述判定$P(t)$的一阶、二阶导数的正、负号.

(1)股票价格上升得越来越快;

(2)股票价格接近最低点;

(3)图2.12(a)所示为某股票某天的分时图(价格曲线),请说明该股票当天价格的走势.

解 (1)股票价格上升得越来越快,一方面说明股票价格在上升,即$\dfrac{dP}{dt} > 0$;另一方面说明上升的速度也是单调增加的,即$\dfrac{d^2P}{dt^2} > 0$,如图2.12(b)所示:

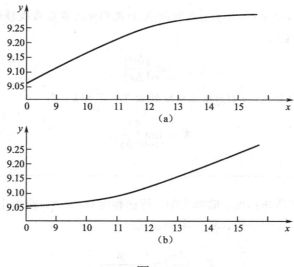

图 2.12

(2)股票价格接近最低点时,应满足 $\dfrac{dP}{dt}=0$.

(3)从图2.12(a)所示的曲线可以看出,它是单调上升且为凸的,即 $\dfrac{dP}{dt}>0$,且 $\dfrac{d^2P}{dt^2}<0$. 这说明该股票当日价格上升得越来越慢.

同理,若某企业的生产或利润曲线 $P=P(t)$ 为单调增加且为凸的,则说明该企业的产量或利润增长越来越慢;反之,若曲线 $P=P(t)$ 为单调增加且为凹的,则说明该企业的产量或利润增长越来越快.

四、曲率

【案例5 桥梁的弯曲程度】 在设计铁路和高速公路的弯道时,为保证行车安全必须考虑弯道处的弯曲程度,在建筑工程梁的设计中,对梁的弯曲程度必须有一定的限制.

如何定量地研究曲线的弯曲程度呢?

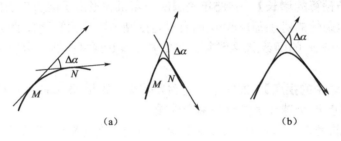

图2.13

如图2.13所示的小弧段 $\overparen{MN}$,若其弧长为 Δs,设有一动点从 M 沿着弧段移到 N 点,相应地这动点的切线也沿着弧段转动,在弧段两端点的切线构成了一个角 $\Delta\alpha$,此角称为转角.从图2.13(a)中可以看出,曲线弯曲程度大的,转角也大;从图2.13(b)中可以看出,在转角 $\Delta\alpha$ 相等的情况下,曲线的弧长较短的,弯曲程度较大,由此可知,弯曲程度与转角成正比,与弧长反比.

定义2.6 设 M 和 N 是曲线 $y=f(x)$ 上的两点,如果当 N 点沿着曲线移近 M 点时,弧段 $\overparen{MN}$ 的平均曲率 $\overline{K}=\left|\dfrac{\Delta\alpha}{\Delta s}\right|$ 的极限

$$\lim_{\Delta s\to 0}\left|\dfrac{\Delta\alpha}{\Delta s}\right|$$

存在,那么称此极限为曲线 $y=f(x)$ 在点 M 处的曲率,记作 K,即

$$K=\lim_{\Delta s\to 0}\left|\dfrac{\Delta\alpha}{\Delta s}\right|.$$

曲率反映了曲线的弯曲程度,曲率大的,弯曲程度高;反之,曲率小的,弯曲程度小.下面给出函数 $y=f(x)$ 的一、二阶导数计算曲率的公式:

$$K=\left|\dfrac{\Delta\alpha}{\Delta s}\right|=\left|\dfrac{y''}{(1+y'^2)^{\frac{3}{2}}}\right|.$$

对于直线，若其方程为$y = ax + b$(a为直线的斜率)，因为$y' = a, y'' = 0$，所以，$k = 0$，即直线的弯曲程度为0(直线不弯曲)．

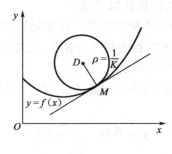

图 2.14

定义 2.7 设曲线$y = f(x)$在点$M(x,y)$处的曲率为$K(K \neq 0)$，如图2.14所示，在曲线的M点处的法线上，在凹的一侧取一点D，使$|DM| = \dfrac{1}{K} = \rho$，以$D$为圆心，$\rho$为半径作圆，这个圆称为曲线在点$M$处的曲率圆，曲率圆的圆心$D$称为曲线在点$M$处的曲率中心，曲率圆的半径$\rho$称为曲线在点$M$处的曲率半径，即

$$\rho = \dfrac{1}{K}$$

【案例6 桥梁的曲率】 若某一桥梁的桥面设计为抛物线，其方程为$y = x^2$，求它在点$M(1,1)$处的曲率．

解 由$y' = 2x, y'' = 2$，得$y'|_{x=1} = 2, y''|_{x=1} = 2$，代入曲率公式，得

$$K = \left| \dfrac{y''}{(1 + y'^2)^{\frac{3}{2}}} \right|_{(1,1)} = \left| \dfrac{2}{5^{\frac{3}{2}}} \right| = \dfrac{2\sqrt{5}}{25}.$$

【案例7 比较弧形工件的弯曲程度】 设有两个弧形工件A、B，工件A满足曲线方程$y = x^3$，工件B满足曲线方程$y = x^2$，试比较这两个工件在点$x = 1$处的弯曲程度．

解 工件A在$x = 1$处有

$$y'|_{x=1} = 3x^2|_{x=1} = 3, \quad y''|_{x=1} = 6x|_{x=1} = 6,$$

其曲率为

$$K_1 = \left| \dfrac{y''}{(1 + y'^2)^{\frac{3}{2}}} \right|_{(1,1)} = \left| \dfrac{6}{10^{\frac{3}{2}}} \right| = \dfrac{3\sqrt{10}}{50} = 0.1897;$$

工件B在$x = 1$处有

$$y'|_{x=1} = 2x|_{x=1} = 2, \quad y''|_{x=1} = 2,$$

其曲率为

$$K_2 = \left| \dfrac{y''}{(1 + y'^2)^{\frac{3}{2}}} \right|_{(1,1)} = \left| \dfrac{2}{5^{\frac{3}{2}}} \right| = \dfrac{2\sqrt{5}}{25} = 0.1789;$$

所以工件A在$x=1$处的弯曲程度大些.

【案例8 弧形工件的加工原理】 设某工件内表面的截线为抛物线$y=0.4x^2$,现在要用砂轮磨削其内表面,问用直径多大的砂轮比较合适?

(提示:在磨削弧形工件时,为了不使砂轮与工件接触处附近的那部分工件磨去太多,砂轮半径应不大于弧形工件上各点处曲率半径中的最小值,已知抛物线在其顶点处的曲率最大,也就是说抛物线在其顶点处的曲率半径最小.)

解 由于抛物线在其顶点处的曲率半径最小,因此,只要求出抛物线$y=0.4x^2$在其顶点$O(0,0)$处的曲率半径即可.由

$$y' = 0.8x, \quad y'' = 0.8,$$

有

$$y'|_{x=0} = 0, \quad y''|_{x=0} = 0.8$$

将其代入曲率计算公式,得

$$K = 0.8,$$

抛物线顶点处的曲率半径为

$$\rho = \frac{1}{K} = 1.25.$$

所以选用砂轮的半径不得超过1.25单位长,即直径不得超过2.5单位长.

【能力训练2.5】

(基础题)

1.求函数$y = 2x^2 + \ln x$的二阶导数.

2.求指数函数$y = e^x$的n阶导数.

3.求下列函数的凹凸区间及拐点:

(1) $y = 3x^2 - x^3$; (2) $y = \dfrac{1}{x^2+1}$; (3) $y = \ln(1+x^2)$.

4.当a, b为何值时,点$(1,3)$是曲线$y = ax^3 + bx^2$的拐点?

5.求曲线$y = x^2 - 4x + 3$在顶点处的曲率及曲率半径.

(应用题)

1.[子弹的加速度] 一子弹射向正上方,子弹与地面的距离s(单位:m)与时间t(单位:s)的关系为$s = 670t - 4.9t^2$,求子弹的加速度.

2.[物体运动的加速度] 一个物体附在竖直弹簧的下面,已知它的位移为$y = A\sin\omega t$,其中A为振动的振幅,ω为角频率,求物体的速度和加速度.

3.[广告效应] IBM公司用二阶导数来评估不同广告战的相关业绩.假设所有的广告都能提高销量,如果在一次新的广告战中,销售量关于时间的曲线为凹的,这表明IBM公司的经营情况如何?为什么?若曲线为凸的呢?

§2.6 函数的微分及其应用

函数的导数$f'(x)$，是函数增量与自变量增量比值的极限，它反映了函数$y = f(x)$在点x处的变化率.在实际工作中，经常需要我们计算函数$y = f(x)$当自变量在某一点x_0处有一个微小增量Δx时，相应函数值的增量Δy的大小，当函数的表达式较复杂时计算Δy非常困难，为此我们要找到一种既计算简单又精确度较高的计算Δy的方法，为了解决Δy的近似计算问题，我们引入函数微分的概念.

一、函数的微分

【**案例1** 金属薄片热胀冷缩后面积的改变量】 假设某正方形金属薄片受热后边长由x_0变到$x_0 + \Delta x$，如图2.15所示，问金属片面积的改变量是多少？

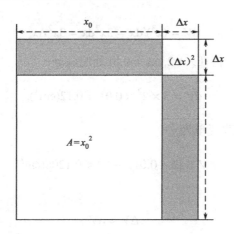

图 2.15

金属薄片的原面积为$S = x_0^2$，当边长从x_0变到$x_0 + \Delta x$时，面积增量ΔS为

$$\Delta S = (x_0 + \Delta x)^2 - x_0^2 = 2x_0\Delta x + (\Delta x)^2.$$

从图2.15可以看出，面积的增量ΔS(阴影部分，可以用$2x_0\Delta x$阴影部分)近似代替，即在计算函数$S = x^2$在x_0处的改变量时，可以用$2x_0\Delta x$近似计算，其中$2x_0$恰好是$y = x^2$在x_0处的导数.

一般地，对函数$y = f(x)$,我们有：

定义 2.8 设函数$f(x)$在点x_0及其附近可导，则称

$$f'(x_0)\mathrm{d}x$$

为函数$f(x)$在点x_0处的微分，记作$\mathrm{d}y|_{x=x_0}$.

这里，按习惯将自变量的改变量Δx记作$\mathrm{d}x$，称为自变量的微分即$\Delta x = \mathrm{d}x$.

一般地，可导函数$f(x)$在任一点x处的微分为$\mathrm{d}y = f'(x)\mathrm{d}x$.

我们知道，函数$y = f(x)$的导数为$f'(x) = \dfrac{\mathrm{d}y}{\mathrm{d}x}$，即函数$f(x)$的导数$f'(x)$等于函数的微分$\mathrm{d}y$与自变量的微分$\mathrm{d}x$之商，因此导数又称为"微商".

因为函数$y = f(x)$的微分为$\mathrm{d}y = f'(x)\mathrm{d}x$，所以求函数的微分可转化为求函数的导数，如函数$y = \sqrt{1 + x^2}$的微分为$\mathrm{d}y = y'\mathrm{d}x = \dfrac{x}{\sqrt{1 + x^2}}\mathrm{d}x$.

二、用微分近似计算改变量和进行误差估计

从图2.15可以看出，金属薄片受热后面积的改变量ΔS(图2.15中阴影部分)可以用面积的微分$\mathrm{d}S$(图2.15中浅色阴影部分)近似计算.

【案例2 金属立体受热后体积的改变量】 某一正方体金属的边长为2cm，当金属受热边长增加0.01cm时，体积的微分是多少？体积的改变量又是多少？

解 体积的微分为
$$\mathrm{d}V = (x^3)'\mathrm{d}x = 3x^2\mathrm{d}x = 3x^2\Delta x,$$

将$x = 2, \Delta x = 0.01$代入上式，得在$x = 2, \Delta x = 0.01$处的微分
$$\mathrm{d}V = 3 \times 2^2 \times 0.01 = 0.12(\mathrm{cm}^3),$$

当$x = 2, \Delta x = 0.01$时体积的改变量为
$$\Delta V = (2 + 0.01)^3 - 2^3 \approx 0.1206(\mathrm{cm}^3),$$

由此可见
$$\Delta V \approx \mathrm{d}V.$$

【案例3 钟表误差】 一机械挂钟的钟摆的周期为1s，在冬季，摆长因热胀冷缩而缩短了0.01cm，已知单摆的周期为$T = 2\pi\sqrt{\dfrac{l}{g}}$，其中$g = 980\mathrm{cm/s}^2$，问这只钟每秒大约快还是慢多少？

解 因为钟摆的周期为1s，所以有$1 = 2\pi\sqrt{\dfrac{l}{g}}$，解之得摆的原长为$l = \dfrac{g}{(2\pi)^2}$，又摆长的改变量为$\Delta l = -0.01\mathrm{cm}$，用$\mathrm{d}T$近似计算$\Delta T$，得
$$\Delta T \approx \mathrm{d}T = \dfrac{\mathrm{d}T}{\mathrm{d}l}\Delta l = \pi\dfrac{l}{\sqrt{gl}}\Delta l,$$

将$l = \dfrac{g}{(2\pi)^2}, \Delta l = -0.01$代入上式，得
$$\Delta T \approx \mathrm{d}T = \dfrac{\mathrm{d}T}{\mathrm{d}l}\Delta l = \pi\dfrac{l}{\sqrt{gl}}\Delta l = \dfrac{\pi}{\sqrt{g \cdot \dfrac{g}{(2\pi)^2}}} \times (-0.01)$$
$$= \dfrac{2\pi^2}{g} \times (-0.01) \approx -0.0002(\mathrm{s})$$

这就是说，由于摆长缩短了0.01 cm，钟摆的周期相应地缩短了约0.0002秒.

【例1】 求$y = \cos(4x + 1)$的微分.

解 $\mathrm{d}y = (\cos(4x + 1))'\mathrm{d}x = -\sin(4x + 1) \cdot 4\mathrm{d}x = -4\sin(4x + 1)\mathrm{d}x.$

【例2】 求 $y = \dfrac{e^{2x}}{x}$ 的微分.

$$dy = d\left(\frac{e^{2x}}{x}\right) = \frac{xd(e^{2x}) - e^{2x}d(x)}{x^2}$$
$$= \frac{xe^{2x}d(2x) - e^{2x}dx}{x^2} = \frac{(2x-1)e^{2x}}{x^2}dx.$$

三、用微分进行近似计算

函数 $y = f(x)$ 在点 $x = x_0$ 处的增量为 $\Delta y = f(x_0 + \Delta x) - f(x_0)$,当 $|\Delta x|$ 很小时，有 $\Delta y \approx dy = f'(x_0)\Delta x$,即

$$\Delta y = f(x_0 + \Delta x) - f(x_0) \approx f'(x_0)\Delta x. \tag{3.1}$$

1.计算函数增量 Δy 的近似值

由关系式 $\Delta y \approx f'(x_0)\Delta x$,可求出函数的改变量的近似值.

【例3】 半径为10cm的金属圆片加热后，半径伸长了0.05cm,问圆片的面积约增加多少？$(\pi \approx 3.14)$

解 设圆的面积为 S,半径为 r,则确定的函数为

$$S = \pi r^2$$

现在 $r_0 = 10, \Delta r = 0.05, S' = 2\pi r$,且 $|\Delta r|$ 相对 r_0 是很小的,由公式(3.1),有

$$\Delta S \approx 2\pi r_0 \Delta r = 2\pi \times 10 \times 0.05 \approx 3.14(\text{cm}^2)$$

即圆片的面积约增大了 3.14cm^2.

2.计算函数 $y = f(x)$ 在点 $x = x_0$ 附近的近似值

由关系式(3.1),可得公式

$$f(x_0 + \Delta x) \approx f(x_0) + f'(x_0)\Delta x. \tag{3.2}$$

【例4】 求 $\sin 46°$ 的近似值(精确到0.0001).

设函数为 $f(x) = \sin x$,取 $x_0 = 45° = \dfrac{\pi}{4}$,则 $\Delta x = 1° = \dfrac{\pi}{180}$,则 $|\Delta x|$ 相对于 x_0 是很小的,由公式(3.2)有

$$\sin 46° = \sin(45° + 1°) = \sin\left(\frac{\pi}{4} + \frac{\pi}{180}\right)$$
$$\approx \sin\frac{\pi}{4} + \cos\frac{\pi}{4}\cdot\frac{\pi}{180} = \frac{\sqrt{2}}{2} + \frac{\sqrt{2}}{2} \times 0.0175 \approx 0.7194.$$

即 $\sin 46° \approx 0.7194$

3.计算函数 $y = f(x)$ 在点 $x = 0$ 附近的近似值

上面的公式(3.2)中,令 $x_0 = 0, \Delta x = x$,得公式

$$f(x) \approx f(0) + f'(0)x \tag{3.3}$$

当|x|很小时，利用公式(3.3)可以推出以下几个在工程上常用的近似计算公式：

(1) $\sqrt[n]{1+x} \approx 1 + \frac{1}{n}x$; (2) $\sin x \approx x$;

(3) $\tan x \approx x$; (4) $e^x \approx 1 + x$;

(5) $\ln(1+x) \approx x$; (6) $\arcsin x \approx x$;

(7) $\arctan x \approx x$.

【例5】 计算下列各式的近似值：
(1) $\sqrt{1.01}$; (2) $\ln 1.01$; (3) $e^{-0.02}$.

解 (1) $x = 0.01$ 应用近似公式 $\sqrt[n]{1+x} \approx 1 + \frac{1}{n}x$，得

$$\sqrt{1.01} = \sqrt{1+0.01} \approx 1 + \frac{0.01}{2} = 1 + \frac{0.01}{2} = 1.005;$$

(2) $x = 0.01$ 应用近似公式 $\ln(1+x) \approx x$，得

$$\ln(1.01) = \ln(1+0.01) \approx 0.01;$$

(3) $x = 0.01$ 应用近似公式 $e^x \approx 1 + x$，得

$$e^{-0.02} \approx 1 + (-0.02) = 0.98.$$

【例6】 要在一个半径为10cm的球的外侧，镀上一层厚度为0.1cm的铜，估计要用多少克铜？(已知铜的密度为8.9g/(cm³)，取 $\pi = 3.14$).

解 设球半径为 R，体积为 V，则球体的体积为 $V = \frac{4}{3}\pi R^3$，则

$$V' = 4\pi R^2,$$

$$\Delta V \approx dV = V' \Delta R = 4\pi R^2 \Delta R,$$

而 $R_0 = 10, \Delta R = 0.1$

$$\Delta V \approx 4\pi R_0^2 \Delta R \approx 4 \times 3.14 \times 10^2 \times 0.1 = 125.6 (\text{cm}^3)$$

镀层所需要的铜的重量约为 $125.6 \times 8.9 = 1117.84(g)$.

【能力训练2.6】

(基础题)

1.求下列函数的微分：
(1) $y = \frac{1}{x} + 2\sqrt{x}$; (2) $y = x\sin 2x$;

(3) $y = \ln\sqrt{x^2 - 1}$; (4) $y = x^2 e^{3x}$.

2.计算下列函数值的近似值(精确到0.0001):

(1) $y = \sin 30°30'$;   (2) $\sqrt[3]{997}$

3.计算下列各式的近似值(精确到0.0001):

(1) $\sqrt[3]{1.02}$;   (2) $\ln 0.98$;   (3) $\sin 0.5°$;   (4) $e^{1.01}$.

(应用题)

1.设水管壁的横截面是圆环,其内径为120mm,壁厚为3mm,利用微分求圆环面积的近似值(精确到1mm²).

2.边长为20cm的金属立方体受热膨胀,当边长增加2mm时,求立方体所增加的体积的近似值(精确到1cm³).

3.如果半径为15cm的球的半径伸长2cm,那么球的体积约扩大多少?

§2.7 数学实验——用 Matlab 计算函数导数和最小值

1.导数的计算

在 Matlab 中可以使用 $diff$ 命令来求一个函数的导数,使用格式如表2.7所示,

表 2.7 Matlab 求导数命令

数学表达式	Matlab 命令
$\dfrac{df}{dx}$	$diff(f)$ 或 $diff(f,x)$
$\dfrac{d^n f}{dx^n}$	$diff(f,n)$ 或 $diff(f,x,n)$,其中n为正整数

【例1】 设 $f(x) = \ln(x + \sqrt{a^2 + x^2})$,求 $\dfrac{df}{dx}$.

解 输入命令: syms a x;

$rt = diff(log(x + sqrt(a\wedge 2 + x\wedge 2)),'x');$

simplify(rt)

输出结果为:

$ans = 1/(a\wedge 2 + x\wedge 2)\wedge(1/2)$

【例2】 求 $f(x) = x^5$ 的5阶导数.

解 输入命令:

syms x;

$diff(x\wedge 5, 5)$

输出结果为:

ans=120

2.计算函数在一点处的导数值

在 Matlab 中可以使用命令 subs 来计算函数在某一点处的导数值.subs命令的使用格式为

$$subs(s, old, new),$$

其中 s 表示表达式,新值 new 用来替换旧值 old.

【例3】 求函数 $f(x) = \dfrac{x}{\sqrt{1+x^2}}$ 在 $x=0$ 处的导数值.

解 输入命令:

syms x;
$f = x/sqrt(1 + x\wedge 2)$;
$f\_x = diff(f, x)$;
$subs(f\_x, x, 0)$

输出结果为:

ans=1

3. 计算函数的最小值

在 Matlab 中可以使用 fminbnd 命令来计算函数 $y = f(x)$ 在给定区间 $[x_1, x_2]$ 上的最小值. Matlab 没有提供计算在给定区间上函数的最大值的命令,如果需要计算 $y = f(x)$ 在区间 $[x_1, x_2]$ 上的最大值,可以对函数 $y = f(x)$ 做变换:令 $w = -y$,则 $w = -f(x)$,那么就把求函数 y 的最大值问题转化为求函数 w 的最小值问题 fminbnd 命令的使用格式如表2.8所示.

表2.8 Matlab求最小值命令

命令格式	功　能
$x = fminbnd(f, x1, x2)$	返回函数 f 在区间 $[x1, x2]$ 上的最小值点 x
$[x, vfal]x = fminbnd(f, x1, x2)$	返回函数 f 在区间 $[x1, x2]$ 上的最小值点 x 和最小值 $vfal$

【例4】 求函数 $f(x) = (x-1)^2 - 5$ 在区间 $[0, 2]$ 上的最小值.

解 输入命令:

$[x, fval] = fminbnd('(x-1)\wedge 2 - 5', 0, 2)$

输出结果为:

x=1.0000　fval=-5

4. 用 Matlab 研究函数与其导函数图像的关系

【例5】 先求函数 $y = x^3 - 6x + 3$ 的导函数,然后在同一坐标系里作出函数 $y = x^3 - 6x + 3$ 及其导函数 $y = 3x^2 - 6$ 的图形.

解 在 Matlab 中输入:

≫ *clear*;
≫ *syms　x*;
≫ $diff(x\wedge 3 - 6*x + 3, x, 1)$

结果显示:

$ans = 3*x\wedge 2 - 6$

在 Matlab 中输入:

≫ $x = -4 : 0.1 : 4; y1 = x.\wedge 3 - 6*x + 3; y2 = 3*x.\wedge 2 - 6;$
≫ $plot(x, y1, x, y2, ':')$;
≫ *grid on*

结果显示如图2.16所示，其中实线是$y = x^3 - 6x + 3$的图形，点画线是$y = 3x^2 - 6$的图形.

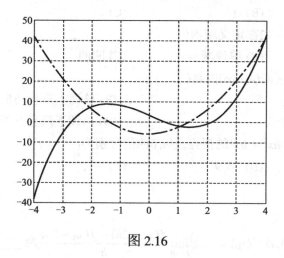

图 2.16

这里画的是区间$[-4, 4]$上的图形，也可以选别的区间.

我们可以发现：

①导函数图像在横轴上方的区域是对应于原函数的单增区间;而横轴下方的区域是对应于原函数的单减区间;

②导函数图像由横轴上方到下方的交点为极大值点;而由横轴下方到上方的交点为极小值点.

复习题二

一、单项选择题.

1. 函数$f(x)$在点$x = x_0$处可导是它在该点处连续的(　　　);
   (A) 必要条件　　　　　　　　　　(B) 充分条件
   (C) 充要条件　　　　　　　　　　(D) 都不是
2. 曲线$y = \dfrac{\pi}{2} + \sin x$在$x = 0$处的切线的倾斜角为(　　　);
   (A) $\dfrac{\pi}{2}$　　　　(B) $\dfrac{\pi}{4}$　　　　(C) 0　　　　(D) 1
3. 设$y = e^x + e^{-x}$,则$y'' = ($　　　);
   (A) $e^x + e^{-x}$　　(B) $e^x - e^{-x}$　　(C) $-e^x - e^{-x}$　　(D) $-e^x + e^{-x}$
4. 已知$y = x\ln x$,则$y^{(10)} = ($　　　);
   (A) $-\dfrac{1}{x^9}$　　(B) $\dfrac{1}{x^9}$　　(C) $\dfrac{8!}{x^9}$　　(D) $-\dfrac{8!}{x^9}$
5. 已知函数$y = \ln x^2$,则$dy = ($　　　);
   (A) $\dfrac{2}{x}dx$　　(B) $\dfrac{2}{x}$　　(C) $\dfrac{1}{x^2}$　　(D) $\dfrac{1}{x^2}dx$
6. 函数$y = ax^2 + c$在区间$(0, +\infty)$内单调增加,则a, c应满足(　　　);
   (A) $a < 0$且$c = 0$　　　　　　　(B) $a > 0$且c是任意常数
   (C) $a < 0$且$c \neq 0$　　　　　　(D) $a < 0$且c是任意常数

7. 函数 $y = e^x + e^{-x}$ 的极小值点为(　　);
   (A) 0　　　　(B) -1　　　　(C) 1　　　　(D) 2
8. 函数 $f(x) = x^3 + 24x - 12$ 在定义域内(　　);
   (A) 单调增加　　(B) 单调减少　　(C) 凹的　　(D) 凸的
9. 曲线 $y = x^2(x-3)$ 在区间 $(4, +\infty)$ 内是(　　);
   (A) 单调上升且凹的　　　　　　　　(B) 单调上升且凸的
   (C) 单调下降且凹的　　　　　　　　(D) 单调下降且凸的
10. 若点 $(1, 3)$ 是曲线 $y = ax^3 + bx^2$ 的拐点,则 a, b 的值分别为(　　).
    (A) $\frac{9}{2}, -\frac{3}{2}$　　(B) $-6, 9$　　(C) $-\frac{3}{2}, \frac{9}{2}$　　(D) $6, -9$

二、填空题.

1. 设 $f(x)$ 在点 x_0 处可导,且 $f'(x_0) = A$,则 $\lim\limits_{h \to 0} \dfrac{f(x_0 + 2h) - f(x_0 - 3h)}{h}$ 为 _____ ;
2. 设 $y = x^e + e^x + \ln x + e^e$,则 $y' =$ _____ ;
3. 设 $f(x) = x\arccos x - \sqrt{1-x^2}$,则 $f'(0) =$ _____ ;
4. 设 $\begin{cases} x = t^3 + t - 1, \\ y = 3 - 2t^2 \end{cases}$ 则 $\dfrac{dy}{dx}\Big|_{t=1} =$ _____ ;
5. 设曲线 $y = x^2 + x - 2$ 在点 P 处的切线的斜率等于 3,则 P 点的坐标为 _____ ;
6. 设 $y = \sin(e^x + 1)$ 则 $dy =$ _____ ;
7. $y = x^n + e$,则 $y^{(n)} =$ _____ ;
8. 设函数 $g(x)$ 有一阶连续导数,且 $g(0) = g'(0) = 1$,则 $\lim\limits_{x \to 0} \dfrac{g(x) - 1}{\ln g(x)} =$ _____ ;
9. 函数 $y = ax^2 + 1$ 在 $(0, +\infty)$ 上单调增加,则 $a =$ _____ ;
10. 曲线 $y = xe^{-x}$ 的拐点为 _____ .

三、求下列函数的导数.

1. $y = \sqrt{1 + \ln^2 x}$;
2. $y = x^2 \sin\dfrac{1}{x}$;
3. $y = \left(\arcsin\dfrac{x}{2}\right)^2$;

四、求下列隐函数的导数.

1. $x^3 - 3axy + y^3 = 0$;
2. $y = \ln(xy)$.

五、利用对数法求下列函数的导数.

1. $y = x^{\sqrt{x}}$;
2. $y = x\sqrt{\dfrac{1-x}{1+x}}$.

六、求下列函数的高阶导数.

1. $f(x) = e^{2x-1}$,求$f''(0)$;
2. $y = x^3 \ln x$,求$y^{(4)}$.

七、用洛必达法则求下列极限.

1. $\lim\limits_{x \to 0} \dfrac{e^x - e^{-x}}{\sin x}$;
2. $\lim\limits_{x \to 1} \dfrac{x^3 - 1 + \ln x}{e^x - e}$;
3. $\lim\limits_{x \to 0} \dfrac{\tan x - x}{x - \sin x}$;
4. $\lim\limits_{x \to 1} \left(\dfrac{x}{x-1} - \dfrac{1}{\ln x} \right)$.

八、综合题.

1. 求函数$f(x) = (x-4)\sqrt[3]{(x+1)^2}$的极值.
2. 求$y = 2x^3 + 3x^2 - 12x + 14$在$[-3, 4]$上的最大值与最小值.

第3章 一元函数积分及其应用

学习目标

知识目标

- 了解无限求和问题的实际意义；
- 理解定积分的定义、几何意义和物理意义；
- 掌握定积分的线性性质、区间可加性、积分中值定理；
- 掌握原函数和不定积分的概念；
- 掌握微积分基本公式；
- 理解不定积分的直接积分法和凑微分法；
- 掌握定积分的换元积分法和分部积分法；
- 理解无限区间上和无界函数的反常积分；
- 理解微元法的思想.

能力目标

- 能解释定积分的无限求和思想方法；
- 能解释定积分的几何意义；
- 能应用定积分的性质和微积分公式计算定积分；
- 能运用 Matlab 软件计算不定积分和定积分；
- 能处理简单几何、工程上常见无限求和问题.

微积分是高等数学的核心内容.通过学习,能使我们初步领悟无限求和问题的本质.掌握一定的积分运算方法,学会定积分的重要思想方法——微元法,为应用定积分知识解决实际问题打下基础.

§3.1 定积分的概念

定积分从本质上说,是一种数学思想方法,常用来解决无限求和问题.那么,数学上为何要研究定积分呢？

一、定积分的起源

17世纪下半叶,欧洲科学技术迅猛发展,由于生产力的提高和社会各方面的迫切需要,经各国科学家的努力与历史的积累,建立在函数与极限概念基础上的微积分理论应运而生.

定积分起源于求解图形的面积和几何体的体积等实际问题.古希腊阿基米德(公元前287——前212年)用"穷竭法",我国的刘徽用"割圆术",都曾计算过一些图形的面积和几何体的体积,这些均为定积分的雏形.

1. 穷竭法

总量问题是积分学的中心问题,积分的起源可追溯到2500年前的古希腊,那时的希腊人在计算一些图形的面积时,使用了"穷竭法",当时他们已经能计算多边形的面积:先把多边形分成若干个三角形,然后把这些三角形的面积累加起来.然而在计算曲边形的面积时,这种方法就不适用了.后来,古希腊数学家阿基米德利用"穷竭法"计算圆的面积:先计算圆的内接正多边形和外切正多边形的面积,然后让多边形的边数不断增加,逼近圆的面积.

设 A_n 为圆的内接正 n 边形的面积,当 A_n 不断增加时,显然 A_n 变得越来越接近于圆的面积 A.这时,我们就说圆面积是它的内接正 n 边形的面积的极限,并记作 $A = \lim\limits_{n\to\infty} A_n$.古希腊人不是明确地使用极限概念,而是通过间接推理求曲边形的面积,其中,欧多克斯(公元前5世纪)使用"穷竭法"证得了圆面积公式:$A = \pi r^2$.

2. 割圆术

我国魏晋时期数学家刘徽使用了"割圆术"来推算圆面积,他从圆内接正六边形开始割圆,每次边数倍增,计算出正192边形的面积,求得 $\pi \approx \dfrac{157}{50} = 3.14$,称为"徽率",后来祖冲之使用刘徽的方法,正确地计算出圆内接正3072边形的面积,从而得到精确度很高的圆周率近似值 $\dfrac{3927}{1250}$,精确到小数点后四位,即:3.1416.

3. 无限求和

在欧洲,对此类问题的研究兴起于17世纪,其中德国的莱布尼茨接受了意大利数学家卡瓦列里(1598——1647)不可分量的原理,将曲边形看成无穷多个宽度为无穷小的矩形之和,从而导致了积分的产生.牛顿从另一途径引出积分概念,他从确定面积的变化率(即导数)入手,通过求变化率的逆过程来计算面积.两人都得到了解决计算特殊形状的面积问题的普遍算法——积分计算法,又几乎同时互相独立地得出了积分和微分的互逆关系,由此创立了积分学.但是,他们的积分概念缺少逻辑基础,严格的定积分的定义是由19世纪的柯西和黎曼建立的.

二、无限求和问题

许多工程实践中我们经常会遇到一些不规则、不均匀、非恒定的整体量的计算问题.我们处理这些类似问题时常将它们转化为无限多个规则、均匀、恒定的量相加问题,也就是采用一种无限求和的思想方法加以解决.

下面介绍用无限求和的思想解决曲边梯形的面积和变速直线运动的路程问题.

1. 曲边梯形面积的计算

求曲边梯形的面积可以转化为求无限个矩形面积之和,即面积的无限求和问题.

【例1】 求由曲线 $y = x^2$,直线 $x = 1$ 及 x 轴所围成的曲边三角形的面积 A.

解 采取"分割"、"近似"、"求和"、"取极限"四个步骤.

(1) "分割"

如图3.1所示，在区间$[0,1]$内均匀地插入$n-1$个分点:$x_1=\dfrac{1}{n}, x_2=\dfrac{2}{n},\cdots,x_{n-1}=\dfrac{n-1}{n}$，将区间$[0,1]$等分成$n$个小区间，如果令$x_0=0,x_n=1$，则这$n$个小区间分别为

$$[x_0,x_1],[x_1,x_2],\cdots,[x_{n-1},x_n],$$

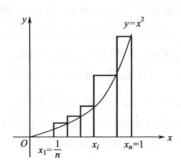

图 3.1

我们把第i个小区间记为Δx_i，且Δx_i还表示相应的小区间的长度，于是有

$$\Delta x_i = x_i - x_{i-1} = \frac{i}{n} - \frac{i-1}{n} = \frac{1}{n}, (i=1,2,\cdots,n)$$

这样一来，这n个长度相等的小区间就都有各自的小曲边梯形与之对应.如果将这些小曲边梯形的面积依次记为$\Delta S_i(i=1,2,\cdots,n)$，那么所求曲边三角形的面积$A$就被分割成$n$个小曲边梯形的面积之和，即$A=\sum\limits_{i=1}^{n}\Delta S_i$.

(2) "近似"

以每个小区间的长度$\Delta x_i=\dfrac{1}{n}$作底，区间的右端点$x_i=\dfrac{i}{n}$处的函数值$f(x_i)$作高，就可得到n个小矩形，如果把它们的面积分别记作$\Delta A_i(i=1,2,\cdots,n)$，用来近似小曲边梯形的面积，则有

$$\Delta S_i \approx \Delta A_i = f(x_i)\Delta x_i = \frac{i^2}{n^3}\,(i=1,2,\cdots,n).$$

(3) "求和"

n个小矩形的面积之和是所求曲边三角形面积A的近似值，即

$$A = \sum_{i=1}^{n}\Delta S_i \approx \sum_{i=1}^{n}\Delta A_i = \sum_{i=1}^{n}f(x_i)\Delta x_i = \sum_{i=1}^{n}\frac{i^2}{n^3}.$$

(4) "取极限"

上一步骤仅求出了所求曲边三角形面积A的近似值，当然两者之间存在误差.但我们通过观察可以发现，这个误差与等分数n的取值有关.显然，在区间$[0,1]$内插入的分点越多，分割就越密，上述的误差也就越小.如果当等分数n趋于正无穷大时，所有小区间长度上会趋于0，这时，曲边三角形的面积A就被分割成无数个小矩形的面积之和，也就是说，当$n\to+\infty$时，A就

等于n个小矩形的面积和的极限,即有

$$A = \lim_{n\to\infty}\sum_{i=1}^{n}\Delta A_i = \lim_{n\to\infty}\sum_{i=1}^{n}f(x_i)\Delta x_i = \lim_{n\to\infty}\sum_{i=1}^{n}\frac{i^2}{n^3}$$

$$= \lim_{n\to\infty}\frac{1}{n^3}(1^2 + 2^2 + \cdots + n^2)$$

$$= \lim_{n\to\infty}\frac{1}{n^3}\frac{n(n+1)(2n+1)}{6}$$

$$= \lim_{n\to\infty}\frac{n(n+1)(2n+1)}{6n^3} = \frac{1}{3}.$$

这个例子中的四个步骤体现的就是一种无限求和的思想,最后的表达式也被称为和式的极限.我们用这种方法求出了曲边三角形的面积为$\frac{1}{3}$.

如果再作一条曲线$y = \sqrt{x}$,根据函数与反函数的对称性就得到正方形面积的一种三等分方法(见图3.2).

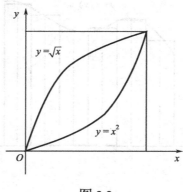

图 3.2

2. 变速直线运动路程的计算

求变速直线运动的路程可以转化为求无限个匀速运动路程之和,即路程的无限求和问题.

【例2】 设物体做变速直线运动,已知其速度$v = v(t)$,且$v(t) > 0$,求在时间段$[a, b]$内该物体经过的路程s.

解 采取"分割"、"近似"、"求和"和"取极限"四个步骤进行计算,其中为了更具一般性,我们采取任意"分割"的方式以及ξ_i点在小区间内的任意取法.

(1)"分割":将时间段$[a, b]$任意地分成n个小区间$[t_{i-1}, t_i](i = 1, 2, \cdots, n)$,第$i$个小区的时间长度记为$\Delta t_i = t_i - t_{i-1}$,因而路程$s$也相应地分成$n$段小路程$\Delta s_i$.

(2)"近似":在小区间$[t_{i-1}, t_i](i = 1, 2, \cdots, n)$上任取一点$\xi_i$,用该时刻点的速度近似代替物体在小区间上的平均速度,也就是在小区间上用匀速运动代替变速运动,则物体在这个小区间上所经过的路程可表示为

$$\Delta s_i \approx v(\xi_i)\Delta t_i \ (i = 1, 2, \cdots, n).$$

(3)"求和":将物体在这n个小区间上所经过的路程Δs_i的近似值全都加起来,就得到物体在$[a, b]$内经过的路程s的近似值,即

$$s = \sum_{i=1}^{n}\Delta s_i \approx \sum_{i=1}^{n}v(\xi_i)\Delta t_i.$$

(4)"取极限":记小区间的时间长度的最大值为λ,当$\lambda \to 0$时,就可以保证时间段$[a,b]$无限细分,上述和式的极限就是物体在$[a,b]$内所经过的路程s,即

$$s = \lim_{n\to\infty} \sum_{i=1}^{n} v(\xi_i)\Delta t_i.$$

至此,我们根据已知的速度求出了路程.如果你还记得前面学过的瞬时速度是由路程求导而得到的,你就会发现无限求和问题是导数问题的反问题,而无限求和问题的解决思想就是定积分的概念.

三、定积分的概念

如果把上述两个例子中无限求和的思想,推广到定义在闭区间上的有界函数,如图3.3所示,就可得到定积分的定义.

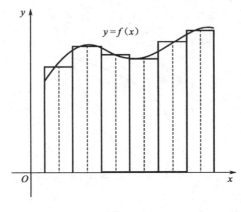

图 3.3

定义 3.1 设函数$y = f(x)$在$[a,b]$上有界连续,在$[a,b]$内任取分点$x_1 < x_2 < \cdots < x_{n-1}$,如果记$x_0 = a, x_n = b$,这样就把区间$[a,b]$分成$n$个小区间$[x_{i-1}, x_i](i = 1, 2, \cdots, n)$,其长度对应记为$\Delta x_i = x_i - x_{i-1}$,且将所有小区间的长度的最大值记为$\lambda = \max_{1\leqslant i\leqslant n}\{\Delta x_i\}$.在每个小区间$[x_{i-1}, x_i]$上任取一点$\xi_i$,作特定和式$\sum_{i=1}^{n} f(\xi_i)\Delta x_i$,当$\lambda \to 0$时其极限存在且为$A$,并且与区间$[a,b]$分割方式和点$\xi_i$的取法无关,那么称函数$f(x)$在$[a,b]$上是可积的,并称极限值为$f(x)$在区间$[a,b]$上的定积分,记作

$$\lim_{\lambda \to 0} \sum_{i=1}^{n} f(\xi_i)\Delta x_i = \int_a^b f(x)\mathrm{d}x.$$

其中"$\int$"称为积分符号,$f(x)$称为积分函数,x称为积分变量,$f(x)\mathrm{d}x$称为积分表达式,$[a,b]$称为积分区间,a称为积分下限,b称为积分上限.

由定积分的定义,

例1的面积可表示为:$A = \int_0^1 x^2 \mathrm{d}x = \dfrac{1}{3}$;

例2的路程可表示为: $s = \int_a^b v(t)dt$.

定积分的几何意义: 当 $f(x) \geq 0$ 时, 定积分 $\int_a^b f(x)dx$ 的数值表示由曲线 $y = f(x)$, 直线 $x = a, x = b$ 及 x 轴所围成的曲边梯形的面积, 此时定积分的值为正; 当 $f(x) \leq 0$ 时, 定积分 $\int_a^b f(x)dx$ 的数值表示由曲线 $y = f(x)$, 直线 $x = a, x = b$ 及 x 轴所围成的曲边梯形面积的负值, 此时定积分的值为负; 而在一般情况下, $f(x)$ 在 $[a,b]$ 上既有大于零又有小于零的值时, 定积分 $\int_a^b f(x)dx$ 的数值表示由曲线 $y = f(x)$, 直线 $x = a, x = b$ 及 x 轴所围成的若干个曲边梯形的面积的代数和.

【例3】 利用定积分的几何意义, 求下列定积分的值:

(1) $\int_0^1 \sqrt{1-x^2}dx$; (2) $\int_{-\frac{\pi}{2}}^{\frac{\pi}{2}} \sin x dx$

解 (1) 画出积分函数 $y = \sqrt{1-x^2}$ 所表示的曲线, 如图3.4所示.

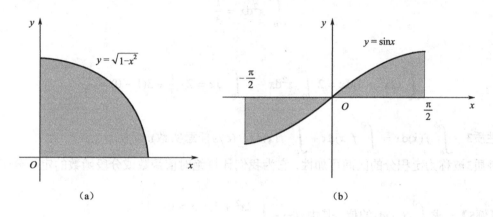

图 3.4

由图3.4(a)可以看出: 在区间 $[0,1]$ 上, 由曲线 $y = \sqrt{1-x^2}$, x 轴及 y 轴所围成的图形是一个四分之一单位圆, 所以

$$\int_0^1 \sqrt{1-x^2}dx = \frac{\pi}{4}.$$

(2) 画出积分函数 $y = \sin x$ 所表示的曲线、直线 $x = \frac{\pi}{2}$ 及直线 $x = -\frac{\pi}{2}$, 如图3.4(b)所示.

由图3.4(b)可以看出: 由曲线 $y = \sin x$, x 轴及直线 $x = \pm\frac{\pi}{2}$ 所围成的图形分为两部分, 根据定积分的几何意义和图形的对称性可知:

$$\int_{-\frac{\pi}{2}}^{\frac{\pi}{2}} \sin x dx = 0$$

用定积分的几何意义, 很容易得到 $\int_a^b 1dx = \int_a^b dx = b - a$ 其几何解释为: 因 $f(x) = 1 > 0$, 它在区间 $[a,b]$ 上的定积分就是一个宽为 $b - a$, 高为1的矩形的面积.

四、定积分的性质

下面介绍定积分的几个常用性质.

性质1 $\int_a^b kf(x)dx = k\int_a^b f(x)dx$ (k为常数).

性质2 $\int_a^b [f(x) \pm g(x)]dx = \int_a^b f(x)dx \pm \int_a^b g(x)dx$.

以上性质可推广到有限个积分函数的线性组合的情形:

$$\int_a^b [k_1f_1(x) \pm k_2f_2(x) \pm \cdots \pm k_nf_n(x)]dx = k_1\int_a^b f_1(x)dx \pm k_2\int_a^b f_2(x)dx \pm \cdots k_n\int_a^b f_n(x)dx.$$

因此,性质1和性质2被统称为定积分的线性性质.

【例4】 计算 $\int_0^1 (2x^2 + 3)dx$.

由例1知

$$\int_0^1 x^2 dx = \frac{1}{3}$$

于是

$$\int_0^1 (2x^2 + 3)dx = 2\int_0^1 x^2 dx + 3\int_0^1 dx = 2 \cdot \frac{1}{3} + 3(1 - 0) = \frac{11}{3}$$

性质3 $\int_a^b f(x)dx = \int_a^c f(x)dx + \int_c^b f(x)dx$ (c为任意实数).

性质3被称为定积分的区间可加性,它为我们计算绝对值函数或分段函数的定积分带来了方便.

【例5】 求 $\int_{-1}^1 f(x)dx$ 的值,其中 $f(x) = \begin{cases} 2x^2 + 3, & x > 0 \\ 1, & x \leqslant 0 \end{cases}$

解 因为积分函数是分段函数,根据定积分的区间可加性,得

$$\int_{-1}^1 f(x)dx = \int_{-1}^0 f(x)dx + \int_0^1 f(x)dx$$
$$= \int_{-1}^0 dx + \int_0^1 (2x^2 + 3)dx$$
$$= 1 + \frac{11}{3} = \frac{14}{3}$$

性质4 若函数 $f(x)$ 在 $[a,b]$ 上连续,则在 $[a,b]$ 中至少存在一点 ξ,使得下式成立:

$$\int_a^b f(x)dx = f(\xi)(b - a) \quad \text{或} \quad f(\xi) = \frac{\int_a^b f(x)dx}{b - a}.$$

该性质的几何意义是:当 $f(x) \geqslant 0$ 时,定积分所对应的曲边梯形的面积必定与某个以 $f(\xi)$ 为宽,区间 $[a,b]$ 长度 $b - a$ 为长的矩形面积相等,性质4也称为积分中值定理.

【能力训练3.1】

(基础题)

1. 用定积分表示抛物线 $y = x^2 + 1$ 与直线 $x = 1, x = 2$ 以及 x 轴所围成图形的面积.
2. 用曲边梯形的面积说明下列定积分表示的意义:

   (1) $\int_1^2 0 dx$; (2) $\int_a^b 1 dx$

   (3) $\int_a^b x dx$; (4) $\int_0^1 x^2 dx$

   (5) $\int_{-\pi}^{\pi} \sin x dx$; (4) $\int_{-1}^{1} \sqrt{1-x^2} dx$

3. 试用定积分的几何意义求出下列定积分的值:

   (1) $\int_0^{2\pi} \sin x dx$; (2) $\int_{-1}^{1} |x| dx$; (3) $\int_0^a \sqrt{a^2 - x^2} dx$.

§3.2 定积分的计算

定积分有着广泛的应用,但如果每次都用定积分的定义或几何意义来计算定积分的值,显然是件很麻烦的事情. 在17世纪,英国科学家牛顿和德国数学家莱布尼茨创建了一种简便的计算定积分的方法,只要求出积分函数的原函数在积分上、下限处的函数值的差即可,那么什么是原函数呢?原函数又是怎样求出的呢?

一、不定积分

1. 原函数和不定积分的定义

我们知道 $(x^2)' = 2x$,$2x$ 是 x^2 的导函数,那么把 x^2 称为 $2x$ 的一个原函数.

很容易想到,$2x$ 的原函数并不唯一,因为 $(x^2 + 1)' = 2x$,所以 $x^2 + 1$ 也是 $2x$ 的一个原函数,事实上,$x^2 + C$ 都是 $2x$ 的原函数,且为 $2x$ 的一切原函数,其中 C 为任意常数.

原函数: 若 $F'(x) = f(x)$ 或 $dF(x) = f(x)dx$,则称 $F(x)$ 是 $f(x)$ 的一个原函数.

定义 3.2 $f(x)$ 的一切原函数 $F(x) + C$ 称为 $f(x)$ 的不定积分,记为

$$\int f(x) dx = F(x) + C$$

其中 "$\int$" 称为积分号,$f(x)$ 称为积分函数,x 称为积分变量,而 $f(x)dx$ 称为积分表达式.

例如,$\int 2x dx = x^2 + C$,$\int x^2 dx = \frac{1}{3}x^3 + C$,$\int e^x dx = e^x + C$.

可见,原函数和导函数是两个相对的概念,而原函数和不定积分又有着密切的联系,它们仅相差一个任意常数 C. 因此,我们将求原函数的问题归结为求不定积分的问题.

如果将求不定积分称为积分运算的话，那么易得积分运算与求导、求微分运算是互逆的，并且有如下关系：

$$\left[\int f(x)\mathrm{d}x\right]' = f(x); \qquad \mathrm{d}\left[\int f(x)\mathrm{d}x\right] = f(x)\mathrm{d}x;$$

$$\int f'(x)\mathrm{d}x = f(x) + C; \qquad \int \mathrm{d}f(x) = f(x) + C.$$

2. 不定积分的公式和性质

根据不定积分的定义以及求不定积分与求导运算的互逆关系，我们将学习过的求导公式反过来就成了求不定积分的公式：

(1) $\int \mathrm{d}x = x + C;$ 　　(2) $\int k\mathrm{d}x = kx + C;$

(3) $\int \dfrac{1}{x}\mathrm{d}x = \ln|x| + C;$ 　　(4) $\int x^\alpha \mathrm{d}x = \dfrac{x^{\alpha+1}}{\alpha+1} + C; \quad (\alpha \neq -1);$

(5) $\int a^x \mathrm{d}x = \dfrac{a^x}{\ln a} + C;$ 　　(6) $\int \mathrm{e}^x \mathrm{d}x = \mathrm{e}^x + C;$

(7) $\int \sin x \mathrm{d}x = -\cos x + C;$ 　　(8) $\int \cos x \mathrm{d}x = \sin x + C;$

(9) $\int \sec^2 x \mathrm{d}x = \tan x + C;$ 　　(10) $\int \csc^2 x \mathrm{d}x = -\cot x + C;$

(11) $\int \sec x \tan x \mathrm{d}x = \sec x + C;$ 　　(12) $\int \csc x \cot x \mathrm{d}x = -\csc x + C;$

(13) $\int \dfrac{1}{\sqrt{1-x^2}}\mathrm{d}x = \arcsin x + C;$ 　　(14) $\int \dfrac{1}{1+x^2}\mathrm{d}x = \arctan x + C.$

注意：上面这12个积分公式中的积分变量 x 如果换成另一个字母，比如 u 也是成立的，例如

$$\int \cos u \mathrm{d}u = \sin u + C$$

不定积分作为一种积分运算，它的性质却很简单，只有以下两个：

(1) $\int [f(x) \pm g(x)]\mathrm{d}x = \int f(x)\mathrm{d}x \pm \int g(x)\mathrm{d}x;$

(2) $\int kf(x)\mathrm{d}x = k\int f(x)\mathrm{d}x \quad$ (k为非零常数).

根据这两个性质，很容易推出：

$$\int [k_1 f_1(x) \pm k_2 f_2(x) \pm \cdots \pm k_n f_n(x)]\mathrm{d}x = k_1 \int f_1(x)\mathrm{d}x \pm k_2 \int f_2(x)\mathrm{d}x \pm \cdots \pm k_n \int f_n(x)\mathrm{d}x,$$

其中，$k_1, k_2, \cdots, k_n$ 不全为零.

【例1】 求下列不定积分：

(1) $\int (2 - 3\sqrt{x} + 2^x)\mathrm{d}x;$ 　　(2) $\int \left(-\sin x + \dfrac{3}{x}\right)\mathrm{d}x.$

解 (1) $\int (2 - 3\sqrt{x} + 2^x)dx = \int 2dx - \int 3\sqrt{x}dx + \int 2^x dx = 2x - 2x^{\frac{3}{2}} + \frac{1}{\ln 2}2^x + C$;

(2) $\int \left(-\sin x + \frac{3}{x}\right)dx = \int -\sin x dx + \int \frac{3}{x}dx = \cos x + 3\ln|x| + C.$

二、微积分基本定理

在上一节例2中，曾讨论过变速直线运动的路程问题，得到了速度为$v(t)$的物体在时间段$[a,b]$经过的路程可表示为定积分$\int_a^b v(t)dt$.

如果做直线运动的物体的运动规律$s = s(t)$是已知的，显然物体在时间段$[a,b]$上经过的路程又可表示为$s(b) - s(a)$，而由导数的物理意义知：$s'(t) = v(t)$，于是有

$$\int_a^b v(t)dt = s(b) - s(a),$$

其中$s(t)$是$v(t)$的原函数.

这个从变速直线运动的路程问题中得到的结论，在一定条件下具有普遍性，有以下定理.

定理3.1(微积分基本定理) 设函数$f(x)$在闭区间$[a,b]$上连续，$F(x)$是$f(x)$的一个原函数，则有如下公式：

$$\int_a^b f(t)dt = F(b) - F(a). \tag{3.1}$$

定理结论中的式3.1就是著名的牛顿-莱布尼茨公式，也称为微积分基本公式，它以一个简单的等式表示了定积分与不定积分之间的密切关系，同时也表示了微分与积分之间的基本关系，因而该定理被称为微积分基本定理.它给出了计算连续函数定积分的一种简单方法，为了方便，公式也常被简写为如下形式：

$$\int_a^b f(t)dt = F(x)\Big|_a^b. \tag{3.2}$$

我们用公式3.2再来计算上节例1中的曲边三角形的面积就非常简便：

$$A = \int_0^1 x^2 dx = \frac{1}{3}x^3 \Big|_0^1 = \frac{1}{3} - 0 = \frac{1}{3}$$

【例2】 计算下列定积分：

(1) $\int_1^4 \frac{1}{\sqrt{x}}dx$; (2) $\int_0^{\frac{\pi}{2}} \cos x dx.$

解 先运用相应的积分公式求出原函数，再利用牛顿-莱布尼茨公式计算它在上、下限处函数值的差.

(1) $\int_1^4 \frac{1}{\sqrt{x}}dx = 2\sqrt{x}\Big|_1^4 = 4 - 2 = 2$;

(2) $\int_0^{\frac{\pi}{2}} \cos x \mathrm{d}x = \sin x \Big|_0^{\frac{\pi}{2}} = 1 - 0 = 1.$

学习了定积分计算的牛顿－莱布尼茨公式，可以计算一些简单的定积分.但由于积分函数的复杂性，实际上定积分的计算还是较为烦琐的，下面将介绍一些常用的积分方法.

三、不定积分的求法

由牛顿－莱布尼茨公式可知，定积分的计算关键在于计算积分函数的原函数，即先要求出积分函数的不定积分，我们先来学习两种求不定积分的方法——直接积分法和凑微分法．

1.不定积分的直接积分法

所谓不定积分的直接积分法是指对积分函数进行一定的整理变形就可直接利用积分的线性性质和积分公式计算不定积分的一种方法.

【例3】 求不定积分 $\int 2^x \mathrm{e}^x \mathrm{d}x.$

解 先把积分函数整理为指数函数，再利用积分公式，得

$$\int 2^x \mathrm{e}^x \mathrm{d}x = \int (2\mathrm{e})^x \mathrm{d}x = \frac{(2\mathrm{e}^x)}{\ln 2 + 1} + C.$$

【例4】 求不定积分 $\int \frac{1}{x^2(1+x^2)} \mathrm{d}x.$

解 因积分函数是一个分式，可先将它拆成几个分式之和，再逐项积分，有

$$\int \frac{1}{x^2(1+x^2)} \mathrm{d}x = \int \frac{1+x^2-x^2}{x^2(1+x^2)} = \int \left(\frac{1}{x^2} - \frac{1}{1+x^2}\right) \mathrm{d}x = -\frac{1}{x} - \arctan x + C.$$

【例5】 求不定积分 $\int \tan^2 x \mathrm{d}x.$

解 因积分函数 $\tan^2 x$ 并没有积分公式，但与之有三角函数平方关系的 $\sec^2 x$ 却有积分公式，于是可以将原积分转化为 $\sec^2 x$ 的积分，得

$$\int \tan^2 x \mathrm{d}x = \int (\sec^2 x - 1) \mathrm{d}x = \tan x - x + C.$$

可用类似方法，求出不定积分

$$\int \cot^2 x \mathrm{d}x = \int (\csc^2 x - 1) \mathrm{d}x = -\cot x - x + C.$$

【例6】 求不定积分 $\int \sin^2 \frac{x}{2} \mathrm{d}x.$

解 利用二倍角公式 $\cos x = 1 - 2\sin^2 \frac{x}{2}$ 先对积分函数进行整理变形，有

$$\int \sin^2 \frac{x}{2} \mathrm{d}x = \int \frac{1-\cos x}{2} \mathrm{d}x = \frac{1}{2}(x - \sin x) + C.$$

2.不定积分的凑微分法

积分函数是复合函数的不定积分，用直接积分法是不行的，例如 $\int \cos 2x \mathrm{d}x.$ 根据积分运算与导数运算互为逆运算的关系，我们从复合函数求导法推出求不定积分的另一种重要而有效的方法——凑微分法.

因为 $f'[g(x)]g'(x) = \dfrac{\mathrm{d}f[g(x)]}{\mathrm{d}x}$, 所以 $f[g(x)]$ 是函数 $f'[g(x)]g'(x)$ 一个原函数, 由不定积分的定义知: $\int f'[g(x)]g'(x)\mathrm{d}x = f[g(x)] + C$. 如果记其中 $g(x) = u$, 则 $g'(x)\mathrm{d}x = \mathrm{d}u$, 于是

$$\int f'[g(x)]g'(x)\mathrm{d}x = \int f'(u)\mathrm{d}u = f(u) + C = f[g(x)] + C. \tag{3.3}$$

由(3.3)式可知, 求不定积分时, 可以对积分表达式作适当变形, 将不定积分凑成某一个积分公式的形式, 从而套用积分公式得到积分结果. 因而公式(3.3)也可改写为如下形式:

$$\int f'[g(x)]g'(x)\mathrm{d}x = \int f'[g(x)]\mathrm{d}[g(x)] = f[g(x)] + C. \tag{3.4}$$

式(3.4)反映了这种求解不定积分方法的核心思想, 即如何对积分表达式进行变形, 凑成 $\mathrm{d}[g(x)]$ 而使之成为某积分公式的形式. 这既是凑微分法名称的由来, 又是该积分方法的难点.

【例7】 求不定积分 $\int \cos 2x \mathrm{d}x$.

解 因为 $\mathrm{d}x$ 可以凑成 $\dfrac{1}{2}\mathrm{d}(2x)$, 于是

$$\int \cos 2x \mathrm{d}x = \dfrac{1}{2}\int \cos 2x \mathrm{d}(2x) = \dfrac{1}{2}\sin 2x + C.$$

我们不妨对积分结果进行求导来检验一下:

$$(\dfrac{1}{2}\sin 2x + C)' = \dfrac{1}{2} \cdot 2\cos 2x = \cos 2x.$$

【例8】 求不定积分 $\int \dfrac{1}{3x+2}\mathrm{d}x$.

解 因为 $\mathrm{d}x$ 可以凑成 $\dfrac{1}{3}\mathrm{d}(3x+2)$, 所以有

$$\int \dfrac{1}{3x+2}\mathrm{d}x = \dfrac{1}{3}\int \dfrac{1}{3x+2}\mathrm{d}(3x+2) = \dfrac{1}{3}\ln|3x+2| + C.$$

【例9】 求不定积分 $\int x\mathrm{e}^{-x^2}\mathrm{d}x$.

解 因为 $x\mathrm{d}x = -\dfrac{1}{2}\mathrm{d}(-x^2)$, 所以有

$$\int x\mathrm{e}^{-x^2}\mathrm{d}x = -\dfrac{1}{2}\int \mathrm{e}^{-x^2}\mathrm{d}(-x^2) = -\dfrac{1}{2}\mathrm{e}^{-x^2} + C.$$

【例10】 求不定积分 $\int \cos^3 x \mathrm{d}x$.

解 $\int \cos^3 x \mathrm{d}x = \int \cos^2 x \cos x \mathrm{d}x = \int \cos^2 x \mathrm{d}(\sin x)$
$= \int (1 - \sin^2 x)\mathrm{d}(\sin x) = \sin x - \dfrac{1}{3}\sin^3 x + C.$

由上面几个例子可知, 凑微分法为解决求复合函数的积分提供了一个很好的思路, 这种思路也适合求其他简单函数的不定积分.

【例11】 求不定积分 $\int \tan x \mathrm{d}x$.

解 $\int \tan x \mathrm{d}x = \int \dfrac{\sin x}{\cos x}\mathrm{d}x = -\int \dfrac{1}{\cos x}\mathrm{d}(\cos x) = -\ln|\cos x| + C.$

同理可得: $\int \cot x \mathrm{d}x = \ln|\sin x| + C.$

【例12】 求不定积分 $\int \sec x \mathrm{d}x.$

解 $\int \sec x \mathrm{d}x = \int \dfrac{\sec x(\sec x + \tan x)}{\sec x + \tan x}\mathrm{d}x = \int \dfrac{\sec^2 x + \sec x \tan x}{\sec x + \tan x}\mathrm{d}x$

$= \int \dfrac{1}{\sec x + \tan x}\mathrm{d}(\sec x + \tan x) = \ln|\sec x + \tan x| + C.$

同理可得: $\int \sec x \mathrm{d}x = -\ln|\sec x + \cot x| + C.$

下面我们用不定积分来计算一个生活中的问题.

【案例1 遇黄灯刹车问题】 一辆小汽车以速度为30km/h正常行驶,当距离交通路口10m处突然发现黄灯亮起,司机立即刹车制动,如果制动后的速度为$v = 8.3 - 2.7t$(单位:m/s),问制动距离是多少?

解 令速度为零,先计算出制动所用时间,即当$8.3 - 2.7t = 0$,得$t \approx 3.07(\mathrm{s}).$
设汽车制动后路程函数为$s = s(t)$,由$s'(t) = v(t)$,可知

$$s(t) = \int v(t)\mathrm{d}t = \int (8.3 - 2.7t)\mathrm{d}t = 8.3t - \dfrac{2.7}{2}t^2 + C,$$

根据题意,当$t = 0$时,$s = 0$,代入上式得$C = 0$,于是得到制动路程函数为

$$s = s(t) = 8.3t - 1.35t^2,$$

将$t \approx 3.07$代入上式计算出制动距离约为

$$8.3 \times 3.07 - 1.35 \times 3.07^2 = 12.7574(\mathrm{m}).$$

四、定积分的求法

我们已经学习了两种求不定积分的方法直接积分法和凑微分法,在用上述方法求出原函数后,只要运用牛顿-莱布尼茨公式就可以计算定积分. 然而,由于定积分自身的特点,我们还需要学习两种定积分的求法,将定积分先作一定的化简处理再进行计算.

1.定积分的换元积分法

所谓定积分的换元积分法,就是通过变量换元,将一个较难计算的定积分转化为另一个数值相等的较简单定积分的计算.其原理如下:

$$\int_a^b f(x)\mathrm{d}x \xlongequal{x=\varphi(t)} \int_\alpha^\beta f[\varphi(t)]\mathrm{d}[\varphi(t)] = \int_\alpha^\beta f[\varphi(t)]\varphi'(t)\mathrm{d}t. \tag{3.5}$$

式(3.5)称为定积分的换元公式,其中β,α由$\begin{cases} a = \varphi(\alpha), \\ b = \varphi(\beta) \end{cases}$确定. 通俗地讲,即"上限对上限,下限对下限". 同时定积分的积分变量也由原来的x代换为t.

换元积分法一般是用于积分函数中含有根式的定积分计算问题,我们的目的是想通过换元去掉根号从而转化为一个简单的定积分计算问题,根据换元函数$x = \varphi(t)$是幂函数或三角函数,又分为代数换元或三角换元.

下面先看一个例子,比较其中两种不同的解法,供大家了解定积分换元积分法的用法.

【例13】 计算 $\int_1^4 \dfrac{\mathrm{d}x}{x+\sqrt{x}}$.

解 解法1 先用不定积分的凑微分法求出原函数，再利用牛顿-莱布尼茨公式计算定积分：

$$\int_1^4 \frac{\mathrm{d}x}{x+\sqrt{x}} = \int_1^4 \frac{1}{\sqrt{x}(\sqrt{x}+1)}\mathrm{d}x = 2\int_1^4 \frac{1}{(\sqrt{x}+1)}\mathrm{d}(\sqrt{x}+1)$$
$$= 2\ln|\sqrt{x}+1|\Big|_1^4 = 2\ln\frac{3}{2}.$$

解法2 用定积分的换元法，设代数换元 $\sqrt{x}=t$，则 $x=t^2$, $\mathrm{d}x=2t\mathrm{d}t$，且当 $x=1$ 时，$t=1$；当 $x=4$ 时，$t=2$. 于是有

$$\int_1^4 \frac{\mathrm{d}x}{x+\sqrt{x}} = \int_1^2 \frac{2t\mathrm{d}t}{t^2+t} = 2\int_1^2 \frac{\mathrm{d}t}{t+1} = 2\int_1^2 \frac{1}{t+1}\mathrm{d}(t+1)$$
$$= 2\ln|t+1|\Big|_1^2 = 2\ln\frac{3}{2}.$$

解法1看似简单，但一般不容易想到，解法2较容易学习掌握，但要注意，定积分在变量换元时必须同时变换上、下限，即人们常说的"换元必换限".

【例14】 计算 $\int_0^{\ln 2} \sqrt{e^x-1}\,\mathrm{d}x$.

解 设 $\sqrt{e^x-1}=t$，则 $x=\ln(t^2+1)$，$\mathrm{d}x = \dfrac{2t}{t^2+1}\mathrm{d}t$，且当 $x=0$ 时，$t=0$；当 $x=\ln 2$ 时，$t=1$. 于是有

$$\int_0^{\ln 2} \sqrt{e^x-1}\,\mathrm{d}x = \int_0^1 t \cdot \frac{2t\mathrm{d}t}{t^2+1} = 2\int_0^1 \frac{t^2+1-1}{t^2+1}\mathrm{d}t = 2\int_0^1 \left(1 - \frac{1}{t^2+1}\right)\mathrm{d}t$$
$$= 2(t-\arctan t)\Big|_0^1 = 2 - \frac{\pi}{2}.$$

【例15】 计算 $\int_0^1 \dfrac{\mathrm{d}x}{\sqrt{x^2+1}}$.

解 设 $x=\tan x$，则 $\mathrm{d}x = \sec^2 t\mathrm{d}t$ 且当 $x=0$ 时，$t=0$；当 $x=1$ 时，$t=\dfrac{\pi}{4}$，于是有

$$\int_0^1 \frac{\mathrm{d}x}{\sqrt{x^2+1}} = \int_0^{\frac{\pi}{4}} \frac{1}{\sec t}\sec^2 t\mathrm{d}t = \int_0^{\frac{\pi}{4}} \sec t\mathrm{d}t$$
$$= \ln|\sec t + \tan t|\Big|_0^{\frac{\pi}{4}} = \ln(\sqrt{2}+1).$$

2.定积分的分部积分法

在化简定积分的计算时，除了可以用前面介绍的换元法将其转化为另一个较简单的定积分进行计算，还可以用分部积分法实现这种转化.

分部积分法就是根据乘法求导法则推出的来简化定积分计算的一种公式方法：

$$\int_a^b u\mathrm{d}v = (uv)\Big|_a^b - \int_a^b v\mathrm{d}u, \quad \text{其中} u=u(x), v=v(x) \text{都是函数}. \tag{3.6}$$

式(3.6)被称为定积分的**分部积分公式**.

分部积分法一般用于解决积分函数为幂函数与其他基本初等函数乘积、三角函数与指数函数乘积形式的定积分计算问题.其关键在于如何凑成一个函数的微分dv,才能使公式右边的定积分$\int_a^b v\mathrm{d}u$比公式左边的定积分$\int_a^b u\mathrm{d}v$容易求出.

【例16】 计算$\int_0^1 xe^x\mathrm{d}x$.

解 将积分表达式中的$e^x\mathrm{d}x$凑成$\mathrm{d}(e^x)$,再利用分部积分公式,有

$$\int_0^1 xe^x\mathrm{d}x = \int_0^1 x\mathrm{d}(e^x) = xe^x\Big|_0^1 - \int_0^1 e^x\mathrm{d}x = e - e^x\Big|_0^1 = e - (e-1) = 1.$$

【例17】 计算$\int_0^1 x\sin x\mathrm{d}x$

解 将积分表达式中的$\sin x\mathrm{d}x$凑成$-\mathrm{d}(\cos x)$,再利用分部积分公式,有

$$\int_0^1 x\sin x\mathrm{d}x = -\int_0^1 x\mathrm{d}(\cos x) = -\left(x\cos\Big|_0^1 - \int_0^1 \cos x\mathrm{d}x\right) = -\cos 1 + \sin x\Big|_0^1 = \sin 1 - \cos 1.$$

【例18】 计算$\int_0^1 \arcsin x\mathrm{d}x$.

解 直接利用分部积分公式,得

$$\int_0^1 \arcsin x\mathrm{d}x = x\arcsin x\Big|_0^1 - \int_0^1 x\mathrm{d}(\arcsin x)$$
$$= \frac{\pi}{2} + \int_0^1 \frac{1}{2\sqrt{1-x^2}}\mathrm{d}(1-x^2)$$
$$= \frac{\pi}{2} + \sqrt{1-x^2}\Big|_0^1 = \frac{\pi}{2} - 1.$$

五、反常积分

下面介绍关于无限区间和无界函数的反常积分问题,这两种反常积分的几何意义都是"开口曲边梯形"的面积的代数和.

1.无限区间上的反常积分

前面讨论的定积分$\int_a^b f(x)\mathrm{d}x$中的积分区间都是有限区间$[a,b]$,但我们有时会遇到类似$[a,+\infty)$形式的无限区间上的无限求和问题,事实上,无限区间还有$(-\infty,b]$和$(-\infty,+\infty)$两种形式,我们把函数$f(x)$在这样一些无穷区间上的积分称为无限区间上的反常积分,其几何意义是当$f(x) \geq 0$时,反常积分的数值表示为一个"开口曲边梯形"的面积,下面我们先看一个例子.

【例19】 求由曲线$y = e^{-x}$,x轴和y轴所围成的"开口图形"(见图3.5)的面积.

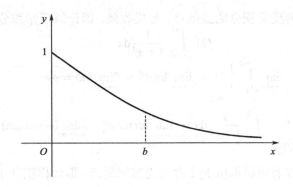

图 3.5

解 设所求面积为A.先任取实数$b > 0$,那么对应于有限区间$[0, b]$上的部分是一曲边梯形,因为$e^{-x} > 0$根据定积分的几何意义,其面积为定积分

$$\int_a^b e^{-x}dx = -e^{-x}\Big|_0^b = 1 - e^{-b}.$$

显然该面积是"开口曲边三角形"面积的一部分,且与实数b有关,记为$A(b)$. 当b越大,$A(b)$就越接近所求面积A. 当$b \to +\infty$时,$A(b)$的极限值就是面积A,即

$$A = \lim_{b \to +\infty} A(b) = \lim_{b \to +\infty} \int_a^b e^{-x}dx = \lim_{b \to +\infty}(1 - e^{-b}) = 1.$$

我们将$\lim_{b \to +\infty} \int_a^b e^{-x}dx$记为$\int_a^{+\infty} e^{-x}dx$,这就是无穷区间$[0, +\infty)$上的反常积分.

定义 3.3 设函数$f(x)$在$[a, +\infty)$上有定义,称极限$\lim_{b \to +\infty} \int_a^b f(x)dx$为$f(x)$在$[a, +\infty)$上的反常积分,记为

$$\int_a^{+\infty} f(x)dx = \lim_{b \to +\infty} \int_a^b f(x)dx$$

若极限存在,称反常积分$\int_a^{+\infty} f(x)dx$收敛;若极限不存在,称反常积分$\int_a^{+\infty} f(x)dx$发散. 类似地,可定义$f(x)$在$(-\infty, b]$上的反常积分为

$$\int_{-\infty}^b f(x)dx = \lim_{a \to -\infty} \int_a^b f(x)dx,$$

$f(x)$在$(-\infty, +\infty)$上的反常积分定义为

$$\int_{-\infty}^{+\infty} f(x)dx = \int_c^{+\infty} f(x)dx + \int_{-\infty}^c f(x)dx, \quad (c\text{为任意实数})$$

当右端两个反常积分都收敛时,$\int_{-\infty}^{+\infty} f(x)dx$才是收敛的,否则是发散的.

【例20】 判别下列反常积分的敛散性,如果收敛,则计算反常积分的值:

(1) $\int_0^{+\infty} \frac{1}{x}dx$; (2) $\int_{-\infty}^{0} \frac{1}{1+x^2}dx$

解 (1) $\int_0^{+\infty} \frac{1}{x}dx = \lim\limits_{b\to+\infty}\int_1^b \frac{1}{x}dx = \lim\limits_{b\to+\infty}\ln|x||_1^b = \lim\limits_{b\to+\infty}\ln b = +\infty$.

此反常积分发散.

(2) $\int_{-\infty}^0 \frac{1}{1+x^2}dx = \lim\limits_{a\to-\infty}\int_a^0 \frac{1}{1+x^2}dx = \lim\limits_{a\to-\infty}\arctan x|_a^0 = \lim\limits_{a\to-\infty}(-\arctan a) = \frac{\pi}{2}$.

2.无界函数的反常积分

如果被积函数$f(x)$在有限区间$[a,b]$上存在无穷间断点,那么称积分$\int_a^b f(x)dx$为瑕积分,相应地,这样的无穷间断点称为$f(x)$的瑕点.

> **定义 3.4** 设函数$f(x)$在区间$[a,b]$上连续,点a为$f(x)$的瑕点,如果
> $$\int_a^b f(x)dx = \lim\limits_{t\to a^+}\int_t^b f(x)dx$$
> 存在,那么称函数$f(x)$在$(a,b]$上的瑕积分收敛,否则称发散.

类似地,仅点b为瑕点的函数$f(x)$在$[a,b)$上的瑕积分和仅(a,b)内一点c为瑕点的函数$f(x)$在$[a,b]$上的瑕积分分别定义为

$$\int_a^b f(x)dx = \lim\limits_{t\to b^-}\int_a^t f(x)dx \text{ 和 } \int_a^b f(x)dx = \int_a^c f(x)dx + \int_c^b f(x)dx.$$

【例21】 讨论瑕积分$\int_0^1 \ln x\, dx$的敛散性.

解 因为$\lim\limits_{x\to 0^+}\ln x = -\infty$,所以瑕点为$x=0$,根据瑕积分的定义,有

$$\lim\limits_{t\to 0^+}\int_t^1 \ln x\, dx = \lim\limits_{t\to 0^+}\left(x\ln x|_t^1 - \int_t^1 dx\right) = \lim\limits_{t\to 0^+}(-t\ln t - 1 + t) = -1,$$

因此,瑕积分$\int_0^1 \ln x\, dx$收敛,积分值为-1.

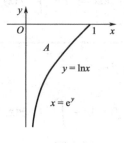

图 3.6

另，如图3.6所示，根据反常积分的几何意义，我们可以将变量 x, y 进行对换处理：

$$\int_0^1 \ln x \, dx = -A = -\int_{-\infty}^0 e^y \, dy = -(e^0 - \lim_{y \to -\infty} e^y) = -1,$$

说明两种反常积分之间可以相互转化．

【能力训练3.2】

(基础题)

1. 求下列不定积分：

(1) $\int \dfrac{1}{2\sqrt{x}} dx$;   (2) $\int \dfrac{1}{x^2} dx$;   (3) $\int x^2 \sqrt{x} \, dx$;

(4) $\int (\sin x + 2e^x) dx$;   (5) $\int e^{x+2} dx$;   (6) $\int (2x^3 + \sec^x - 1) dx$.

2. 已知函数 $f(x)$ 的导数为 $\dfrac{1}{x}$，且有 $f(e^3) = 5$，求函数 $f(x)$.

3. 计算下列定积分：

(1) $\int_1^2 x \, dx$;   (2) $\int_1^3 \left(x + \dfrac{1}{x}\right) dx$;   (3) $\int_0^{\frac{\pi}{2}} \sin x \, dx$;

(4) $\int_0^2 (3x^2 - x + 2) dx$;   (5) $\int_0^\pi (2x - \sin x) dx$;   (6) $\int_0^{\frac{\pi}{2}} |\sin x - \cos x| dx$.

4. 用直接积分法或凑微分法求下列不定积分：

(1) $\int \dfrac{x^2}{1+x^2} dx$;   (2) $\int \left(\dfrac{x}{2} + \dfrac{3}{x}\right)^2 dx$;   (3) $\int (\sqrt{x} + 1) dx$;

(4) $\int e^x \left(1 - \dfrac{e^{-x}}{\sqrt{x}}\right) dx$;   (5) $\int \cos^2 \dfrac{x}{2} dx$;   (6) $\int \dfrac{x^2 + 2x - 2}{x} dx$;

(7) $\int e^{3x} dx$;   (8) $\int (2x+1)^{10} dx$;   (9) $\int \dfrac{1}{x} \ln x \, dx$;

(10) $\int \dfrac{1}{x^2} e^{\frac{1}{x}} dx$;   (11) $\int \dfrac{x}{4+x^2} dx$;   (12) $\int \dfrac{1}{4+x^2} dx$;

(13) $\int \dfrac{\cos(2\sqrt{x}-1)}{\sqrt{x}} dx$;   (14) $\int \dfrac{\arcsin x}{\sqrt{1-x^2}} dx$;   (15) $\int \dfrac{\cos x}{1+\sin^2 x} dx$.

5. 用换元积分法或分部积分法计算下列定积分：

(1) $\int_0^8 \dfrac{1}{\sqrt[3]{x}+1} dx$;   (2) $\int_4^9 \dfrac{\sqrt{x}}{\sqrt{x}-1} dx$;   (3) $\int_0^1 x^2 \sqrt{1-x^2} \, dx$;

(4) $\int_0^4 \dfrac{1}{\sqrt{x^2+9}} dx$;   (5) $\int_0^{\sqrt{2}} \sqrt{2-x^2} \, dx$;   (6) $\int_{-1}^1 \arccos x \, dx$;

(7) $\int_0^{\frac{\pi}{2}} e^x \sin x \, dx$;   (8) $\int_{\frac{1}{e}}^e |\ln x| dx$;   (9) $\int_0^1 x e^{-x} dx$;

6.定积分的综合计算:

(1) $\int_{-2}^{2}\dfrac{e^x}{e^x+1}dx$;　　(2) $\int_{-\pi}^{\pi}x^6\sin x dx$;　　(3) $\int_{0}^{\frac{\pi}{4}}\dfrac{1}{1+\sin x}dx$;

(4) $\int_{-2}^{2}\dfrac{x^3+x^2}{x^2+1}dx$;　　(5) $\int_{-1}^{1}\dfrac{x^3}{x+3}dx$;　　(6) $\int_{0}^{\pi}\sqrt{1+\sin 2x}dx$.

7.判断下列反常积分的敛散性,若收敛,则计算它的值.

(1) $\int_{1}^{+\infty}\dfrac{1}{x^2}dx$;　　(2) $\int_{-\infty}^{0}\sin x dx$;　　(3) $\int_{0}^{1}\dfrac{1}{\sqrt{1-x^2}}dx$.

8. 一平面曲线过点$(1,0)$,且曲线上任一点(x,y)处的切线斜率为$2x-2$,求该曲线方程.

(应用题)

1. 一辆火车制动后的速度为$v(t)=1-\dfrac{1}{4}t$(单位:km/s),问火车应在距离站台停靠点多远的地方开始制动?

2.一辆汽车以100km/h的速度行驶,假设司机看到距离前方80m处发生事故,司机立即刹车,问汽车至少应以多大的加速度行驶才能避免和前方发生事故?

§3.3　定积分的应用

本节主要介绍定积分所蕴涵的微元法思想,及其在几何和工程上的应用.

一、微元法

定积分的思想是17世纪人类最伟大的成果之一,它对于解决那些不规则、非均匀、非恒定的整体量计算问题非常有用,因而定积分在各个领域内的应用相当广泛,定积分的无限求和思想常被归纳为一种更为广泛意义下的微元法.

本章第一节例1求面积时所采用的四个步骤为:"分割"、"近似"、"求和"、"取极限",实际使用中通常将它们概括简化为如下两个步骤:

(1)有限分割并近似得面积微元:将区间$[a,b]$均匀地分成许多个小区间$[x,x+\Delta x]$,每个小区间对应的曲边梯形面积ΔA用其左端点处函数值为高,区间长度为宽的矩形面积(即微元)$dA=f(x)\Delta x=f(x)dx$来近似替代,即

$$\Delta A \approx dA = f(x)dx.$$

(2)将有限和变为无限累加:先将上式求和得$A=\sum \Delta A \approx \sum dA$,再取区间长度趋于零的极限,这时将无限多个矩形面积微元dA从$x=a$到$x=b$累加也就成了所求面积A了,即有

$$A=\int_{a}^{b}f(x)dx.$$

上述两个步骤推而广之,就是定积分的微元法,它实际上是一种实用的变量分析方法,在生活中和工程各个领域有着广泛的应用,只要所求的整体量F具有如下两个特征:一是F在其变量x的变化区间$[a,b]$上的分布是不规则、非均匀、非恒定的;二是F具有可加性,即把区间$[a,b]$分成许多部分区间时,则F相应地分成许多部分量,而F等于所有部分量之和,我们就可以用"以直代曲"、"以常代变"等方法找到部分量的线性近似值也就是微元dF,最后求其在$[a,b]$上的定积分即可.

一般建立积分表达式的步骤为:
(1) 根据问题的具体情况,选取一个变量,如x为积分变量,并确定它的变化区间$[a,b]$;
(2) 任取区间$[a,b]$中一个微小区间$[x,x+\Delta x]$,求出相应这个微小区间的部分量ΔF的微元$\mathrm{d}F$;
(3) 在区间$[a,b]$上写出定积分$F = \int_a^b \mathrm{d}F$.

另外,微元法不仅适用于有限区间,同样也适用于无穷区间,比如下面的例子.

【案例1 飞机润滑油的生产量】 某飞机制造公司在生产了一批超音速运输机后停产了,但该公司承诺将为客户终身供应一种适于该机型的特殊润滑油,一年后该批飞机的用油率(单位:L/年) 由下式给出:$r(t) = 300t^{-\frac{3}{2}}$,其中$t$表示飞机服役的年数$(t \geq 1)$,该公司要一次性生产该批飞机所需的润滑油并在需要时分发出去,请问需要生产此润滑油多少升?

解 这是一个无穷区间$[1,+\infty)$上的求整体量问题.

按照微元法,先寻找微元.因为$r(t)$是该批飞机一年后的用油率,所以在第一年到第b年间任取一个时间段$[t, t + \mathrm{d}t]$,该批飞机所需要的润滑油的数量为$r(t)\mathrm{d}t$,即微元,显然从第一年到第b年间所需要的润滑油的数量等于$\int_1^b r(t)\mathrm{d}t$.

再无限求和,考虑到润滑油的终身服务,于是,$\int_1^{+\infty} r(t)\mathrm{d}t$就等于该批飞机终身所需的润滑油的数量了.即

$$\int_1^{+\infty} r(t)\mathrm{d}t = \lim_{b\to+\infty}\int_1^b 300t^{-\frac{3}{2}}\mathrm{d}t = 300\lim_{b\to+\infty}(-2)t^{-\frac{1}{2}}\Big|_1^b = 600$$

即600L润滑油将保证终身供应.

二、求平面图形的面积和旋转体的体积

1.平面图形的面积

设函数$f(x),g(x)$在区间$[a,b]$上连续,且$f(x) > g(x)$,求由曲线$y = f(x), y = g(x)$及直线$x = a, x = b$所围平面图形的面积.

【例1】 求由曲线$y = x^2$与$y = \sqrt{x}$所围成的平面图形的面积.

解 先画出所围的平面图形(如图3.7所示),并求出两曲线的交点,即解方程组$\begin{cases} y = x^2, \\ y = \sqrt{x}. \end{cases}$ 得$(0,0)$和$(1,1)$.

选择x为积分变量,于是平面图形在x轴上的投影区间$[0,1]$即为定积分的积分区间,按微元法"以直代曲"的思想,在区间$[0,1]$内任取一个很小区间$[x, x + \mathrm{d}x]$,其对应的面积可以选用高为$\sqrt{x} - x^2$,宽为$\mathrm{d}x$的窄条状矩形面积微元近似,即

$$\mathrm{d}A = (\sqrt{x} - x^2)\mathrm{d}x.$$

然后,在$[0,1]$上求定积分就可得该平面图形的面积

$$A = \int_0^1 (\sqrt{x} - x^2)\mathrm{d}x = \left(\frac{2}{3}x^{\frac{3}{2}} - \frac{1}{3}x^3\right)\Big|_0^1 = \frac{1}{3}.$$

本例也可选择y为积分变量，其他步骤类似，也可得到该平面图形的面积：

$$A = \int_0^1 (\sqrt{y} - y^2)dx = \left(\frac{2}{3}y^{\frac{3}{2}} - \frac{1}{3}y^3\right)\Big|_0^1 = \frac{1}{3}.$$

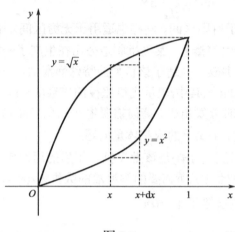

图 3.7

【例2】 求摆线 $\begin{cases} x = a(t - \sin t) \\ y = a(1 - \cos t) \end{cases}$ $(0 \leqslant t \leqslant 2\pi)$ 的一拱与x轴所围成的面积.

解 设所求面积为A，我们在参数t取值区间$[0, 2\pi]$相应的x所在区间$[0, 2\pi a]$内任取一个区间$[x, x + dx]$，如图3.8所示，阴影部分表示对应的面积部分量的微元.

显然，微元

$$dA = ydx = a(1 - \cos t)d[a(t - \sin t)] = a^2(1 - 2\cos t + \cos^2 t)dt,$$

于是，所求面积

$$A = \int_0^{2\pi a} ydx = a^2 \int_0^{2\pi} (1 - 2\cos t + \cos^2 t)dt = 3\pi a^2.$$

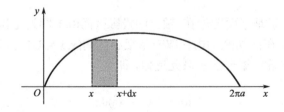

图 3.8

【例3】 计算阿基米德螺线 $r = a\theta (a > 0)$ 上相应于 $\theta \in [0, 2\pi]$ 的一段弧与极轴所围成的图形的面积.

解 极坐标下曲线所围面积的问题，一般取极角 θ 为积分变量，它的变化区间为 $[0, 2\pi]$. 根据微元法思想，我们任取其中一个微小区间 $[\theta, \theta + \Delta\theta]$，如图3.9所示，相应面积的部分量为一"曲边扇形"的面积，为此我们取以 $r(\theta)$ 为半径、中心角为 $d\theta$ 的圆边扇形的面积来近似.

因而，面积微元为 $dA = \dfrac{1}{2}r^2(\theta)d\theta = \dfrac{1}{2}a^2\theta^2 d\theta$，所求面积为

$$A = \int_0^{2\pi} \frac{1}{2}a^2\theta^2 d\theta = \frac{a^2}{2}\left[\frac{\theta^3}{3}\right]\bigg|_0^{2\pi} = \frac{4}{3}a^2\pi^3.$$

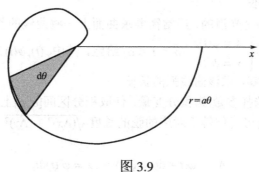

图 3.9

2.旋转体的体积

所谓旋转体是由一个平面图形绕着这个平面内一条直线旋转一周所形成的几何体，这条直线称为旋转轴.

车床切削加工出来的工件很多都是旋转体，常见的有圆柱、圆锥、圆台和球等，它们可分别看成是由矩形绕它的一条边、直角三角形绕它的直角边、直角梯形绕它的直角腰和半圆绕它的直径旋转一周而成的旋转体.

【例4】 试推导底半径为 r，高为 h 的圆锥体的体积公式.

解 将圆锥体放置到直角坐标系中，如图3.10所示，它可看作直角三角形 OAB 绕着其一条直角边 OA 旋转而成.

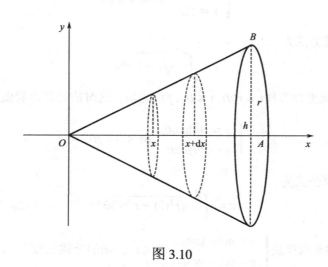

图 3.10

可得:$OA = h, AB = r$,直线AB的方程为$y = \dfrac{r}{h}x$,在区间$[0,h]$上任取一个小区间$[x, x+dx]$,其对应圆台的体积可用圆柱体积$\pi f^2(x)dx$近似,于是将这个体积微元$dV = \pi f^2(x)dx$从0到h积分,得圆锥体的体积为

$$V = \int_0^h \pi f^2(x)dx = \pi \int_0^h \left(\dfrac{r}{h}\right)^2 x^2 dx = \dfrac{\pi r^2}{h^2} \cdot \dfrac{1}{3}x^3 \Big|_0^h = \dfrac{1}{3}\pi r^2 h$$

三、定积分在工程上的应用举例

1. 计算光滑曲线的弧长

工程上的曲面大多都是光滑的,经常需要求曲面上一些曲线的长.即存在如下问题:

设曲线弧由参数方程 $\begin{cases} x = \varphi(t), \\ y = \psi(t) \end{cases} (\alpha \le t \le \beta)$ 给定,其中$\varphi(t), \psi(t)$在区间$[\alpha, \beta]$上具有连续导数,且$\varphi'(t), \psi'(t)$不同时为零,求该曲线弧的长度.

分析 采用微元法,选择参数t为积分变量,任取积分区间$[\alpha, \beta]$上一个微小区间$[t, t+\Delta t]$,该微小区间上小弧段的长度可近似等于对应的弦的长度$\sqrt{(\Delta x)^2 + (\Delta y)^2}$.

因为

$$\Delta x = \varphi(t+dt) - \varphi(t) \approx dx = \varphi'(t)dt,$$

$$\Delta y = \psi(t+dt) - \psi(t) \approx dy = \psi'(t)dt,$$

所以,弧长的微元为

$$ds = \sqrt{(dx)^2 + (dy)^2} = \sqrt{\varphi'^2(t) + \psi'^2(t)}dt.$$

于是,所求弧长公式为

$$s = \int_\alpha^\beta \sqrt{\varphi'^2(t) + \psi'^2(t)}dt.$$

如果曲线弧由直角坐标方程$y = f(x), a \le x \le b$给定时,这时曲线弧可看做参数方程

$$\begin{cases} x = x, \\ y = f(x) \end{cases} (a \le x \le b),$$

于是,此时弧长计算公式为

$$s = \int_a^b \sqrt{1 + y'^2}dx.$$

如果曲线弧由极坐标方程$r = r(\theta), \alpha \le \theta \le \beta$给定时,这时曲线弧可看做参数方程

$$\begin{cases} x = r(\theta)\cos\theta, \\ y = r(\theta)\sin\theta \end{cases} (\alpha \le \theta \le \beta),$$

于是,此时弧长计算公式为

$$s = \int_\alpha^\beta \sqrt{r^2(\theta) + r'^2(\theta)}d\theta.$$

【例4】 如图3.8,求摆线 $\begin{cases} x = a(t - \sin t), \\ y = a(1 - \cos t) \end{cases} (0 \le t \le 2\pi)$ 的一拱长度.

解 由于 $\dfrac{dx}{dt} = a(1-\cos t), \dfrac{dy}{dt} = a\sin t$,由参数方程下弧长计算公式,得

$$s = \int_0^{2\pi} \sqrt{a^2(1-\cos t)^2 + a^2\sin^2 t}\,dt$$

$$= a\int_0^{2\pi} \sqrt{2(1-\cos t)}\,dt = 2a\int_0^{2\pi} \sin\dfrac{t}{2}\,dt$$

$$= 2a\left(-2\cos\dfrac{t}{2}\right)\Big|_0^{2\pi} = 8a.$$

【例5】 如图3.9所示,求阿基米德螺线 $r = a\theta$ $(a > 0)$ 上相应于 $\theta \in [0, 2\pi]$ 的一段弧长.

解 由于 $r'(\theta) = \dfrac{d(a\theta)}{d\theta} = a$,于是运用极坐标方程下弧长计算公式,得

$$s = \int_0^{2\pi} \sqrt{(a\theta)^2 + a^2}\,d\theta = a\int_0^{2\pi} \sqrt{1+\theta^2}\,d\theta$$

$$= \dfrac{a}{2}\left[2\pi\sqrt{1+4\pi^2} + \ln(2\pi + \sqrt{1+4\pi^2})\right].$$

2.求变力做功

如果物体受恒力 F 作用沿着力的方向移动一段距离 s,那么力所做的功 $W = F \cdot s$.

工程上经常要考虑这样的问题:如果物体在变力 $F(x)$ 作用下沿着 x 轴从 $x = a$ 运动到 $x = b$,求变力 $F(x)$ 所做的功.

【例6】 设物体在距离原点 x 处所受的力 $F(x)$ 为作用力使它在 x 轴上从 $x = 1$ 移动到 $x = 3$ 所做的功.

解 根据微元法"以常代变"的思想,任取区间 $[1,3]$ 中的微小区间 $[x, x+dx]$,由于连续变化的力 $F(x)$ 在这个微小区间不会变化很大,可以采取恒力做功公式得到功的微元

$$dW = f(x)dx = (x^2 + x)dx,$$

微元 dW 从 $x = 1$ 到 $x = 3$ 求定积分,就得到整个区间所做的功为

$$W = \int_1^3 (x^2 + x)dx = \left(\dfrac{1}{3}x^3 + \dfrac{1}{2}x^2\right)\Big|_1^3 = \dfrac{38}{3}.$$

3.求液体侧压力

由物理学压强知识知道,在液面下深度为 h 处的压强为 $p = \rho g h$,其中 ρ 是液体的密度,g 是重力加速度,如果有一个面积为 A 的薄板水平地放置于该液面下 h 处,则薄板一侧所受到的液体压力为 $F = pA$.

但在实际问题中,往往要计算薄板竖直放置在液体中时,其一侧所受到的压力,由于压强随液体的深度而变化,所以薄板一侧所受到的液体压力要用微元法来解决.

【例7】 一闸门呈倒置的等腰梯形垂直地位于水中,两底边长分别为6m和4m,高为6m,较长的底边与水面平齐,计算闸门一侧受到水的压力(水的密度为 10^3kg/m^3).

解 根据题设条件,建立如图3.11所示的坐标系,则可得AB的方程为$y=-\dfrac{1}{6}x+3$

取x为积分变量,在它的积分区间$[0,6]$上任取微小区间$[x,x+dx]$,则在此区间对应的一小窄条上所受到的压力微元为(g取$9.8m/s^2$)

$$dF = 2\rho gxydx = 2\cdot 10^3 \cdot 9.8 \cdot x(-\dfrac{1}{6}x+3)dx,$$

在区间$[0,6]$上积分得所求的压力

$$F = \int_0^6 9.8\cdot 10^3(-\dfrac{1}{3}+6x)dx = 9.8\cdot 10^3(-\dfrac{1}{9}x^3+3x^2)\Big|_0^6 = 8.232\cdot 10^5 (N)$$

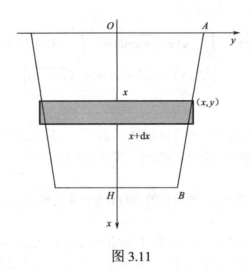

图 3.11

【能力训练3.3】

(基础题)

1.求由直线$x-y=0$及抛物线$y=x^2-2x$所围平面图形的面积.

2.求由直线$y=4x$及抛物线$y=x^3$所围平面图形的面积.

3.求曲线$y=x^2, y=(x-2)^2$与x轴所围成的平面图形的面积.

4.求椭圆$\begin{cases} x=a\cos t, \\ y=b\sin t \end{cases}$ $(0\leqslant t\leqslant 2\pi)$的面积.

5.计算心脏线$r=a(1+\cos\theta)(a>0)$所围成的平面图形的面积.

6.求由抛物线$y=x^2-4$与直线$y=0$所围成的平面图形绕x轴旋转而成的旋转体的体积.

7.求由曲线$y=\sin x$与直线$x=0, x=\pi$及x轴所围成的平面图形绕x轴旋转而成的旋转体的体积.

8.一个矩阵水闸门,宽20m,高16m,水面与闸门顶齐,求水闸上所受的总压力.

§3.4 数学实验——用 *Matlab* 计算积分

在 *Matlab* 中可以使用 int 命令来求一个函数的不定积分,使用格式如表3.1所示.

表 3.1

命令格式	功　能
$R = int(S)$	对表达式的默认变量(一般为 x)求不定积分
$R = int(S, v)$	对表达式的变量 v 求不定积分
$R = int(S, a, b)$	对表达式的默认变量(一般为 x)在区间 $[a, b]$ 上求定积分
$R = int(S, v, a, b)$	对表达式的变量 v 在区间 $[a, b]$ 上求定积分

一、不定积分的计算

【例1】 计算不定积分 $\int \dfrac{\mathrm{d}x}{a^2 - x^2}$.

解 输入命令: *syms a x*;
$r = int(1/(a^\wedge 2 - x^\wedge 2))$;
simplify(r)

输出结果为:
$ans = 1/2 * (log(x + a)) - log(x - a))/a$

此结果与书写结果有较大差别:首先 *Matlab* 的不定积分计算结果中没有任意常数 C;其次 *Matlab* 把 $\dfrac{1}{x}$ 的不定积分算成 $\log(x)$(注:在 *Matlab* 中 $\log(x)$ 表示自然对数 $\ln x$),事实上 $\int \dfrac{1}{x}\mathrm{d}x = \ln|x| + C$. 这些差别在使用 *Matlab* 计算时需要小心一点,而且不定积分表示的形式不止一个.

【例2】 计算不定积分 $\int \sqrt{a^2 - x^2}\mathrm{d}x \quad (a > 0)$.

解 输入命令:

syms a x;
$r = int(sqrt(a^\wedge 2 + x^\wedge 2), x)$

输出结果为:

$1/2 * x * (a^\wedge 2 - x^\wedge)^\wedge(1/2) + 1/2 * a^\wedge 2 atan(x/(a^\wedge 2 - x^\wedge 2)^\wedge(1/2))$

即 $\dfrac{1}{2}x\sqrt{a^2 - x^2} + \dfrac{1}{2}a^2 \arctan\dfrac{x}{\sqrt{a^2 - x^2}}$.

二、定积分的计算

【例3】 计算 $\int_0^{\pi} \sin x \mathrm{d}x$.

解 输入命令:

syms x;
$int(sin(x), 0, up\!pi)$

输出结果为:
$ans = 2$

【例4】 计算 $\int_0^{\pi} x^2 \cos x \mathrm{d}x$.

解 输入命令:

syms x;

*int(x^2 * (x), 0, uppi)*

输出结果为:

*ans = -2 * uppi*

【例5】 计算 $\int_1^{+\infty} xe^{-x}dx$.

解 输入命令:

syms x;

*int(x * exp(-x), 1, inf)*

输出结果为:

*ans = 2 * exp(-1)*

【例6】 计算 $\int_0^1 \ln x dx$.

解 输入命令:

syms x;

int(log(x), 0, 1)

输出结果为:

ans = -1

【例7】 计算 $\int \dfrac{5x^2 + 12x - 13}{x^2 + 2x - 3}dx$.

解 输入命令:

syms x;

*int((5 * x^2 + 12 * x - 13)/(x^2 + 2 * x - 3))*

输出结果为:

*ans = 5 * x + log(x + 3) + log(x - 1)*

复习题三

一、单项选择题.

1. $\int f(x)dx = x^2 e^{2x} + C$, 则 $f(x) = (\quad)$;

   (A) $2xe^{2x}$　　(B) $2x^2 e^{2x}$　　(C) xe^{2x}　　(D) $2xe^{2x}(1 + x)$

2. 下列函数中, 不是 $e^{2x} - e^{-2x}$ 的原函数的是( );

   (A) $\dfrac{1}{2}(e^{2x} + e^{-2x})$　　(B) $\dfrac{1}{2}(e^x + e^{-x})^2$　　(C) $\dfrac{1}{2}(e^x - e^{-x})^2$　　(D) $2(e^{2x} - e^{-2x})$

3. 若 $F'(x) = f(x)$, 则 $\int e^{-x} f(e^{-x})dx = (\quad)$;

   (A) $F(e^x) + C$　　(B) $-F(e^{-x}) + C$　　(C) $F(e^{-x}) + C$　　(D) $e^{-x} F(e^{-x}) + C$

4. 设 $\int f(x)dx = e^{2x} + C$, 则 $f(x) = (\quad)$;

   (A) $2e^{2x}$　　(B) e^{2x}　　(C) $\dfrac{1}{2}e^{2x}$　　(D) $e^{2x} + C$

5. 经过点 $(1, 0)$ 且切线斜率为 $3x^2$ 的曲线方程是( );

   (A) $y = x^3$　　(B) $y = x^3 + 1$　　(C) $y = x^3 - 1$　　(D) $y = x^3 + C$

6. 下列定积分等于零的是( );
   (A) $\int_{-1}^{1} x^2\cos x\,dx$
   (B) $\int_{-1}^{1} x\sin x\,dx$
   (C) $\int_{-1}^{1} (x+\sin x)\,dx$
   (D) $\int_{-a}^{a} f(x)\,dx$

7. 设 $f(x)$ 为 $[-a,a]$ 上的连续函数，则定积分 $\int_{-a}^{a} f(-x)\,dx = $ ( );
   (A) 0
   (B) $2\int_{0}^{a} f(x)\,dx$
   (C) $-\int_{-a}^{a} f(x)\,dx$
   (D) $\int_{-a}^{a} f(x)\,dx$

8. 设 $\int_{0}^{2} xf(x)\,dx = k\int_{0}^{1} xf(2x)\,dx$，则 $k = $ ( );
   (A) 1
   (B) 2
   (C) 3
   (D) 4

9. 设 $f(x) = \begin{cases} 0, & x<0 \\ \lambda e^{-\lambda x}, & x \geq 0 \end{cases}$ $(\lambda>0)$. 则 $\int_{-\infty}^{+\infty} f(x)\,dx$ ( );
   (A) 等于1
   (B) 等于2
   (C) 等于-1
   (D) 发散

10. 如果 $\int_{0}^{k} (2x-3x^2)\,dx = 0$，则 $k = $ ( ).
    (A) 0
    (B) 1
    (C) -1
    (D) $\dfrac{3}{2}$

二、填空题.

1. 若 $\int f(x)e^{-\frac{1}{x}}\,dx = -e^{-\frac{1}{x}} + C$ 则 $f(x) = $ _____ ;

2. $\int f'(ax+b)\,dx = $ _____ $(a\neq 0)$, $\int \dfrac{1}{f(x)} f'(x)\,dx = $ _____ .

3. $\int_{-1}^{1} \dfrac{\sin x}{1+x^2}\,dx = $ _____ ;

4. 若 $\int_{-\frac{\pi}{2}}^{\frac{\pi}{2}} \sqrt{1-\cos^2 x}\,dx = $ _____ ;

5. 若 $\int_{0}^{1} (2x+k)\,dx = 2$，则 $k = $ _____ ;

6. 设函数 $f(x)$ 在积分区间上连续，则 $\int_{-a}^{a} x^2[f(x)-f(-x)]\,dx = $ _____ ;

7. 设 $\int_{0}^{a} x^2\,dx = 9$ 则 $a = $ _____ ;

8. 设 $f''(x)$ 在 $[a,b]$ 连续，且 $f'(b) = a, f'(a) = b$，则 $\int_{a}^{b} f'(x)\cdot f''(x)\,dx = $ _____ ;

9. $\left[\int_{0}^{5} \dfrac{x^3}{x^2+1}\,dx\right]' = $ _____ ;

10. 已知 $f'(x) = 2x+1$，且 $x=1$ 时 $y=2$，则 $f(x) = $ _____ .

三、求不定积分.

1. $\int (2x-1)^5\,dx$;

2. $\int \dfrac{x}{\sqrt{2-x^2}}\,dx$;

3. $\int \dfrac{\sin x}{\cos^2 x} dx$;
4. $\int \dfrac{1}{x\ln^2 x} dx$.

四、求定积分和广义积分.

1. $\int_{-2}^{-1} \dfrac{1}{(11+5x)^3} dx$;
2. $\int_{0}^{\frac{\pi}{2}} \cos^3 x \sin 2x dx$;
3. $\int_{1}^{2} \dfrac{e^{\frac{1}{x}}}{x^2} dx$;
4. $\int_{0}^{1} t e^t dt$;
5. $\int_{1}^{+\infty} \dfrac{1}{\sqrt{x}} dx$.

五、用数学软件 Matlab 计算下列积分.

1. $\int x^2 \ln x dx$;
2. $\int x^2 e^{-x} dx$;
3. $\int_{0}^{\pi} e^x \cos x dx$;
4. $\int_{0}^{\frac{\pi}{2}} \dfrac{1}{1+\cos x} dx$.

六、综合题.

1. 求曲线 $y = \dfrac{1}{x}$ 与直线 $y = x, y = 4$ 所围成的平面图形的面积;
2. 求直线 $y = 2x$ 与曲线 $y = 4x - x^2$ 所围成的平面图形的面积;
3. 求曲线 $y = \dfrac{1}{2} x^2$ 与直线 $x = 1$ 及 x 轴所围成的开口平面图形的面积;
4. 求曲线 $xy = 4$, 直线 $x = 1, x = 4, y = 0$ 绕 x 轴旋转一周而形成的立体体积.

第4章 常微分方程及其应用

学习目标

知识目标

- 了解微分方程及其相关概念;
- 熟练掌握变量可分离的微分方程及一阶线性微分方程的解法;
- 掌握二阶常系数线性齐次微分方程的解法;
- 了解二阶常系数线性非齐次微分方程解的结构;
- 理解二阶常系数线性非齐次微分方程特解求法.

能力目标

- 会求解简单的微分方程的通解和特解;
- 能用 *Matlab* 软件求解微分方程;
- 能应用微分方程解决实际问题.

高等数学的研究对象是函数,因此,如何确定要研究的函数是前提,有时我们根据实际问题可以先建立含有未知函数及其导数(或微分)与自变量之间关系的等式,然后再从中求得函数关系,这样的等式就是所谓的微分方程,本章学习微分方程的基本概念、一些常见微分方程的解法,以及微分方程的应用.

§4.1 微分方程的概念

1. 微分方程的定义

英国数学家、哲学家怀特曾指出:"数学是一门理性思维的科学,它是研究、了解和知晓现实世界的工具,"例如,1846年9月23日,数学家和天文学家合作,通过微分方程求解,发现了一颗有名的新星——海王星,这一发现一直在科学界传为佳话.又如,1991年,科学家曾在阿尔卑斯山发现一个肌肉发达的冰人,据躯体所含碳原子消失的程度,通过微分方程求解,推断这个冰人大约在5 000年以前遇难. 由此可见,微分方程所具有的价值.

【例1】 求经过点$(0,1)$,并且在任意点$P(x,y)$处的切线斜率为$2x$的曲线方程.

解 根据题意,所求曲线$y = f(x)$应满足微分方程

$$\frac{dy}{dx} = 2x$$

且曲线$y = f(x)$还满足条件$f(0) = 1$.

$\dfrac{dy}{dx} = 2x$ 变形为 $dy = 2xdx$，两边积分得 $\int dy = \int 2xdx$，即

$$y = \int 2xdx$$

即
$$y = x^2 + C \text{(其中} C \text{是任意常数)}$$

又 $f(0) = 1$，得 $1 = 0 + C, C = 1$.

故所求曲线的方程是 $y = x^2 + 1$.

定义 4.1 凡是含有未知函数的导数(或微分)的方程，称为微分方程. 其中未知函数是一元函数的微分方程称为常微分方程. 在微分方程中，未知函数最高阶导数的阶数，称为微分方程的阶.

例如：$y' = 2x, (1+y)dx - (1-x)dy = 0, y' + y = 0, xy' - 2y = x^3 e^x$ 都是微分方程，而且是一阶常微分方程. $xy'' + y' = 0, y'' - y' - 2y = 0, y'' - 5y' + 6y = e^x$ 都是二阶常微分方程.

本章只讨论几种特殊的一阶、二阶常微分方程解法.

2.微分方程的解与通解

定义 4.2 如果把函数 $y = f(x)$ 代入微分方程后，能使方程成为恒等式，则称该函数 $y = f(x)$ 为微分方程的解.

例如：$y = x^2 + C, y = x^2 + 1$，都是 $y' = 2x$ 的解，但是两解不相同.

其中 $y = x^2 + C$ 含有任意常数；$y = x^2 + 1$ 是 $C = 1$ 时微分方程的解，为了区分它们，我们给出以下定义.

定义 4.3 一般地，在微分方程的解中，所含的独立任意常数的个数与微分方程的阶数相同，称这样的解为微分方程的通解.

【例2】 验证：函数 $y = C_1 e^x + C_2 e^{-x}$ 是二阶微分方程 $y'' - y = 0$ 的通解(其中 C_1, C_2 为任意常数).

证 函数 $y = C_1 e^x + C_2 e^{-x}$ 的一阶导数和二阶导数分别为

$$y' = C_1 e^x - C_2 e^{-x}, \qquad y'' = C_1 e^x + C_2 e^{-x}$$

将 y, y'' 代入方程 $y'' - y = 0$ 的左端，得

左边= $(C_1e^x + C_2e^{-x}) - (C_1e^x + C_2e^{-x}) = 0$=右边. 因此,函数$y = C_1e^x + C_2e^{-x}$是微分方程$y'' - y = 0$的通解.

又因为解$y = C_1e^x + C_2e^{-x}$中含有两个任意常数C_1, C_2,与微分方程的阶数(二阶)相同,且它们相互独立,故$y = C_1e^x + C_2e^{-x}$是微分方程的通解.

3.初始条件与特解

> **定义** 4.4 在通解中,任意常数由未知函数及其各阶导数在某个特定点的值来确定,称为初始条件,满足初始条件的解称为微分方程的特解.
> (1) 一阶微分方程的一般形式是$F(x, y, y') = 0$,则满足的初始条件为:$y|_{x=x_0} = y_0$;
> (2) 二阶微分方程的一般形式是$F(x, y, y', y'') = 0$,则它满足的初始条件为:$y|_{x=x_0} = y_0, y'|_{x=x_0} = y_0'$.

【例3】 设子弹在枪膛内受的推力满足$F = 400 - \frac{4}{3} \times 10^5 t$(单位:N)的规律变化,已知子弹的质量为2g,射击前子弹速度为$v_0 = 0$,求子弹出枪口时的速度为多少(单位:m/s)?

解 (1)先求子弹在枪膛内的运动速度v.

设子弹在枪膛内沿水平方向运动,其运动方向规定为正方向,则子弹在枪膛内沿水平方向只受到推力F的作用.由牛顿第二定律$F = m\frac{dv}{dt}$,得

$$400 - \frac{4}{3} \times 10^5 t = 2 \times 10^{-3} \frac{dv}{dt},$$

因此,子弹在枪膛内的运动速度v应满足微分方程

$$\frac{dv}{dt} = 2 \times 10^5 - \frac{2}{3} \times 10^8 t,$$

初始条件为$v(0) = v_0 = 0$(m/s).

将上述微分方程两边积分,得方程通解

$$v = 2 \times 10^5 t - \frac{1}{3} \times 10^8 t^2 + C$$

将初始条件$v(0) = v_0 = 0$代入上式,得$C = 0$.

则子弹在枪膛内的运动速度为

$$v = 2 \times 10^5 t - \frac{1}{3} \times 10^8 t^2$$

(2)求子弹出枪口时的速度.

设子弹在枪膛内运行时间为t,且在时间t后子弹受到的推力F为零,即

$$F = 400 - \frac{4}{3} \times 10^5 t = 0$$

解得 $t = 3 \times 10^{-3}$s.

将 $t = 3 \times 10^{-3}$ 代入 $v = 2 \times 10^5 t - \frac{1}{3} \times 10^8 t^2$,得

$$v = 2 \times 10^5 \times 3 \times 10^{-3} - \frac{1}{3} \times 10^8 \times (3 \times 10^{-3})^2 = 300 \text{m/s}$$

因此,子弹出枪口时的速度为300 m/s.

【能力训练4.1】
(基础题)

1.指出下列微分方程的阶数:

(1) $y' - xy = x - 4$;　　(2) $\frac{dy}{dx} - y\sin x + 6x - 1 = 0$;

(3) $y'' - (y')^3 = e^{xy}$;　　(4) $2xydy + (x^2 + y^2)dx = 0$.

2.验证下列函数是否为所给微分方程的解或通解:

(1) $y = 5x^2, xy' = 2xy$;　　(2) $y = e^x + e^{-x}, y'' - y = 0$;

(3) $y = Cx^3, 3y - xy' = 0$;　　(4) $y = C_1 e^x + C_2 e^{-x}, y'' - 2y' + y = 0$.

§4.2　一阶微分方程

一阶微分方程的一般形式是 $F(x, y, y') = 0$,其通解为 $y = f(x, C)$,含有一个任意常数 C,下面讨论两种常用的一阶微分方程的解法.

一、可分离变量的微分方程

形如

$$\frac{dy}{dx} = f(x)g(y)$$

的微分方程,称为**可分离变量的微分方程**.

其中,$f(x), g(y)$ 分别是变量 x, y 的连续函数.

二、可分离变量的微分方程的求解方法

1.形如 $\frac{dy}{dx} = f(x)g(y)$ 的微分方程的特点是:等式右边可以分解成两个函数之积,其中一个仅是 x 的函数,另一个仅是 y 的函数.求解过程较简单,一般有如下两步:

第一步:分离变量　　$\frac{dy}{g(y)} = f(x)dx$;

第二步:两边积分　　$\int \frac{dy}{g(y)} = \int f(x)dx$.　即可得到通解.

2.形如 $M_1(x)N_2(y)dx + M_2(x)N_1(y)dy = 0$ 的微分方程求解方法如下:

第一步:分离变量方程两边同时除以 $M_2(x)N_2(y)$,得

$$\frac{M_1(x)}{M_2(x)}dx + \frac{N_1(y)}{N_2(y)}dy = 0$$

移项后得

$$\frac{M_1(x)}{M_2(x)}dx = -\frac{N_1(y)}{N_2(y)}dy$$

第二步:两边积分 $\int \dfrac{M_1(x)}{M_2(x)}\mathrm{d}x = -\int \dfrac{N_1(y)}{N_2(y)}\mathrm{d}y$ 即可得到通解

【例4】 求微分方程 $\dfrac{\mathrm{d}y}{\mathrm{d}x} = -\dfrac{x}{y}$ 的解.

解 (1)分离变量得 $y\mathrm{d}y = -x\mathrm{d}x$

(2)两边积分 $\int y\mathrm{d}y = -\int x\mathrm{d}x$

得 $\dfrac{1}{2}y^2 = -\dfrac{1}{2}x^2 + \dfrac{1}{2}C^2$

整理可得 $x^2 + y^2 = C^2$ 为原方程的通解.

【例5】 求微分方程 $\dfrac{\mathrm{d}y}{\mathrm{d}x} = -\dfrac{y}{x}$ 的解.

解 (1)分离变量得 $\dfrac{\mathrm{d}y}{y} = -\dfrac{\mathrm{d}x}{x}$.

(2)两边积分 $\int \dfrac{\mathrm{d}y}{y} = -\int \dfrac{\mathrm{d}x}{x}$.

得 $\ln|y| = -\ln|x| + \ln|C_1|$,

则 $xy = \pm C_1$.

为使解的形式简洁,不妨用 C_2 代替 $\pm C_1$,即

$$xy = C_2 \text{ 其中 } C_2 \neq 0$$

(3)若令 $C_2 = 0$,即有

$$y = 0$$

将 $y = 0$ 代入微分方程 $\dfrac{\mathrm{d}y}{\mathrm{d}x} = -\dfrac{y}{x}$ 也成立,即 $y = 0$ 也是方程的解.

(4)综合上述情况的微分方程 $\dfrac{\mathrm{d}y}{\mathrm{d}x} = -\dfrac{y}{x}$ 的通解为

$xy = C$ 或 $y = \dfrac{C}{x}$ (其中 C 为任意常数).

【例6】 求微分方程 $\dfrac{\mathrm{d}y}{\mathrm{d}x} = \mathrm{e}^{2x-y}$ 满足初始条件 $y|_{x=0} = 0$ 的特解.

解 分离变量得

$$\mathrm{e}^y\mathrm{d}y = \mathrm{e}^{2x}\mathrm{d}x,$$

两边积分 $\int \mathrm{e}^y\mathrm{d}y = \int \mathrm{e}^{2x}\mathrm{d}x$

得 $\mathrm{e}^y = \dfrac{1}{2}\mathrm{e}^{2x} + C$

则原方程的通解为 $\mathrm{e}^y = \dfrac{1}{2}\mathrm{e}^{2x} + C$

又因为 $y|_{x=0} = 0$,则有 $\mathrm{e}^0 = \dfrac{1}{2}\mathrm{e}^0 + C$,得 $C = \dfrac{1}{2}$.

则微分方程 $\dfrac{\mathrm{d}y}{\mathrm{d}x} = \mathrm{e}^{2x-y}$ 满足初始条件 $y|_{x=0} = 0$ 的特解为 $\mathrm{e}^y = \dfrac{1}{2}(\mathrm{e}^{2x} + 1)$.

三、一阶线性微分方程

形如

$$\dfrac{\mathrm{d}y}{\mathrm{d}x} + P(x)y = Q(x) \tag{4.1}$$

的微分方程,称为一阶线性微分方程,其中 $P(x), Q(x)$ 都是 x 的已知连续函数.

【注】 "线性"是指未知函数 y 和它的导数 y' 都是一次的.

当$Q(x) \neq 0$时，式(4.1)称为一阶非齐次线性微分方程；当$Q(x) = 0$时，式(4.1)称为一阶齐次线性微分方程.

四、求解一阶线性微分方程的简便方法–公式法

通常只要将一阶线性微分方程化为标准形式$\frac{dy}{dx} + P(x)y = Q(x)$，则可直接利用$\frac{dy}{dx} + P(x)y = Q(x)$的通解表达公式进行求解

一阶线性微分方程$\frac{dy}{dx} + P(x)y = Q(x)$的通解为

$$\boxed{y = e^{-\int P(x)dx}\left[\int Q(x)e^{\int P(x)dx}dx + C\right]} \quad \text{(其中C为任意常数)} \tag{4.2}$$

【例7】 求方程$\frac{dy}{dx} + \frac{1}{x}y = \frac{\sin x}{x}$的通解.

解 因为$P(x) = \frac{1}{x}, Q(x) = \frac{\sin x}{x}$，将其代入公式(4.2)得通解为

$$\begin{aligned}
y &= e^{-\int \frac{1}{x}dx}\left(\int \frac{\sin x}{x}e^{\int \frac{1}{x}dx}dx + C\right) \\
&= e^{\ln x}\left(\int \frac{\sin x}{x}e^{\ln x}dx + C\right) \\
&= \frac{1}{x}\left(\int \sin x dx + C\right) \\
&= \frac{1}{x}(-\cos x + C)
\end{aligned}$$

【例8】 求微分方程$x\frac{dy}{dx} - 2y = x^3 e^x$满足初始条件$y|_{x=1} = 0$的特解.

解 方程两边同除以x后，可化为一阶非齐次线性微分方程的标准形式

$$\frac{dy}{dx} - \frac{2y}{x} = x^2 e^x$$

其中$P(x) = -\frac{2}{x}, Q(x) = x^2 e^x$，则由求解公式(4.2)得通解为

$$\begin{aligned}
y &= e^{\int \frac{2}{x}dx}\left(\int x^2 e^x e^{\int -\frac{2}{x}dx}dx + C\right) \\
&= e^{2\ln x}\left(\int x^2 e^x e^{-2\ln x}dx + C\right) \\
&= x^2\left(\int x^2 e^x x^{-2}dx + C\right) \\
&= x^2(e^x + C)
\end{aligned}$$

将初始条件$y|_{x=1} = 0$代入通解，得$C = -e$.

故微分方程$x\frac{dy}{dx} - 2y = x^3 e^x$满足初始条件$y|_{x=1} = 0$的特解为$y = x^2(e^x - e)$.

【案例1】 [谋杀案发生的时间]受害者的尸体于晚上7:30被发现，法医于晚上8:20赶到凶案现场，测得尸体温度为32.6℃；一小时后，当尸体即将被抬走时，测得尸体温度为31.4℃，室温在几小时内始终保持在21.1℃.此案最大的嫌疑犯是Z某，但Z声称自己是无罪的，并有证

人说："下午他一直在办公室上班，下午5：00时打了一个电话，打完电话后就离开了办公室，"从Z的办公室到受害者家(凶案现场)步行需用5分钟，现在的问题是:Z某不在凶案现场的证言能否使他被排除在嫌疑犯之外?

解 设$T(t)$表示t时刻尸体的温度，并记晚上8：20为$t=0$，晚上9：20为$t=1$，则$T(0)=32.6℃, T(1)=31.4℃$.

假设受害者死亡时体温是正常的，即$T=37℃$.要确定受害者死亡的时间，也就是求$T=37℃$的时刻t_d.如果此时Z某在办公室，则他可被排除在嫌疑犯之外，否则就不能被排除在嫌疑犯之外.

人体温度受大脑神经中枢调节，人死后体温调节功能消失，尸体的温度受外界环境温度的影响.假设尸体温度的变化率服从牛顿冷却定律(即尸体温度的变化率正比于尸体温度与室温的差)即

$$\frac{dT}{dt}=-k(T-21.1), k是常数$$

化为标准形式:$\frac{dT}{dt}+kT=21.1k$，其中$P(x)=k, Q(x)=21.1k$代入(4.2)得通解为

$$T=e^{-\int kdt}\left(\int 21.1ke^{\int kdt}dt+C\right)$$
$$=e^{-kt}\left(\int 21.1ke^{kt}dt+C\right)$$
$$=e^{-kt}(21.1e^{kt}+C)$$
$$=21.1+Ce^{-kt}$$

即$T(t)=21.1+Ce^{-kt}$，其中，C,k待定.

由$T(0)=21.1+Ce^{-k\times 0}=32.6$得

$$C=11.5$$

又由$T(1)=21.1+11.5e^{-k\times 1}=31.4$得$e^k=\frac{115}{103}$.则

$$k=\ln 115-\ln 103\approx 0.110$$

因此，$T(t)=21.1+11.5e^{-0.11t}$.

当$T=37℃$时，有$21.1+11.5e^{-0.11t}=37$,得

$$t\approx -2.95小时 = -2小时57分$$

则　　$t_d=8$时20分-2小时57分$=5$小时23分

受害者的死亡时间大约在下午5：23，显然Z某不能被排除在嫌疑犯之外.

[案情的最新进展] Z某的律师发现受害者在死亡的当天下午曾到单位医务室看病，病历记录:发烧：38.3℃，假设受害者死亡时的体温为38.3℃，试问Z某能被排除在嫌疑犯之外吗?(注:法医检测发现受害者体内无服用过任何阿司匹林或类似药物的迹象.)

可以计算出受害者死亡的时间大约在下午4：40，此时Z某正在办公室上班，因此Z某能被排除在嫌疑犯之外.

【案例2 降落伞张开后下落问题】 假设质量为m的跳伞者在降落伞张开时所受到的空气阻力与下落速度成正比,且伞张开时速度为零,即$v(t)|_{t=0}=0$,求降落伞下降速度v与时间t的函数关系.

解 (1)建立方程,设跳伞者的降落速度为$v(t)$,降落时跳伞者所受重力mg的方向与$v(t)$的方向一致,并受阻力$R=-kv$(k为比例系数,且$k>0$),负号是指阻力方向与$v(t)$的方向相反,降落时,跳伞者所受的合力为$F=mg-kv(t)$,根据牛顿第二定律$F=ma$,及$a=v'(t)$,得:

$$F=ma=mv'(t).$$

降落速度$v(t)$满足的微分方程为

$$mv'(t)=mg-kv(t),$$

即

$$v'(t)+\frac{k}{m}v(t)=g.$$

(2)这是一阶非齐次线性微分方程,可求得其通解为

$$\begin{aligned}v(t)&=e^{-\int\frac{k}{m}dt}\left(\int ge^{\int\frac{k}{m}dt}dt+C\right)\\&=e^{-\frac{k}{m}}\left(g\int e^{\int\frac{k}{m}dt}dt+C\right)\\&=e^{-\frac{k}{m}}\left(\frac{mg}{k}e^{\frac{k}{m}t}+C\right)\\&=Ce^{-\frac{k}{m}t}+\frac{mg}{k}\end{aligned}$$

初始条件为$v(t)=0$,代入上式得$C=-\frac{mg}{k}$

于是,跳伞者下落的速度为$v(t)=-\frac{mg}{k}e^{-\frac{k}{m}t}+\frac{mg}{k}=\frac{mg}{k}(1-e^{-\frac{k}{m}t})$

(3)当下落时间t充分大时,有$\lim\limits_{t\to+\infty}e^{-\frac{k}{m}t}=0$,因此下落的速度$v(t)=\frac{mg}{k}(1-e^{-\frac{k}{m}t})$逐渐接近$v_0=\frac{mg}{k}$.跳伞者在开始时做加速运动,但随后逐渐近似做匀速运动,所以才会完好无损地降落到地面.

【能力训练4.2】

(基础题)

1.求下列微分方程的通解:
(1) $xy^2dx+(1+x^2)dy=0$;
(2) $\frac{dy}{dx}=\sqrt{1-y^2}$;
(3) $(1+x^2)y'-y\ln y=0$;
(4) $\frac{dy}{dx}+y\sin x=0$.

2.求下列微分方程的特解:
(1) $\frac{dy}{dx}=10^{x+y}, y|_{x=1}=0$;
(2) $2y'=y+e^x, y|_{x=1}=1$.

3.求下列微分方程的特解:

(1) $y' - y = \cos x, y|_{x=0} = 0$;   (2) $y' + \dfrac{1-2x}{x^2}y = 1, y|_{x=1} = 0$

4.求下列齐次微分方程的通解:
(1) $x^3 y' = y(y^2 + x^2)$;   (2) $x(\ln x - \ln y)dy - y dx = 0$;

(3) $\dfrac{dy}{dx} = \dfrac{y+x}{y-x}$;   (4) $\dfrac{dy}{dx} = e^{\frac{y}{x}} + \dfrac{y}{x}$.

§4.3 二阶常系数线性微分方程

一、二阶常系数线性微分方程

定义 4.5 形如
$$y'' + py' + qy = 0 \tag{4.3}$$
的微分方程(其中p、q均为已知常数),称为二阶常系数齐次线性微分方程.

定理4.1 如果y_1与y_2是方程(4.3)的两个特解,而且$\dfrac{y_1}{y_2} \neq$常数,则$y = C_1 y_1 + C_2 y_2$为方程(4.3)的通解,其中C_1与C_2为任意常数,

满足"$\dfrac{y_1}{y_2} \neq$常数"这一条件的两个解称为线性无关的解,求(4.3)的通解就归结为求它的两个线性无关的特解.下面讨论如何求方程的两个线性无关的特解.

二、二阶常系数齐次线性微分方程的求解

根据方程的特点,我们可以猜想有形如$y = e^{rx}$的解,其中r是待定常数

将$y = e^{rx}, y' = re^{rx}, y'' = r^2 e^{rx}$代入方程(4.3),便得到$(r^2 + pr + q)e^{rx} = 0$,因$e^{rx} \neq 0$,所以
$$r^2 + pr + q = 0 \tag{4.4}$$

我们称方程(4.4)为方程(4.3)的特征方程.只要常数r满足特征方程(4.4),则$y = e^{rx}$就是方程(4.3)的解.这样,我们就把求方程特解的问题转化为求它的特征方程根的问题.

根据特征方程根的三种不同情况,可以得到下列三种类型的通解.

1.特征方程(4.4)有两个不相等的实根r_1与r_2,这时$y_1 = e^{r_1 x}$与$y_2 = e^{r_2 x}$是方程(4.3)的两个线性无关的特解,则方程(4.3)的通解为
$$y = C_1 e^{r_1 x} + C_2 e^{r_2 x}.$$

2.特征方程(4.4)有两个相等的实根,即$r_1 = r_2$,这时$y_1 = e^{rx}$与$y_2 = xe^{rx}$是方程(4.3)的两个线性无关的特解,则方程(4.3)的通解为
$$y = (C_1 + C_2 x)e^{rx}.$$

3.特征方程(4.4)有共轭复根$r_{1,2} = \alpha \pm i\beta$,这时$y_1 = e^{\alpha x}\cos\beta x$与$y_2 = e^{\alpha x}\sin\beta x$是方程(4.3)的两个线性无关的特解,则方程(4.3)的通解为
$$y = (C_1 \cos\beta x + C_2 \sin\beta x)e^{\alpha x}.$$

【例1】 求 $y'' - 3y' - 10y = 0$ 的通解.

解 所给方程的特征方程为

$$r^2 - 3r - 10 = 0$$

这个特征方程的根为

$$r_1 = -2, r_2 = 5$$

所以原方程的通解为 $y = C_1 e^{-2x} + C_2 e^{5x}$

【例2】 求 $y'' - 4y' + 4y = 0$ 的通解.

解 所给方程的特征方程为

$$r^2 - 4r + 4 = 0$$

这个特征方程的根为

$$r_1 = r_2 = 2$$

所以原方程的通解为 $y = (C_1 + C_2 x)e^{2x}$

【例3】 求 $y'' - 4y' + 13y = 0$ 的通解.

解 所给方程的特征方程为

$$r^2 - 4r + 13 = 0$$

这个特征方程的根为

$$r_{1,2} = 2 \pm 3i$$

所以原方程的通解为 $y = (C_1 \cos 3x + C_2 \sin 3x)e^{2x}$

三、二阶常系数非齐次线性微分方程

定义 4.6 形如

$$y'' + py' + qy = f(x) \tag{4.5}$$

的微分方程(其中 p、q 均为已知常数),称为二阶常系数非齐次线性微分方程. $f(x)$ 称为非齐次项.

为了求解,我们给出如下两个定理.

定理4.2(非齐次线性微分方程解的叠加原理)

如果函数y^*为式(4.5)的一个特解，Y为式(4.5)所对应齐次线性微分方程

$$y'' + py' + qy = 0$$

的通解，则$y = y^* + Y$为式(4.5)的通解.

定理4.3(非齐次线性微分方程解的分离定理)

如果y_1^*是方程$y'' + py' + qy = f_1(x)$的特解，y_2^*是方程$y'' + py' + qy = f_2(x)$的特解，则$y = y_1^* + y_2^*$是方程

$$y'' + py' + qy = f_1(x) + f_2(x)$$

的特解.

四、求解二阶常系数非齐次线性微分方程的步骤

第一步:先求出式(4.5)所对应的齐次线性微分方程$y'' + py' + qy = 0$的通解Y;

第二步:根据非齐次项$f(x)$不同类型设出式(4.5)的含待定系数的特解y^*,并将y^*代入式(4.5)中,求解出待定常数,进而确定非齐次方程$y'' + py' + qy = f(x)$的一个特解y^*;

第三步:写出式(4.5)的通解$y = y^* + Y$.

非齐次项$f(x)$通常有以下两种类型的微分方程.

五、类型1

若$f(x) = P_m(x)e^{\lambda x}$,即微分方程形如$y'' + py' + qy = P_m(x)e^{\lambda x}$,特解形式见表4.1.

表4.1 特解形式

自由项$f(x)$的形式	特征方程的根	特解形式
$f(x) = P_m(x)e^{\lambda x}$	λ不是特征根	$y^* = Q_m(x)e^{rx}$
	λ是特征单根	$y^* = xQ_m(x)e^{rx}$
	λ是二重特征根	$y^* = x^2Q_m(x)e^{rx}$

注:表中$P_m(x)$为已知的m次多项式,$Q_m(x)$为待定的m次多项式.

【例4】 求方程$y'' - 2y' - 3y = 2x^2 - 3$的通解.

解 (1)原方程对应的齐次方程的特征方程为$r^2 - 2r - 3 = 0$,特征根为$r_1 = -1, r_2 = 3$.则原方程对应的齐次方程通解为

$$Y = C_1e^{-x} + C_2e^{3x}$$

(2)方程的非齐次项$f(x) = (2x^2 - 3)e^{0x}$.

因为$\lambda = 0$不是特征根,故设原方程的特解为

$$y^* = Ax^2 + Bx + C \quad \text{(其中A, B, C为待定系数)}$$

则
$$(y^*)' = 2Ax + B, \quad (y^*)'' = 2A.$$

将$y^*, (y^*)', (y^*)''$代入原方程,整理后得

$$-3Ax^2 - (4A + 3B)x + (2A - 2B - 3C) = 2x^2 - 3.$$

比较同次幂系数，得 $\begin{cases} -3A = 2, \\ 4A + 3B = 0, \\ 2A - 2B - 3C = -3, \end{cases}$ 解得 $\begin{cases} A = -\dfrac{2}{3}, \\ B = \dfrac{8}{9}, \\ C = -\dfrac{1}{27}. \end{cases}$

则原方程的一个特解为

$$y^* = -\frac{2}{3}x^2 + \frac{8}{9}x - \frac{1}{27}.$$

(3)根据定理4.2，原方程的通解为 $y = Y + y^* = C_1 e^{-x} + C_2 e^{3x} - \dfrac{2}{3}x^2 + \dfrac{8}{9}x - \dfrac{1}{27}$.

【例5】 求方程 $y'' - 2y' - 3y = e^{-x}$ 的通解.

解 (1)原方程对应的齐次方程的特征方程为 $r^2 - 2r - 3 = 0$，特征根为 $r_1 = -1, r_2 = 3$.则对应的齐次方程通解为

$$Y = C_1 e^{-x} + C_2 e^{3x}$$

(2)方程的非齐次项 $f(x) = 1 \cdot e^{-x}$，因为 $\lambda = -1$ 是特征单根，故设原方程的特解为

$$(y^*)' = Axe^{-x} \quad (A为特定系数)$$

$$(y^*)' = A(1-x)e^{-x}, \quad (y^*)'' = A(x-2)e^{-x}$$

将 $y^*, (y^*)', (y^*)''$ 代入原方程，整理后得

$$-4Ae^{-x} = e^{-x}$$

由此得 $A = -\dfrac{1}{4}$，则原方程的一个特解为

$$y^* = -\frac{1}{4}xe^{-x}.$$

(3)根据定理4.2，原方程的通解为 $y = Y + y^* = C_1 e^{-x} + C_2 e^{3x} - \dfrac{1}{4}xe^{-x}$.

六、类型2

若 $f(x) = e^{\alpha x}(A\cos\beta x + B\sin\beta x)$，即方程形如

$$y'' + py' + qy = e^{\alpha x}(A\cos\beta x + B\sin\beta x)$$

1.如果 $\alpha \pm i\beta$ 不是对应的齐次方程的特征根，则设方程的特解为

$$y = e^{\alpha x}(C\cos\beta x + D\sin\beta x).$$

2.如果 $\alpha \pm i\beta$ 是对应的齐次方程的特征单根，则设方程的特解为

$$y = xe^{\alpha x}(C\cos\beta x + D\sin\beta x).$$

其中 C、D 为待定系数.

【例6】 求方程 $y'' + 4y = \sin x$ 的通解.

解 (1)原方程对应的齐次方程的特征方程为 $r^2 + 4 = 0$，特征根为 $r_1 = -2i, r_2 = 2i$.则对应的齐次方程的通解为

$$Y = C_1 \cos 2x + C_2 \sin 2x.$$

(2)方程的非齐次项$f(x) = e^{0x}(0\cos x + 1\sin x)$.

因为$\alpha \pm i\beta = 0 \pm i$不是特征根,故设原方程的特解为

$$y^* = e^{0x}(A\cos x + B\sin x) = A\cos x + B\sin x \quad (\text{其中}, A, B \text{为待定系数})$$

则

$$(y^*)' = -A\sin x + B\cos x,$$

$$(y^*)'' = -A\cos x - B\sin x.$$

将$y^*, (y^*)', (y^*)''$代入原方程,整理后得

$$-A\cos x - B\sin x + 4A\cos x + 4B\sin x = \sin x,$$

即

$$3A\cos x + 3B\sin x = \sin x, \text{ 所以} 3A = 0, 3B = 1,$$

得 $A = 0, B = \dfrac{1}{3}.$

则原方程的一个特解为

$$y^* = \frac{1}{3}\sin x.$$

(3)根据定理4.2,原方程的通解为$y = Y + y^* = C_1\cos 2x + C_2\sin 2x + \dfrac{1}{3}\sin x.$

如果非齐次项$f(x)$是类型Ⅰ与类型Ⅱ的组合,同样可求其通解,如下列:

【例7】 求方程$y'' + 4y = x + 1 + \sin x$的通解.

解 容易求得方程$y'' + 4y = x + 1$的特解为

$$y_1^* = \frac{1}{4}x + \frac{1}{4}.$$

又根据例6,方程$y'' + 4y = \sin x$的特解为

$$y^* = \frac{1}{3}\sin x,$$

而原方程对应的齐次方程的通解为$Y = C_1\cos 2x + C_2\sin 2x.$

根据定理4.2,原方程的通解为

$$y = Y + y_1^* + y_2^* = C_1\cos 2x + C_2\sin 2x + \frac{1}{4}x + \frac{1}{4} + \frac{1}{3}\sin x.$$

【例8】 一质量为m的质点由静止开始沉入液体,下沉时,液体的反作用力与下沉速度成正比,求此质点的运动规律.

解 设质点的运动规律为$x = x(t)$,由题意,有

$$\begin{cases} m\dfrac{d^2x}{dt^2} = mg - k\dfrac{dx}{dt}, \\ x|_{t=0} = 0, \dfrac{dx}{dt}|_{t=0} = 0 \end{cases} \quad (k > 0 \text{为比例系数}).$$

方程可变形为

$$\frac{d^2x}{dt^2} + \frac{k}{m}\frac{dx}{dt} = g,$$

对应的齐次方程的特征方程为$r^2 + \dfrac{k}{m}r = 0$,特征根为$r_1 = 0, r_2 = -\dfrac{k}{m}$.

故原方程所对应的齐次方程的通解$x_c = C_1 + C_2 \mathrm{e}^{-\frac{k}{m}t}$.

因$\lambda = 0$是特征单根,故可设方程的特解为

$$x_p = at(其中,a为待定系数)$$

将$x_p, (x_p)', (x_p)''$代入原方程,可得$a = \dfrac{mg}{k}$,则$x_p = \dfrac{mg}{k}t$.

根据定理4.2,原方程的通解为

$$x_c = C_1 + C_2 \mathrm{e}^{-\frac{k}{m}t} + \dfrac{mg}{k}t.$$

由初始条件得$C_1 = -\dfrac{m^2 g}{k^2}, C_2 = \dfrac{m^2 g}{k^2}$

因此,质点的运动规律为$x(t) = \dfrac{mg}{k}t - \dfrac{m^2 g}{k^2}(1 - \mathrm{e}^{-\frac{k}{m}t})$.

【能力训练4.3】

(基础题)

1.求下列微分方程的通解:

(1) $y'' - 6y' + 9y = 0$;

(2) $2y'' + y = 0$;

(3) $y'' + 6y' + 10y = 0$;

(4) $y'' - 2y' + y = 0$;

2.求下列微分方程的特解:

(1) $y'' - 3y' + 2y = 0, y(0) = 3, y'(0) = 4$;

(2) $y'' + 2y' + y = 0, y(0) = 1, y'(0) = 0$;

(3) $y'' + y = x^2 + \cos x$,满足初始条件$y|_{x=0} = 0, y'|_{x=0} = 1$.

3.求下列微分方程的通解.

(1) $y'' + 2y' + 3y = x\mathrm{e}^{-x}$;

(2) $y'' - 4y' + 3y = 2x + 1$;

(3) $y'' - y = \mathrm{e}^{-x}\cos x$.

§4.4 微分方程的几个应用案例

微分方程有非常广泛的应用,下面再举几个实例来说明如何建立微分方程,以熟悉建立微分方程的基本方法和步骤.

【案例1 考古挖掘物年代的确定】 根据C-14会发生放射性衰变的规律,建立木碳制品所含C-14数量的微分方程,在测得木炭制品中的C-14衰变速率后,将C-14的半衰变期5568年作为方程的初始条件,求解微分方程,结合初始速率这一条件,确定木炭制品的年代.

测定考古挖掘物年代的最精确方法之一,是1949年由利比发明的C-14年龄测定法.这种方法的科学依据是地球周围的大气不断受到宇宙射线的冲击,这些宇宙射线使地球的大气中产生中子,中子同氮气作用后产生C-14.由于C-14会发生放射性衰变,所以通常称为放射性碳.这种放射性碳又结合为二氧化碳(CO_2),二氧化碳在大气中运动被植物吸收,动物通过进食植物又把放射性碳带入到它们的组织中,在活的组织中,提取C-14的速率正好与C-14的衰变速率相平衡.然而,当组织死了以后,它就停止了提取C-14,因此C-14在组织内的浓度按照C-14的衰变速率减少,地球的大气被宇宙射线冲击的速率始终不变,在这种假设之下,像木炭这种物质,C-14原来的衰变速率同现在测量出来的衰变速率是一样的,这是因为自20世纪50年代以来,核武器实验使得大气中放射性碳的数量显著增加,这种不幸的事实反而为我们提供了检验艺术品真伪的一种极其有效的方法,科学家们用许多材料验证了C-14的浓度与植物或动物死亡时大气中的C^{14}的浓度相同.在假设C-14的衰变速率与该时刻C-14的含量成正比的条件下,通过下述方法便可确定木炭制品的年龄.

设t时刻木炭制品含C-14的数量为$N(t)$,$N(0) = N_0$表示木炭制品形成时含C-14的数量,λ为C-14的衰变常数,已知C-14的半衰变期为5568年,那么根据上述假定有

$$\frac{dN(t)}{dt} = -\lambda N(t), N(0) = N_0 \tag{4.6}$$

则

$$N(t) = N_0 e^{-\lambda t} \tag{4.7}$$

由此得到木炭制品中目前的衰变速率为

$$R(t) = \lambda N(t) = \lambda N_0 e^{-\lambda t}$$

初始时刻的衰变速率为

$$R(0) = \lambda N_0$$

则

$$\frac{R(t)}{R(0)} = e^{-\lambda t}$$

于是

$$t = \frac{1}{\lambda} \ln \frac{R(0)}{R(t)}$$

由于C-14的半衰变期为$T = 5568$(年),所以$N(T) = \frac{N_0}{2}$结合式(4.7)得$\lambda = \frac{\ln 2}{T}$,从而

$$t = \frac{T}{\ln 2} \ln \frac{R(0)}{R(t)} \tag{4.8}$$

由式(4.6)$N'(t) = -\lambda N(t)$,有$N'(0) = -\lambda N_0$.从而

$$\frac{N'(0)}{N'(t)} = \frac{N_0}{N(t)} = e^{\lambda t} = \frac{R(0)}{R(t)}$$

将上式代入到式(4.8)中得

$$t = \frac{T}{\ln 2} \ln \frac{N'(0)}{N'(t)} \tag{4.9}$$

【案例2】 马王堆一号墓于1972年8月出土,出土时测得木炭标本的C-14的平均原子衰变速率为29.78次/分,而新砍伐烧成的木炭的原子衰变速率为38.37次/分. 试估算一下马王堆一号墓的大致年代.

将 $T = 5568, N'(0) = 38.37, N'(t) = 29.78$ 代入到(4.9)式,得

$$t = \frac{5568}{\ln 2} \ln \frac{38.37}{29.78} \approx 2036 (年)$$

即马王堆一号墓距今约2000年,推断出墓主是西汉长沙国丞相利苍之妻辛追.

【案例3 游船上的传染病人数】 一只游船上有800人,一名游客不幸患了某种传染病,12小时后已有3人发病,由于这种传染病没有早期症状,故感染者不能被及时隔离. 直升机在60至72小时将疫苗运到,试估算疫苗运到时已患此传染病的人数.

解 设 $y(t)$ 表示发现首例病人后 t 小时的感染人数,则 $800 - y(t)$ 表示此时刻未受到感染人数,由题意知 $y(0) = 1, y(12) = 3$.

当感染人数 $y(t)$ 很小时,传染病的传播速度较慢,因为只有很少的游客能接触到感染者;当感染人数 $y(t)$ 很大时,未受感染的人数 $800 - y(t)$ 很小,即只有很少的游客会被传染,所以此时染病的传播速度也很慢. 排除上述两种极端的情况,当有很多的感染者及很多的未感染者时,传染病的传播速度很快. 因此传染病的发病率,一方面受感染人数的影响,另一方面也受未感染人数的制约.

根据上面的分析,可建立如下的微分方程

$$\frac{dy}{dt} = ky(800 - y), k 是常数.$$

方程的通解为

$$y(t) = \frac{800}{1 + Ce^{-800kt}} \quad (其中 C, k 待定).$$

当 $y(0) = 1$ 时,即 $1 = \frac{800}{1 + Ce^{-800k \cdot 0}} = \frac{800}{1 + C}$, 得 $C = 799$.

当 $y(12) = 3$ 时,即 $3 = \frac{800}{1 + Ce^{-800k \times 12}}$, 则

$$e^{-800k \times 12} = \frac{\frac{800}{3} - 1}{799} = \frac{797}{799 \times 3}$$

$$800k = -\frac{1}{12} \ln \frac{797}{799 \times 3} \approx 0.09176$$

于是,

$$y(t) = \frac{800}{1 + 799e^{-0.09176t}}$$

下面分别计算当 $t = 60$ 和 $t = 72$ 时已感染的人数

$$y(60) = \frac{800}{1 + 799e^{-0.09176 \times 60}} \approx 188$$

$$y(72) = \frac{800}{1 + 799e^{-0.09176 \times 72}} \approx 385$$

从上面的数字可以看出,在72小时疫苗被运到时感染者的人数将是在60小时时感染人数的2倍,可见在传染病流行时及时采取措施是至关重要的.

【案例4 生物的重量问题】 肥胖的人想要减肥,许多运动项目也要求运动员控制体重,然而许多养殖场却想在限定时间内使牲畜的体重增加到一定重量,期望取得最大利润.如何解释重量和时间的关系,

解 不妨尝试用热量平衡方程来解释此问题.

(1)设每天的饮食可产生的热量为A,用于正常的新陈代谢所消耗的热量为B,运动消耗掉热量为体重的C倍,并且假定增重、减肥的热量主要由脂肪提供,每千克脂肪转化的热量为D,记$W(t)$为体重,考虑t到$t+\Delta t$的时间间隔内,体重增加所需要的热量等于这段时间饮食所摄入的热量减去正常新陈代谢所消耗的热量及运动所消耗的热量.

(2)于是有下述热量平衡方程:

$$[W(t+\Delta)-W(t)]D=[A-B-CW(t)]\Delta t$$

变形得

$$\frac{W(t+\Delta)-W(t)}{\Delta t}=\frac{A-B-CW(t)}{D}$$

两边同时取极限,得

$$\lim_{\Delta t\to 0}\frac{W(t+\Delta)-W(t)}{\Delta t}=\frac{A-B}{D}-\frac{C}{D}W(t)$$

即体重随着时间的增加速度为

$$\frac{\mathrm{d}W(t)}{\mathrm{d}t}=a-bW(t)$$

其中常数$a=\dfrac{A-B}{D}$与饮食及正常代谢有关,常数$b=\dfrac{C}{D}$与运动量有关.

(3) 方程$\dfrac{\mathrm{d}W(t)}{\mathrm{d}t}=a-bW(t)$为可分离变量的微分方程.

变量分离,得

$$\frac{\mathrm{d}W(t)}{a-bW(t)}=\mathrm{d}t$$

两边积分

$$\int\frac{\mathrm{d}W(t)}{a-bW(t)}=\int\mathrm{d}t$$

得

$$-\frac{1}{b}\ln|a-bW(t)|=t+C_1,$$

整理得

$$W(t)=\frac{a}{b}-C_2\mathrm{e}^{-bt} \quad (\text{其中}C_2=\pm\mathrm{e}^{-bC_1})$$

设W_0为初始体重,即$W(0)=W_0$代入上式得:$C_2=a-bW_0$.即有

$$W(t)=\frac{a}{b}-\frac{a-bW_0}{b}\mathrm{e}^{-bt}=\frac{a}{b}+(W_0-\frac{a}{b})\mathrm{e}^{-bt},$$

体重W与时间t的关系式为

$$W(t)=\frac{a}{b}+(W_0-\frac{a}{b})\mathrm{e}^{-bt}$$

分析(1)从理论上,增重、减肥都是可能的,因为当$t\to+\infty$时,$W(t)\to\dfrac{a}{b}$.调节a与b可得到你所期望的重量.

(2)所吃的食物仅够维持生命所需要的那部分正常新陈代谢的热量是不行的,因为当$A=B$时,$a=0$,$\lim\limits_{t\to+\infty}W(t)=0$,要导致死亡.

(3)只吃不运动也不行,因为这时$b=0$,$W(t)=W_0+at$,所以$\lim\limits_{t\to+\infty}W(t)=+\infty$.说明这样会得肥胖症.

(4)关于运动员控制体重的问题:已知W_0,要达到的值为W_1,其期限为t_1,求a,b的最佳组合,使$W(t) = \frac{a}{b} + (W_0 - \frac{a}{b})e^{-bt}$成立.但具体问题还需要靠科研人员进一步分析,在医生、教练员和运动员的共同努力下完成.

【能力训练4.4】

(应用题)

1.[曲线方程]已知平面曲线在任一点处的切线斜率等于这个点的横坐标,且曲线通过点(1,0),求该曲线方程.

2.[谋杀案发生的时间]牛顿冷却定律指出:物体在空气中冷却的速度与物体温度和空气温度之差成正比,当一次谋杀案发生后,受害者的尸体的温度从原来的37℃按照牛顿冷却定律开始下降,如果2小时后,尸体温度为35℃,并且假设周围空气的温度始终保持在20℃,试求尸体温度随时间的变化规律,又如果尸体发现时的温度是30℃,此时是下午4点整,那么谋杀是何时发生的?

3.[商品的销售量]在商品销售预测中,t时刻的销售量用$x = x(t)$表示,若商品销售的增长速度$\frac{dx}{dt}$与销售量$x(t)$及与销售接近饱和水平的程度$a - x(t)$之乘积(a为饱和水平)成正比,求销售量函数$x(t)$.

4.[生物生长曲线]某种生物的生长速度与现存量成正比,但生物的生长要受到环境的制约,得到有限制条件的微分方程是:$\frac{dy}{dt} = ay(b - y)$,其中$a,b$都是常数,假设该种生物初始量为$y(0) = y_0$,求生物的生长方程.

§4.5 数学实验——用Matlab解微分方程

*Matlab*软件求微分方程的函数为*dsolve*( ),其格式如下:

$dsolve('Dy = f(x,y)',' x')$ 求一阶微分方程$y' = f(x,y)$的通解;

$dsolve('Dy = f(x,y)',' y(0) = a',' x')$ 求一阶微分方程$y' = f(x,y)$的特解;

$dsolve('D2y = f(x,y,,Dy)',' y(0) = a',' Dy(0) = b',' x')$

求二阶微分方程$\begin{cases} y'' = f(x,y,y') \\ y(0) = a, y'(0) = b \end{cases}$的特解.其中$Dy$表示$y'$,$D2y$表示$y''$.

【例1】 求微分方程$y' - 4y = e^{3x}$的通解.

解 在*Matlab*的命令窗口输入:

>> *syms x y*

>> $y = dsolve('Dy - 4 * y = exp(3 * x)',' x')$

回车后,结果显示

$y = -exp(3 * x) + exp(4 * x) * C1$

【例2】 求微分方程$xy' - 4y = 1 + x^3$满足$y(1) = 0$的特解.

解 在*Matlab*的命令窗口输入:

>> *syms x y*

>> $y = dsolve('x * Dy - 4 * y = 1 + x\wedge 3',' y(1) = 0',' x')$

回车后，结果显示

$y = -1/4 - x\wedge 3 + 5/4 * x\wedge 4$

【例3】 求微分方程$5y'' - 6y' + 5y = e^x$的通解.

解 在 Matlab 的命令窗口输入：

>> *syms x y*

>> $y = dsolve('5*D2y - 6*Dy + 5*y = exp(x)', 'x')$

回车后，结果显示

$y = -1/4 * exp(x) + C1 * exp(3/5 * x) * sin(4/5 * x) + C2 * exp(3/5 * x) * cos(4/5 * x)$

【例4】 求微分方程$y'' + 2y' + y = 0$满足$y(0) = 4, y'(0) = -2$的特解.

解 在 Matlab 的命令窗口输入：

>> *syms x y*

>> $y = dsolve('D2y + 2*Dy + y = 0', 'y(0) = 4', 'Dy(0) = -2', 'x')$

回车后，结果显示

$y = 4 * exp(-x) + 2 * exp(-x) * x$

复习题四

一、单项选择题.

1. 下列方程中是常微分方程的为（　　）.
   (A) $x^2 + y^2 = a^2$
   (B) $y + \dfrac{d}{dx}(e^{\arctan x}) = 0$
   (C) $\dfrac{\partial^2 u}{\partial^2 x} + \dfrac{\partial^2 u}{\partial^2 y} = 0$
   (D) $\sin x dy + y^2 dx = 0$

2. 微分方程$\ln(x^5 + y''') - (y')^2 e^{4x} + x^3$的阶数是（　　）.
   (A) 一阶　　(B) 二阶　　(C) 三阶　　(D) 四阶

3. 微分方程$(x+y)dy - ydx = 0$的通解是（　　）.
   (A) $y = Ce^{\frac{x}{y}}$
   (B) $y = Ce^{\frac{y}{x}}$
   (C) $ye^{\frac{y}{x}} = Cx^2$
   (D) $ye^{-\frac{x}{y}} = Cx^2$

4. 一曲线在其上任意一点处的切线斜率等于$-\dfrac{2x}{y}$，该曲线是（　　）.
   (A) 直线　　(B) 抛物线　　(C) 圆　　(D) 椭圆

5. 微分方程$\dfrac{dy}{dx} = 3y^{\frac{2}{3}}$的一个特解是（　　）.
   (A) $y = x^3 + C$　　(B) $y = x^3 + 1$　　(C) $y = (x+2)^3$　　(D) $y = C(x+2)^3$

6. 微分方程$y'' + 2y' + y = 0$的通解是（　　）.
   (A) $y = C_1 \cos x + C_2 \sin x$
   (B) $y = C_1 e^x + C_2 e^{2x}$
   (C) $y = (C_1 + C_2 x)e^{-x}$
   (D) $y = C_1 e^x + C_2 e^{-x}$

7. 微分方程$2y'' + y' - y = 0$的通解为（　　）.
   (A) $y = C_1 e^x + C_2 e^{-2x}$
   (B) $y = C_1 e^{-x} + C_2 e^{\frac{x}{2}}$
   (C) $y = C_1 e^x + C_2 e^{-\frac{x}{2}}$
   (D) $y = C_1 e^{-x} + C_2 e^{2x}$

8. 微分方程$y'' - 4y' + 4y = 0$满足初始条件$y(0) = 1, y'(0) = 4$的特解为（　　）.

(A) $y = (1 + 2x)e^x$ (B) $y = (1 + x)e^{2x}$
(C) $y = (1 + 2x)e^{2x}$ (D) $y = (1 + e)e^x$

9. 下列微分方程中,为可分离变量方程的是( ).
(A) $x\dfrac{dx}{dt} = e^{xt}\sin t$ (B) $\dfrac{dx}{dt} = x^2 + t^2$
(C) $(e^{x+y} - e^x)dx + (e^{x+y} + e^y)dy = 0$ (D) $y'' + y = 0$

10. 微分方程$y^2dx - (1 - x)dy = 0$是( )微分方程;
(A) 一阶线性齐次   (B) 一阶线性非齐次
(C) 可分离变量   (D) 二阶线性齐次

二、填空题.

1. 微分方程$y' = e^x$的通解是 _____ ;
2. 齐次微分方程$y' = \dfrac{y}{x} + 1$的通解是 _____ ;
3. 微分方程$y' + 2y = 0$的通解是 _____ ;
4. 微分方程$xy' + 2y = x\ln x$满足初始条件$y|_{x=1} = -\dfrac{1}{9}$的特解为 _____ ;
5. 微分方程$(y + x^3)dx - 2xdy = 0$满足初始条件$y|_{x=1} = \dfrac{5}{6}$的特解为 _____ ;
6. 微分方程$2xdy - ydx = 2y^2dy$满足初始条件$y|_{x=0} = 1$的特解为 _____ ;
7. 微分方程$y' + y\tan x = \cos x$的通解是 _____ ;
8. 已知$f'(e^x) = xe^{-x}$,且$f(1) = 0$,则$f(x) = $ _____ ;
9. 求微分方程$y'' = -(1+y'^2)^{\frac{3}{2}}$的通解时,设变量代换$p = y'$,则原方程化为一阶微分方程为 _____ .

三、求下列微分方程的通解.

1. $xy' + y = x^2 + 3x + 2$;
2. $y' + y\cos x = e^{-\sin x}$;
3. $y' + 2xy = 4x$;
4. $y'' - 6y' + 9y = (x + 1)e^{3x}$;
5. $y'' + 4y = 4\sin 2x$.

四、求下列微分方程的特解.

1. $y' + \dfrac{2-3x^2}{x^3}y = 1$ $y|_{x=1} = 0$;
2. $y'' + y + \sin x = 0$ $y|_{x=\pi} = 1, y'|_{x=\pi} = 1$;

五、求下列微分方程的通解.

1. $y'' - y = \sin^2 x$;
2. $y'' + y = e^x + \cos x$;

六、综合题.

1. 求一曲线,使由任一点的切线、两坐标轴和过切点平行于纵轴的直线所围成的梯形面积等于常数值$3a^2$;

2. 将一加热到100℃的物体，放在20℃恒温室中冷却，经20min后测得物体的温度为60℃，问要使物体的温度降至30℃，需要多长时间？

第5章 空间解析几何及其应用

学习目标

知识目标

- 理解空间直角坐标系的概念，掌握空间两点间的距离公式；
- 理解向量的概念，掌握向量的线性运算及其坐标表示式；
- 理解向量的数量积与向量积的概念，掌握向量平行和垂直的条件；
- 理解曲面方程的概念，掌握几种常见的曲面方程；
- 理解平面与直线的各种方程，会判断曲线与曲面的位置关系；
- 了解二次曲面的标准方程及其图形.

能力目标

- 具有三维空间的意识；
- 掌握数形结合的思想方法；
- 运用 Matlab 进行向量运算和曲面绘制.

通过直角坐标系和向量运算把几何问题转化为代数问题，并通过代数方法来研究几何问题，是解析几何的基本方法. 空间解析几何与平面解析几何类似，它也是通过建立空间直角坐标系，使空间的点与三元有序实数组之间建立起一一对应的关系，并将空间图形与三元方程联系在一起，从而达到用代数方法研究空间几何的目的.

§5.1 空间直角坐标系与向量代数基础

本节我们将通过建立空间直角坐标系，使空间的点与三元有序实数组之间建立起一一对应关系，并介绍向量的有关概念、性质和基本计算.

一、空间直角坐标系

两个有序实数可以确定平面上的一点，平面上任何一点可以用有序实数对 (a,b) 来表示，a 是横坐标，b 是纵坐标. 在空间确定一个点，需要三个有序实数，我们用有序的三元实数组 (a,b,c) 来表示空间中的任意一点.

在空间取定一点 O，过 O 点作三条两两互相垂直的数轴 Ox,Oy,Oz，并按右手螺旋法则确定正方向(即将右手的拇指朝向 Oz 方向，其余四指指向 Ox 的方向，四指弯曲后的方向为 Oy 的方向). 三轴的交点 O 称为原点，三条轴分别称为 x 轴(横轴)，y 轴(纵轴)和 z 轴(竖)，它们统称为坐标轴，这样的三条坐标轴和原点就组成了一个空间直角坐标系，如图5.1所示.

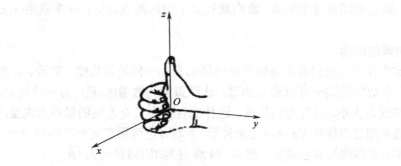

图 5.1

任意两条坐标轴确定一个平面. x 轴与 y 轴、y 轴与 z 轴、z 轴与 x 轴确定的平面分别称为 xOy 平面、yOz 平面和 zOx 平面,统称为坐标面;三个坐标面把空间分成八个部分,每个部分称为一个卦限,其顺序是先从上半空间中 ($z > 0$) 按逆时针方向依次为 Ⅰ、Ⅱ、Ⅲ、Ⅳ 四个卦限,下半空间 ($z < 0$) 与 Ⅰ、Ⅱ、Ⅲ、Ⅳ 卦限对应的依次是 Ⅴ、Ⅵ、Ⅶ、Ⅷ 四个卦限,如图 5.2 所示.

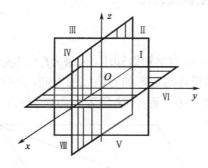

图 5.2

设 M 为空间中的一个点,过点 M 作三个平面分别垂直于三条坐标轴,它们与 x 轴、y 轴、z 轴的交点依次为 P、Q、R (如图 5.3 所示),设 P、Q、R 三点在三个坐标轴上的坐标依次为 x, y, z. 这样,空间的一个点就唯一的确定了一个有序实数组 (x, y, z),数组 (x, y, z) 称为点 M 的空间直角坐标,x, y, z 分别称为点 M 的横坐标、纵坐标和竖坐标,可以证明数值 (x, y, z) 与空间中的点 M 是一一对应的,故空间点 M 通常表示为 $M(x, y, z)$.

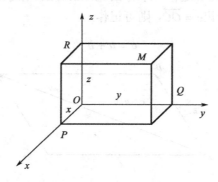

图 5.3

这样，通过空间直角坐标系，我们就建立了空间的点M与有序实数组(x,y,z)之间的一一对应关系.

二、向量的概念

在现实生活中，我们常常遇到两种类型的量，一种是如长度、质量、温度、时间等，只有大小，用一个数字就完全可以表示的量，这种量称为**数量(标量)**；另一种是如力、速度、位移、电场强度等既有大小，又有方向的量，这种既有大小又有方向的量称为**向量(矢量)**.

向量通常用黑斜体字母a,b,c等来表示，手写时也可用英文小写字母加一箭头表示，如$\vec{a},\vec{b}$等. 几何上，常用有向线段表示向量，起点为A终点为B的向量记为$\overrightarrow{AB}$.

向量的长度称为向量的模，用$|a|,|b|,|\overrightarrow{AB}|$来表示.模等于1的向量称为**单位向量**.

模等于0的向量称为**零向量**，记作$\mathbf{0}$，零向量的方向可以看做是任意的.

如果向量a和b的模相等且方向相同，则称向量a和向量b是相等的，记作$a=b$.

如果两个向量的模相等而方向相反，这时我们就称其中一个向量是另一个向量的负向量，例如向量a的负向量记作$-a$.

三、向量的线性运算及其坐标表达式

1.向量的线性运算

(1)向量的加法

【案例1 力的合成问题】 由力学知识知道，如果力f_1与力f_2作用在某物体的同一点上，那么合力F的方向是以f_1为邻边的平行四边形的对角线的方向，大小等于对角线的长度(如图5.4所示).合力F记作f_1+f_2称为力f_1与f_2的和，而f_1与f_2称为合力F的分力.

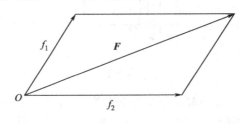

图5.4

类似地，可以定义两个向量的加法.

设$a=\overrightarrow{OA}$，$b=\overrightarrow{OB}$，以$\overrightarrow{OA},\overrightarrow{OB}$为邻边作一平行四边形$OACB$，取对角线$OC$，我们称向量$\overrightarrow{OC}$为向量$a$与向量$b$的和(见图5.5)，若记$c=\overrightarrow{OC}$，则可记作

$$c = a+b$$

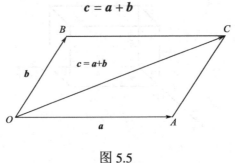

图5.5

这种表示向量加法的方法称为向量加法的**平行四边形法则**.由于向量可以平移,所以,若把b的起点平移到a的终点上,则以a的起点为起点,以b的终点为终点的向量即$a+b$,这种表示向量和的方法称为向量加法的三角形法则.

(2)向量的减法

向量的减法是加法的逆运算.若$a-b=c$,则$b+c=a$,故根据向量加法的三角形法则,可得向量减法的作图方法:

取O为起点,作向量$\overrightarrow{OA}=a,\overrightarrow{OB}=b$,则向量$\overrightarrow{BA}=c$即为向量$a$与$b$的差,如图5.6所示.

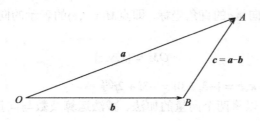

图 5.6

(3)向量的数乘

实数λ与向量a的乘积是一个向量,记作λa,λa的模是a的模的λ倍,即

$$|\lambda a|=|\lambda|\cdot|a|$$

当$\lambda>0$时,λa与a同向;当$\lambda<0$时,λa与a反向;当$\lambda=0$时,$\lambda a=0$.

2.向量的坐标表示

在给定的空间直角坐标系$Oxyz$中,取三个分别与x轴、y轴、z轴同向的单位向量依次记作i,j,k称其为空间直角坐标系下的三个基本单位向量,空间中任一向量a,都可以唯一地表示为i,j,k数乘之和.

对于任一向量a,我们来定义它的坐标.将a平移,如图5.7所示,使原点O为a的始点,终点记为M,则$\overrightarrow{OM}=a$,过M点作垂直于三个坐标轴的平面,分别交x轴、y轴、z轴于点A、B、C,则$\overrightarrow{OA},\overrightarrow{OB},\overrightarrow{OC}$分别称为$\overrightarrow{OM}$在坐标轴上的分向量.

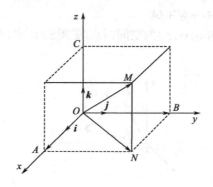

图 5.7

事实上，设 $a = \overrightarrow{OM}$，过 M 作坐标平面 xOy 的垂线且垂足为 N，如图5.7所示，则记 x, y, z 分别是 A, B, C 在 x 轴、y 轴、z 轴上的坐标，由向量的数乘知，显然有

$$\overrightarrow{OA} = x\boldsymbol{i}, \overrightarrow{OB} = y\boldsymbol{j}, \overrightarrow{OC} = z\boldsymbol{j}$$

即

$$\boldsymbol{a} = x\boldsymbol{i} + y\boldsymbol{j} + z\boldsymbol{k}$$

这就是**向量的坐标表达式.**

有序数组 (x, y, z) 称为向量 $\boldsymbol{a}$ 的直角坐标，即点 $M(x, y, z)$ 的表示的向量为 $\overrightarrow{OM} = x\boldsymbol{i} + y\boldsymbol{j} + z\boldsymbol{k}$ 简记为 $\{x, y, z\}$，即

$$\overrightarrow{OM} = \{x, y, z\}$$

例如 $\boldsymbol{a} = \{2, 3, 1\} = 2\boldsymbol{i} + 3\boldsymbol{j} + \boldsymbol{k}, \boldsymbol{b} = \{-3, 2, 0\} = -3\boldsymbol{i} + 2\boldsymbol{j}$ 等.

利用向量的坐标，可以将两个向量的加法、减法运算及数与向量的乘积运算转化为代数运算.

设 $\boldsymbol{a} = x_1\boldsymbol{i} + y_1\boldsymbol{j} + z_1\boldsymbol{k}, \boldsymbol{b} = x_2\boldsymbol{i} + y_2\boldsymbol{j} + z_2\boldsymbol{k}$ 则

$$\boldsymbol{a} + \boldsymbol{b} = (x_1 + x_2)\boldsymbol{i} + (y_1 + y_2)\boldsymbol{j} + (z_1 + z_2)\boldsymbol{k},$$

$$\boldsymbol{a} - \boldsymbol{b} = (x_1 - x_2)\boldsymbol{i} + (y_1 - y_2)\boldsymbol{j} + (z_1 - z_2)\boldsymbol{k},$$

$$\lambda \boldsymbol{a} = \lambda x_1 \boldsymbol{i} + \lambda y_1 \boldsymbol{j} + \lambda z_1 \boldsymbol{k},$$

所以 $\boldsymbol{a} \pm \boldsymbol{b}$ 与 $\lambda \boldsymbol{a}$ 的坐标分别为

$$\{x_1 \pm x_2, y_1 \pm y_2, z_1 \pm z_2\} \text{与} \{\lambda x_1, \lambda y_1, \lambda z_1\}$$

也就是说，向量的和(差)向量的坐标等于它们的坐标的和(差). 数乘向量 $\lambda \boldsymbol{a}$ 的坐标等于数 λ 乘 $\boldsymbol{a}$ 的坐标.

【例1】 已知向量 $\boldsymbol{a} = 2\boldsymbol{i} + 3\boldsymbol{j} + 3\boldsymbol{k}, \boldsymbol{b} = \boldsymbol{i} + 2\boldsymbol{j} + \boldsymbol{k}$，求 $\boldsymbol{a} + \boldsymbol{b}, \boldsymbol{a} - \boldsymbol{b}, 2\boldsymbol{a}$.

解 $\boldsymbol{a} + \boldsymbol{b} = (2+1)\boldsymbol{i} + (3+2)\boldsymbol{j} + (3+1)\boldsymbol{k} = 3\boldsymbol{i} + 5\boldsymbol{j} + 4\boldsymbol{k}$

$\boldsymbol{a} - \boldsymbol{b} = (2-1)\boldsymbol{i} + (3-2)\boldsymbol{j} + (3-1)\boldsymbol{k} = \boldsymbol{i} + \boldsymbol{j} + 2\boldsymbol{k}$

$2\boldsymbol{a} = 2(2\boldsymbol{i} + 3\boldsymbol{j} + 3\boldsymbol{k}) = 4\boldsymbol{i} + 6\boldsymbol{j} + 6\boldsymbol{k}$

【例2】 设 $A(x_1, y_1, z_1)$ 与 $B(x_2, y_2, z_2)$ 为空间两点(见图5.8)，求向量 $\overrightarrow{AB}$ 的坐标表示，并求 $\overrightarrow{AB}$ 的模.

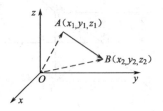

图 5.8

解 因为 $\vec{OA} = \{x_1, y_1, z_1\}, \vec{OB} = \{x_2, y_2, z_2\}$，则

$$\vec{AB} = \vec{OB} - \vec{OA} = \{x_2 - x_1, y_2 - y_1, z_2 - z_1\}$$

即向量的坐标等于终点的坐标减去始点的坐标，故 $\vec{AB}$ 的模为

$$|\vec{AB}| = \sqrt{(x_2 - x_1)^2 + (y_2 - y_1)^2 + (z_2 - z_1)^2} \tag{5.1}$$

式(5.1)正是空间中任意**两点间的距离公式**.它是平面上两点间距离公式的推广.

【例3】 在 z 轴上求一点，使其与点 $A(-4, 1, 7), B(3, 5, -2)$ 的距离相等.

解 因所求点在 z 轴上，所以可设该点为 $M(0, 0, z)$，依题意有

$$|MA| = |MB|,$$

即

$$\sqrt{(0+4)^2 + (0-1)^2 + (z-7)^2} = \sqrt{(0-3)^2 + (0-5)^2 + (z+2)^2},$$

将上式两边平方，解得

$$z = \frac{14}{9}$$

故所求的点为 $M(0, 0, \frac{14}{9})$.

四、向量的数量积和向量积

1. 向量的数量积

【案例2 恒力做功问题】 我们知道在物理学中，恒力 F 作用于一物体，这个力所做功 W 的大小，由力的大小、物体在受力产生的位移 s 以及 s 与 F 的夹角 θ 的余弦来决定如图5.9所示，即

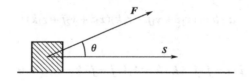

图 5.9

$$W = |F||s|\cos\theta.$$

实际生活中，我们会经常遇到像这样由两个向量的模及其夹角余弦的乘积构成的算式，由此，我们引入两向量的数量积的概念.

定义 5.1 设 a, b 为空间中的两个向量，则数

$$|a||b|\cos\langle a, b\rangle,$$

称为向量 a 与 b 的**数量积**(也称点积或内积)，记作 $a \cdot b$，读作"a 点乘 b.即

$$a \cdot b = |a||b|\cos\langle a, b\rangle,$$

其中 $\langle a, b\rangle$ 表示向量 a 与 b 的夹角，并且规定 $0 \leqslant \langle a, b\rangle \leqslant \pi$.

由数量积的定义易知：

两个非零向量a与b垂直的充要条件是它们的数量积为零，即

$$a \perp b \Leftrightarrow a \cdot b = 0.$$

对于任意向量a,b及任意实数λ,有

交换律：$a \cdot b = b \cdot a$;

分配律：$a \cdot (b+c) = a \cdot b + a \cdot c$;

与数乘结合律：$(\lambda a) \cdot b = \lambda(a \cdot b) = a \cdot (\lambda b)$.

【例4】 对基本单位向量i,j,k，求$i \cdot i, j \cdot j, k \cdot k, i \cdot j, j \cdot k, k \cdot i$.

解 由基本单位向量的特点及向量数量积的定义得

$$i \cdot i = j \cdot j = k \cdot k = 1$$

$$i \cdot j = j \cdot k = k \cdot i = 0$$

在空间直角坐标系下，设向量$a = \{x_1, y_1, z_1\}, b = \{x_2, y_2, z_2\}$,即

$$a = x_1 i + y_1 j + z_1 k,$$

$$b = x_2 i + y_2 j + z_2 k,$$

则

$$a \cdot b = (x_1 i + y_1 j + z_1 k)(x_2 i + y_2 j + z_2 k)$$

由于

$$i \cdot i = j \cdot j = k \cdot k = 1, i \cdot j = j \cdot k = k \cdot i = 0$$

所以

$$a \cdot b = x_1 x_2 + y_1 y_2 + z_1 z_2.$$

也就是说，在直角坐标系下，两向量的数量积等于它们对应坐标分量的乘积之和．

设向量$a = \{x_1, y_1, z_1\}, b = \{x_2, y_2, z_2\}$,则

$$|a| = \sqrt{a \cdot a} = \sqrt{x_1^2 + y_1^2 + z_1^2}.$$

$$\boxed{a \perp b \Leftrightarrow a \cdot b = x_1 x_2 + y_1 y_2 + z_1 z_2 = 0} \tag{5.2}$$

【例5】 在电场力$F = 2i + 3j + 8k$的作用下，一点电荷从点$A(3, 2, -1)$移动到点$B(5, -1, 4)$,求电场力所做的功．

解 因为

$$\overrightarrow{AB} = (5-3)i + (-1-2)j + (4+1)k = 2i - 3j + 5k,$$

所以电场力所做的功为

$$W = F \cdot \overrightarrow{AB} = 2 \cdot 2 + 1 \cdot (-3) + 8 \cdot 5 = 41.$$

【例6】 在空间直角坐标系中,设有三点$A(5,-4,1), B(3,2,1), C(2,-5,0)$ 求证:$\triangle ABC$是直角三角形.

证 因为$\overrightarrow{AB} = \{-2,6,0\}, \overrightarrow{AC} = \{-3,-1,-1\}$,则

$$\overrightarrow{AB} \cdot \overrightarrow{AC} = \{-2,6,0\} \cdot \{-3,-1,-1\}$$
$$= -2 \times (-3) + 6 \times (-1) + 0 \times (-1)$$
$$= 0$$

所以$AB \perp AC$,即$\triangle ABC$是直角三角形.

【例7】 向量$a = \{x,y,z\}$的**方向角**是指它与三个单位向量i, j, k的夹角α, β, γ,试求出三个方向角的余弦值.

解 由图5.7可知,根据该向量与基本单位向量的数量积运算可得:

$$\cos\alpha = \frac{x}{\sqrt{x^2+y^2+z^2}}, \cos\beta = \frac{y}{\sqrt{x^2+y^2+z^2}}, \cos\gamma = \frac{z}{\sqrt{x^2+y^2+z^2}}$$

显然,$\cos^2\alpha + \cos^2\beta + \cos^2\gamma = 1$.

2. 向量的向量积

【案例3 物理力矩问题】 在物理学中,要表示一外力对物体的转动所产生的影响,我们用力矩来描述,设一杠杆的一端O固定,力F作用于杠杆上的点A处,F与$\overrightarrow{OA}$的夹角为θ,则杠杆在F的作用下绕O点转动,这时,可用力矩M来描述,力F对O的力矩M是个向量,M的大小为

$$|M| = |\overrightarrow{OA}| \cdot |F| \sin\langle \overrightarrow{OA}, F \rangle.$$

M的方向与$\overrightarrow{OA}$及F都垂直,且$\overrightarrow{OA}$、F、M成右手系,如图5.10所示.

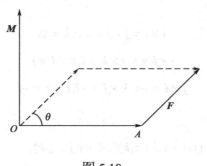

图 5.10

实际生活中,会经常遇到由两个向量的模及其夹角正弦的乘积构成的算式,由此,引入两向量的向量积的概念.

定义 5.2 设a, b为空间中的两个向量,若由a, b所决定的向量c,其模为

$$|c| = |a||b|\sin\langle a, b \rangle,$$

> 其方向与 a,b 均垂直且 a,b,c 成右手系，则向量 c 称为向量 a 与 b 的向量积(也称叉积或外积).记作 $a\times b$.

从定义5.2中可得出如下结论：

(1)两向量 a 与 b 的向量积 $a\times b$ 是一个向量，其模 $|a\times b|$ 的几何意义是以 a,b 为邻边的平行四边形的面积.

(2)对于两个非零向量 a 与 b，a 与 b 平行的充要条件是它们的向量积为零向量，即

$$a//b \Leftrightarrow a\times b = 0$$

对任意向量 a、b 及任意实数 λ，有以下定律.

反交换律：$a\times b = -b\times a$.

分配律：$a\times(b+c) = a\times b + a\times c, (a+b)\times c = a\times c + b\times c$.

与数乘的结合律：$(\lambda a)\times b = \lambda(a\times b) = a\times(\lambda b)$.

【例8】 对基本单位向量 i,j,k，求 $i\times i, j\times j, k\times k, i\times j, j\times k, k\times i$.

解 $i\times i = j\times j = k\times k = \mathbf{0}$.

由于基本单位向量 i,j,k 之间两两相互垂直且满足右手系，所以

$$i\times j = k, j\times k = i, k\times i = j$$

在空间直角坐标系下，设向量 $a = \{x_1,y_1,z_1\}, b = \{x_2,y_2,z_2\}$，即

$$a = x_1 i + y_1 j + z_1 k, b = x_2 i + y_2 j + z_2 k$$

因为

$$i\times i = j\times j = k\times k = \mathbf{0},$$

$$i\times j = k, j\times k = i, k\times i = j,$$

$$j\times i = -k, k\times j = -i, i\times k = -j$$

则

$$\begin{aligned}a\times b &= (x_1 i + y_1 j + z_1 k)(x_2 i + y_2 j + z_2 k)\\ &= (y_1 z_2 - z_1 y_2)i - (x_1 z_2 - z_1 x_2)j + (x_1 y_2 - y_1 x_2)k\\ &= \begin{vmatrix} i & j & k \\ x_1 & y_1 & z_1 \\ x_2 & y_2 & z_2 \end{vmatrix}\end{aligned}$$

为了便于记忆，有

$$a\times b = \begin{vmatrix} i & j & k \\ x_1 & y_1 & z_1 \\ x_2 & y_2 & z_2 \end{vmatrix} = i\begin{vmatrix} y_1 & z_1 \\ y_2 & z_2 \end{vmatrix} - j\begin{vmatrix} x_1 & z_1 \\ x_2 & z_2 \end{vmatrix} + k\begin{vmatrix} x_1 & y_1 \\ x_2 & y_2 \end{vmatrix}$$

设两个非零向量 $a = \{x_1, y_1, z_1\}, b = \{x_2, y_2, z_2\}$,,则

$$a // b \Leftrightarrow a \times b = 0 \Leftrightarrow \begin{cases} y_1 z_2 - z_1 y_2 = 0 \\ x_1 z_2 - z_1 x_2 = 0 \\ x_1 y_2 - y_1 x_2 = 0 \end{cases} \Leftrightarrow \frac{x_1}{x_2} = \frac{y_1}{y_2} = \frac{z_1}{z_2}.$$

若出现类似 $\frac{x_1}{0} = \frac{y_1}{0} = \frac{z_1}{3}$ 的情况时,应理解为 $x_1 = 0, y_1 = 0$.

【例9】 求同时垂直于向量 $a = 3i - j - k$ 及 $b = 2i + 5k$ 的单位向量.

解 因为 $a \times b$ 为垂直于 a 又垂直于 b 的向量,所以先求

$$a \times b = \begin{vmatrix} i & j & k \\ 3 & -1 & -1 \\ 2 & 0 & 5 \end{vmatrix} = -5i - 17j + 2k,$$

又

$$|a \times b| = \sqrt{(-5)^2 + (-17)^2 + 2^2} = \sqrt{318},$$

故所求单位向量为 $\pm \frac{1}{\sqrt{318}}(-5i - 17j + 2k)$.

【例10】 已知三角形的顶点为 $A(1,2,3), B(3,4,5), C(2,4,7)$,求 $\angle A$ 的正弦值.

解 由 $\overrightarrow{AB} = \{2,2,2\}, \overrightarrow{AC} = \{1,2,4\}$,有

$$\overrightarrow{AB} \times \overrightarrow{AC} = \begin{vmatrix} i & j & k \\ 2 & 2 & 2 \\ 1 & 2 & 4 \end{vmatrix} = 4i - 6j + 2k$$

$$|\overrightarrow{AB} \times \overrightarrow{AC}| = \sqrt{4^2 + (-6)^2 + 2^2} = 2\sqrt{14}$$

又

$$|\overrightarrow{AB}| = 2\sqrt{3}, \quad |\overrightarrow{AC}| = \sqrt{21}$$

所以

$$\sin A = \frac{|\overrightarrow{AB} \times \overrightarrow{AC}|}{|\overrightarrow{AB}| \times |\overrightarrow{AC}|} = \frac{2\sqrt{14}}{2\sqrt{3} \cdot \sqrt{21}} = \frac{\sqrt{2}}{3}.$$

【例11】 已知力 $F = 2i - j + 3k$ 作用于杠杆上的点 $A(3, 1, -1)$ 处,求力 F 关于杠杆上另一点 $B(1, -2, 3)$ 的力矩.

解 因为从支点 B 到作用点 A 的向量为

$$\overrightarrow{BA} = \{3 - 1, 1 - (-2), -1 - 3\} = \{2, 3, -4\},$$

所受力 $F = \{2, -1, 3\}$

所以,力 F 关于点 B 的力矩

$$M = \overrightarrow{BA} \times F = \begin{vmatrix} i & j & k \\ 2 & 3 & -4 \\ 2 & -1 & 3 \end{vmatrix} = 5i - 14j - 8k = \{5, -14, -8\}.$$

【能力训练5.1】

(基础题)

1. 在空间直角坐标系中,指出下列各点的位置:
$A(2,2,3)$; $B(-2,3,6)$; $C(5,-2,-4)$; $D(3,4,0)$; $e(0,4,3)$; $F(0,0,5)$.

2. 下列向量中,哪些是单位向量?
(1) $a = i + j + k$; (2) $b = \dfrac{1}{\sqrt{2}}\{1,0,-1\}$; (3) $c = \{\dfrac{1}{3}, \dfrac{1}{3}, \dfrac{1}{3}\}$.

3. λ 为何值时,向量 $a = \{\lambda, 1, 5\}$ 与向量 $b = \{-4, -2, 0\}$ 平行?

4. 求点 $A(2,4,5)$ 与原点、各坐标平面和各坐标轴的距离.

5. 设向量 $a = \{-1, 2, -1\}$, $b = \{-4, -2, 0\}$, 求 $a + b, 2b - 3a$.

6. 写出起点为 $A(1,1,-2)$,终点为 $B(4,5,3)$ 的向量 $\overrightarrow{AB}$ 的坐标表达式,并求 $|\overrightarrow{AB}|$.

7. 设向量 $\overrightarrow{AB} = 4i - 4j + 7k$ 的终点 B 的坐标为 $(2,-1,7)$.求(1)A的坐标;(2)向量 $\overrightarrow{AB}$ 的模; (3)与向量 $\overrightarrow{AB}$ 方向一致的单位向量.

8. 求证以 $A(2,1,9)$,$B(8,-1,6)$,$C(0,4,3)$ 为顶点的三角形是一个等腰直角三角形.

9. 在空间直角坐标系中,已知 $a = \{2,2,0\}$, $b = \{0,2,-2\}$, 求:
(1) $a \cdot b$; (2) $|a|$; (3) $\langle a, b \rangle$.

10. 已知三角形的三个顶点 $A(4,-1,2)$, $B(3,0,-1)$, $C(5,1,2)$, 求 $\triangle ABC$ 的面积.

(应用题)

1. 已知两力 $F_1 = i + 2j - 3k$, $F_2 = 2i - 3j + k$ 作用于同一点且方向相同,问要用怎样的力才能使它们平衡?

2. 已知力 $F = \{-2, 3, 1\}$ 作用于杠杆上的点 $A(4,-1,0)$ 处,求此力 F 关于杠杆上另一点 $A(3,2,-1)$ 的力矩.

§5.2 空间解析几何及其应用

本节我们将利用空间直角坐标系和向量来研究空间的曲线与曲面,并重点研究最简单的空间曲面——平面和最简单的空间曲线——直线.

一、曲面方程的概念

在空间解析几何中,任何曲面都可以看做点的几何轨迹.

如果曲面Σ与三元方程

$$F(x, y, z) = 0$$

有下述关系:

(1) 曲面Σ上任一点的坐标都满足方程 $F(x,y,z) = 0$;

(2) 满足方程 $F(x,y,z) = 0$ 的点 (x,y,z) 在曲面Σ上,不在曲面Σ上的点都不满足方程 $F(x,y,z) = 0$ 那么,$F(x,y,z) = 0$ 就称为曲面Σ的方程,而曲面Σ就称为此方程的图形.

解析几何主要解决的问题:

(1) 已知一曲面作为点的几何轨迹,建立这个曲面的方程;

(2)已知一曲面的方程,研究这个曲面的几何形状.

【例1】 求与定点$M_0(x_0,y_0,z_0)$的距离等于R的点的轨迹方程.

解 设$M(x,y,z)$为轨迹上任意一点,由题意可知
$$|M_0M| = R,$$
即
$$\sqrt{(x-x_0)^2 + (y-y_0)^2 + (z-z_0)^2} = R$$

将上式两端平方,得
$$(x-x_0)^2 + (y-y_0)^2 + (z-z_0)^2 = R^2.$$

上述方程表示以点$M_0(x_0,y_0,z_0)$为球心,以R为半径的球面. 特别地,以坐标原点为球心的球面(如图5.11)方程为
$$x^2 + y^2 + z^2 = R^2.$$

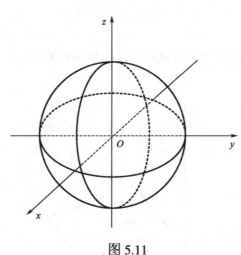

图 5.11

【例2】 研究方程
$$x^2 + y^2 + z^2 + Dx + Ey + Fz + G = 0 \quad (D,e,F,G为常数)$$
所表示的曲面的几何特性.

解 将所给方程变形为
$$x^2 + y^2 + z^2 + Dx + Ey + Fz = -G,$$
$$(x + \frac{D}{2})^2 + (y + \frac{e}{2})^2 + (z + \frac{F}{2})^2 = \frac{D^2}{4} + \frac{e^2}{4} + \frac{F^2}{4} - G$$

(1) 若$\frac{1}{4}(D^2 + e^2 + F^2) - G > 0$,记$R^2 = \frac{1}{4}(D^2 + e^2 + F^2) - G$,则所给方程表示以点$(-\frac{D}{2}, -\frac{e}{2}, -\frac{F}{2})$球心,$R$为半径的球面.

(2) 若$\frac{1}{4}(D^2 + e^2 + F^2) - G = 0$,则方程表化为
$$(x + \frac{D}{2})^2 + (y + \frac{e}{2})^2 + (z + \frac{F}{2})^2 = 0$$

这时 $x = -\dfrac{D}{2}, y = -\dfrac{e}{2}, z = -\dfrac{F}{2}$,所给方程表示一个点 $(-\dfrac{D}{2}, -\dfrac{e}{2}, -\dfrac{F}{2})$ 可称其为点球.

(3) 若 $\dfrac{1}{4}(D^2 + e^2 + F^2) - G < 0$ 所给方程无图形,可称其为虚球.

定义 5.3 球面方程的标准形式

$$(x - x_0)^2 + (y - y_0)^2 + (z - z_0)^2 = R^2$$

球面方程的一般形式

$$x^2 + y^2 + z^2 + Dx + Ey + Fz + G = 0 \quad (\dfrac{1}{4}(D^2 + e^2 + F^2) - G > 0)$$

二、平面与直线

1.平面方程

由立体几何知识知道,过一个定点 $M_0(x_0, y_0, z_0)$ 且垂直于一个非零向量 $\boldsymbol{n} = \{A, B, C\}$ 有且只有一个平面 π.(见图5.12).

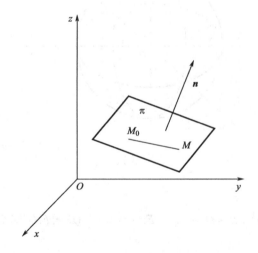

图 5.12

若一个非零向量 $\boldsymbol{n}$ 垂直于平面 π,则称向量 $\boldsymbol{n}$ 为平面 π 的一个法向量.

显然,若 $\boldsymbol{n}$ 是平面 π 的一个法向量,则 $\lambda \boldsymbol{n}$(λ 为任意非零实数),都是 π 的法向量.

下面推导过一个定点 $M_0(x_0, y_0, z_0)$,且以 $\boldsymbol{n}$ 为法向量的平面 π 的方程.

设 $M(x, y, z)$ 为平面 π 上的任一点(如图5.12),由于 $\boldsymbol{n} \perp \pi$,因此 $\boldsymbol{n} \perp \overrightarrow{M_0M}$.由两向量垂直的充要条件,得

$$\boldsymbol{n} \cdot \overrightarrow{M_0M} = 0$$

而

$$\overrightarrow{M_0M} = \{x - x_0, y - y_0, z - z_0\}, \boldsymbol{n} = \{A, B, C\},$$

可得
$$A(x - x_0) + B(y - y_0) + C(z - z_0) = 0 \tag{5.3}$$

由于平面π上任意一点$M(x,y,z)$都满足式5.3,而不在平面π上的点都不满足方程,因此式5.3就是平面π的方程. 由于方程5.3是由定点$M_0(x_0,y_0,z_0)$和法向量$\boldsymbol{n} = \{A, B, C\}$所确定的,因而称式(5.3)为平面π的点法式方程.

【例3】 求过点$M(1,1,1)$且垂直于向量$\boldsymbol{n} = \{1,2,3\}$的平面方程.

解 据公式5.3可得所求平面方程为
$$1(x-1) + 2(y-1) + 3(z-1) = 0$$

化简整理,得
$$x + 2y + 3z - 6 = 0$$

化简,得
$$Ax + By + Cz + D = 0$$

其中$D = -Ax_0 - By_0 - Cz_0, A, B, C$不同时为零.

上述结果说明,任何平面的方程是三元一次方程.

【例4】 求过三点$A(a,0,0), B(0,b,0), C(0,0,c)(a,b,c \neq 0)$的平面π的方程.

解 平面的法向量$\boldsymbol{n} = \overrightarrow{AB} \times \overrightarrow{AC}$. 由于
$$\overrightarrow{AB} = \{-a, b, 0\}, \overrightarrow{AC} = \{-a, 0, c\},$$

故
$$\boldsymbol{n} = \overrightarrow{AB} \times \overrightarrow{AC} = \begin{vmatrix} \boldsymbol{i} & \boldsymbol{j} & \boldsymbol{k} \\ -a & b & 0 \\ -a & 0 & c \end{vmatrix} = bc\boldsymbol{i} + ac\boldsymbol{j} + ab\boldsymbol{k},$$

因此,所求平面π的方程为
$$bc(x-a) + ac(y-0) + ab(z-0) = 0$$

化简,得
$$bcx + acy + abz = abc,$$

由于$a,b,c \neq 0$,将两边同除以abc,得该平面的方程为
$$\frac{x}{a} + \frac{y}{b} + \frac{z}{c} = 1. \tag{5.4}$$

例4中的A、B、C三点为平面与三个坐标轴的交点,我们把这三个点中的坐标分量a,b,c分别称为该平面在x轴、y轴和z轴上的截距,方程(5.4)称为平面π的截距式方程.

我们知道,两个平面之间的位置关系有三种:平行、重合和相交.

下面根据两个平面的方程来讨论它们之间的位置关系.

设平面$π_1$、$π_2$的方程为

$$\pi_1 : A_1x + B_1y + C_1z + D_1 = 0 \quad (A_1, B_1, C_1 不同时为零),$$
$$\pi_2 : A_2x + B_2y + C_2z + D_2 = 0 \quad (A_2, B_2, C_2 不同时为零),$$
则它们的法向量分别为 $\boldsymbol{n_1} = \{A_1, B_1, C_1\}$ 和 $\boldsymbol{n_2} = \{A_2, B_2, C_2\}$.

(1) 两平面平行 $\Leftrightarrow \boldsymbol{n_1}//\boldsymbol{n_2} \Leftrightarrow \dfrac{A_1}{A_2} = \dfrac{B_1}{B_2} = \dfrac{C_1}{C_2} \neq \dfrac{D_1}{D_2}$.

(2) 两平面重合 $\Leftrightarrow \boldsymbol{n_1}//\boldsymbol{n_2} \Leftrightarrow \dfrac{A_1}{A_2} = \dfrac{B_1}{B_2} = \dfrac{C_1}{C_2} = \dfrac{D_1}{D_2}$.

(3) 两平面相交,A_1, B_1, C_1 与 A_2, B_2, C_2 不成比例.

特别地,当 $\pi_1 \perp \pi_2$ 时,$\boldsymbol{n_1} \perp \boldsymbol{n_2}$,即

$$\pi_1 \perp \pi_2 \Leftrightarrow n_1 \perp n_2 \Leftrightarrow n_1 \cdot n_2 = 0 \Leftrightarrow A_1A_2 + B_1B_2 + C_1C_2 = 0.$$

2.直线方程

如果一个非零向量 $\boldsymbol{s} = \{m, n, p\}$ 与直线 L 平行,那么称向量 $\boldsymbol{s}$ 是直线 L 一个方向向量,直线的任一方向向量 $\boldsymbol{s}$ 的坐标 m, n, p 称为这条直线的一组方向数.

显然,若 $\boldsymbol{s}$ 是直线 L 的一个方向向量,则 $\lambda\boldsymbol{s}$(λ 为任意非零实数)都是 L 的方向向量.

由立体几何知识可知,当直线 L 上一点 $M_0(x_0, y_0, z_0)$ 和它的一方向向量 $\boldsymbol{s} = \{m, n, p\}$ 已知时,直线 L 的位置就完全确定了.

下面我们求通过点 $M_0(x_0, y_0, z_0)$ 且方向向量为 $\boldsymbol{s} = \{m, n, p\}$ 的直线 L 的方程.

设 $M(x, y, z)$ 为直线 L 上的任一点,如图5.13所示,则 $\overrightarrow{M_0M}//\boldsymbol{s}$,所以,存在一个实数 λ,使得 $\overrightarrow{M_0M} = \lambda\boldsymbol{s}$.而 $\overrightarrow{M_0M}$ 的坐标为 $\{x - x_0, y - y_0, z - z_0\}$,因此有

$$\begin{cases} x - x_0 = \lambda m, \\ y - y_0 = \lambda n, \\ z - z_0 = \lambda p, \end{cases}$$

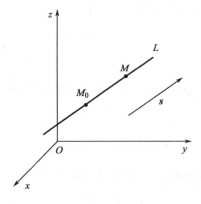

图 5.13

消去 λ,得

$$\frac{x - x_0}{m} = \frac{y - y_0}{n} = \frac{z - z_0}{p} \tag{5.5}$$

这就是直线 L 上任意一点 $M(x, y, z)$ 的坐标所满足的方程,而不在直线 L 上的点的坐标均不满足式5.5,因此式5.5就是直线 L 的方程,称其为直线 L 的点向式方程,也称为标准方程.

由于直线L的方向向量$s \neq 0$,所以m, n, p不全为零,但当有一个为零时,如$m = 0$时,直线方程为

$$\begin{cases} x - x_0 = 0, \\ \dfrac{y - y_0}{n} = \dfrac{z - z_0}{p}, \end{cases}$$

该直线与yOz平面平行.

当有两个为零时,如$m = n = 0$时,直线方程为

$$\begin{cases} x - x_0 = 0, \\ y - y_0 = 0, \end{cases}$$

该直线与z轴平行.

【例5】 求过点$M_1(1, 0, 2), M_2(3, 2, 1)$的直线$L$的方程.

解 显然,向量$\overrightarrow{M_1M_2} = \{2, 2, -1\}$即为所求直线$L$的方向向量,所以据式(5.5)得直线$L$的方程为

$$\frac{x - 1}{2} = \frac{y}{2} = \frac{z - 2}{-1}$$

公式(5.5)中,令$\dfrac{x - x_0}{m} = \dfrac{y - y_0}{n} = \dfrac{z - z_0}{p} = t$,

$$\begin{cases} x = x_0 + mt, \\ y = y_0 + nt, \\ z = z_0 + pt, \end{cases} \tag{5.6}$$

方程组5.6称为空间直线的参数式方程,其中t称为参数.

两个相交平面的交线确定一条直线,因此,两个相交平面的联立方程组

$$\begin{cases} A_1x + B_1y + C_1z + D_1 = 0, \\ A_2x + B_2y + C_2z + D_2 = 0 \end{cases} \tag{5.7}$$

表示一直线,称为空间直线的一般式方程.

【例6】 求直线

$$\begin{cases} 3x + 2y + 4z - 11 = 0, \\ 2x + y - 3z - 1 = 0 \end{cases}$$

的标准方程.

解 先确定直线的方向向量s.

由于两个平面的法向量分别为$n_1 = \{3, 2, 4\}$和$n_2 = \{2, 1, -3\}$,而所求直线的方向向量s要同时垂直n_1和n_2,故其必平行于向量

$$n_1 \times n_2 = \begin{vmatrix} i & j & k \\ 3 & 2 & 4 \\ 2 & 1 & -3 \end{vmatrix} = \{-10, 17, -1\}.$$

即

$$s = \{-10, 17, -1\}.$$

再求出直线上的一个点,即求出所给方程的一组解.

设$x_0 = 1$,则从已知的联立方程可求得$y_0 = 2, z_0 = 1$,因此点$(1, 2, 1)$为所求直线上的一点,由式(5.5),得所求直线的标准方程为

$$\frac{x-1}{-10} = \frac{y-2}{17} = \frac{z-1}{-1}.$$

空间直线与平面的夹角是指直线的方向向量与平面的法向量的夹角(通常指锐角或直角).两直线的夹角是指两直线的方向向量的夹角(通常指锐角或直角).

设平面π的方程为

$$Ax + By + Cz + D = 0, \text{其法向量} \boldsymbol{n} = \{A, B, C\},$$

直线L_1与L_2的方程为

$$L_1: \frac{x-x_1}{m_1} = \frac{y-y_1}{n_1} = \frac{z-z_1}{p_1}, \text{其方向向量} \boldsymbol{s_1} = \{m_1, n_1, p_1\},$$

$$L_2: \frac{x-x_2}{m_2} = \frac{y-y_2}{n_2} = \frac{z-z_2}{p_2}, \text{其方向向量} \boldsymbol{s_2} = \{m_2, n_2, p_2\},$$

由直线与平面的夹角和两直线的夹角的定义及两向量垂直、平行的条件可得下面结论:

(1)直线L_1与平面π垂直的充分必要条件为

$$s_1 // \boldsymbol{n} \Leftrightarrow \frac{A}{m_1} = \frac{B}{n_1} = \frac{C}{p_1};$$

(2)直线L_1与平面π平行的充分必要条件为

$$s_1 \perp \boldsymbol{n} \Leftrightarrow Am_1 + Bn_1 + Cp_1 = 0;$$

(3)直线L_1与直线L_2垂直的充分必要条件为

$$s_1 \perp s_2 \Leftrightarrow m_1 m_2 + n_1 n_2 + p_1 p_2 = 0$$

(4)直线L_1与直线L_2平行的充分必要条件为

$$s_1 // s_2 \Leftrightarrow \frac{m_1}{m_2} = \frac{n_1}{n_2} = \frac{p_1}{p_2}.$$

【例7】 求过点$M(1, 0, -2)$且与两平面$\pi_1: x + z = 5$和$\pi_2: 2x - 3y + z = 18$都平行的直线方程.

解 两平面π_1和π_2的法向量分别为

$$\boldsymbol{n_1} = \{1, 0, 1\}, \boldsymbol{n_2} = \{2, -3, 1\},$$

则所求直线的方向向量$s \perp \boldsymbol{n_1}, s \perp \boldsymbol{n_2}$,所以

$$s = \boldsymbol{n_1} \times \boldsymbol{n_2} = \begin{vmatrix} i & j & k \\ 1 & 0 & 1 \\ 2 & -3 & 1 \end{vmatrix} = 3i + j - 3k,$$

所求直线的方程为
$$\frac{x-1}{3} = \frac{y}{1} = \frac{z+2}{-3}.$$

三、二次曲面

二次方程所表示的曲面叫**二次曲面**;n次方程所表示的曲面称为n次曲面.下面介绍几个常见的二次曲面.

我们经常应用"截痕法"对二次曲面进行研究,即利用平行于坐标平面的平面去截曲面,然后考察其截痕(交线)图形的特点,以此来想象曲面的空间形状,这种方法称为截痕法.

1.柱面

直线L沿空间一条曲线Γ平行移动所形成的曲面称为柱面.动直线L称为柱面的母线,定曲线Γ称为柱面的准线.

常见的柱面有:

圆柱面:$x^2 + y^2 = R^2$,

椭圆柱面:$\dfrac{x^2}{a^2} + \dfrac{y^2}{b^2} = 1$(见图5.14).

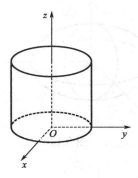

图 5.14　椭圆柱面

双曲柱面:$\dfrac{x^2}{b^2} - \dfrac{y^2}{a^2} = 1$(见图5.15).

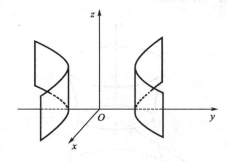

图 5.15　双曲柱面

抛物柱面:$x^2 = 2py$(见图5.16)

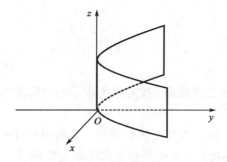

图 5.16 抛物柱面

2. 椭球面

由方程

$$\frac{x^2}{a^2}+\frac{y^2}{b^2}+\frac{z^2}{c^2}=1 \quad (a,b,c>0)$$

所确定的曲面称为椭球面(见图5.17),其中 a,b,c 称为椭球面的半轴长.

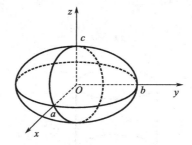

图 5.17

3. 双曲面

双曲面根据图形的特点分为单叶双曲面和双叶双曲面.

由方程

$$\frac{x^2}{a^2}+\frac{y^2}{b^2}-\frac{z^2}{c^2}=1 \quad (a,b,c>0)$$

所确定的曲面称为单叶双曲面(见图5.18).

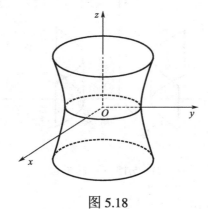

图 5.18

由方程
$$\frac{x^2}{a^2}+\frac{y^2}{b^2}-\frac{z^2}{c^2}=-1 \quad (a,b,c>0)$$
所确定的曲面称为双叶双曲面(见图5.19).

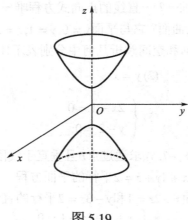

图 5.19

单叶双曲面还有
$$\frac{x^2}{a^2}-\frac{y^2}{b^2}+\frac{z^2}{c^2}=1 \text{和} -\frac{x^2}{a^2}+\frac{y^2}{b^2}+\frac{z^2}{c^2}=1$$
双叶双曲面还有
$$\frac{x^2}{a^2}-\frac{y^2}{b^2}+\frac{z^2}{c^2}=-1 \text{和} -\frac{x^2}{a^2}+\frac{y^2}{b^2}+\frac{z^2}{c^2}=-1$$

4.抛物面

常见的抛物面有椭圆抛物面和双曲抛物面.

由方程
$$z=\frac{x^2}{a^2}+\frac{y^2}{b^2}(a,b>0)$$
所确定的曲面称为椭圆抛物面(见图5.20)

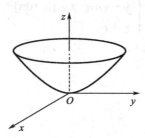

图 5.20

147

【能力训练5.2】

(基础题)

1. 试写出各坐标平面和各坐标轴的方程.
2. 平面 $3(x-2)+(y+5)-6(z-1)=0$ 的法向量 $\boldsymbol{n}=($　　　　)，经过点($　　　　$).
3. 一直线的方向向量是否唯一？一直线的点向式方程唯一吗？
4. 方程 $x^2+y^2=z^2$ 表示什么曲面？它与平面 $y=0, y=1, z=3$ 的交线分别是什么曲线？
5. 下列方程在平面解析几何和空间解析几何中分别表示什么图形？

　　(1) $x=1$;　　　　　　(2) $y=x$　　　　　　(3) $x^2+y^2=1$

　　(4) $\dfrac{x^2}{4}+\dfrac{y^2}{9}=1$;　　(5) $\begin{cases} 2x-1=0, \\ y-2=0; \end{cases}$　　(6) $\begin{cases} \dfrac{x^2}{25}-\dfrac{y^2}{9}=1, \\ y=3; \end{cases}$

6. 已知两点 $A(2,-1,2)$ 和 $B(8,-7,5)$，求通过点 B 且垂直于线段 $\overrightarrow{AB}$ 的平面.
7. 求过点 $(1,3,2)$ 且与平面 $3x+4y+z=2$ 平行的平面方程.
8. 求过点 $(1,2,4)$ 且与两平面 $x+2z=1$ 和 $y-3z=2$ 平行的直线方程.
9. 求过点 $(-1,2,1)$，且平行于直线 $\begin{cases} x+y-2z-1=0 \\ x+2y-z+1=0 \end{cases}$ 的直线方程.
10. 指出下列方程表示怎样的曲面.

　　(1) $x^2+\dfrac{y^2}{4}+\dfrac{z^2}{9}=1$;　　　　　　(2) $\dfrac{x^2}{4}+\dfrac{y^2}{9}=z$;

　　(3) $36x^2+9y^2-4z=36$;　　　　　　(4) $x^2+\dfrac{y^2}{4}-\dfrac{z^2}{9}=0$.

§5.3 数学实验——用Matlab绘制空间图形

函数 $plot(x,y,z)$ 中，参数 x, y, z 分别定义曲线的三个坐标向量或矩阵，若是向量，则表示绘制一条三维曲线；若是矩阵，则表示绘制多条三维曲线.

【例1】 绘制一条三维螺旋线 $\begin{cases} x=sint \\ y=cost \quad t\in[0,10\pi]. \\ z=t \end{cases}$

解 在Matlab的命令窗口输入：

\>> $t=0:uppi/50:10*uppi$;

\>> $x=sin(t)$;

\>> $y=cos(t)$;

\>> $z=t$;

\>> $subplot(1,2,1)$;

\>> $plot3(x,y,z)$

回车后，结果显示如5.21左图所示.

【例2】 绘制函数$z = x^2 - 2y^2$满足$-10 \leqslant x, y \leqslant 10$的图形.

解 在Matlab的命令窗口输入:

\>\> $t = -10 : 1 : 10;$

\>\> $[x2, y2] = meshgrid(t);$

\>\> $z2 = x2.\wedge 2 - 2 * y2.\wedge 2;$

\>\> $mesh(x2, y2, z2), title('马鞍面')$

回车后,结果如图5.21右图所示.

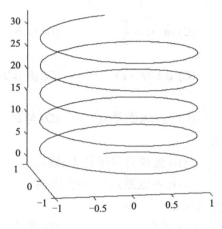

图 5.21

【例3】 画函数$x^2 + y^2 = 1$的所形成的柱面与旋转曲面.

解 在Matlab的命令窗口输入:

\>\> $r = -1 : 0.1 : 1;$

\>\> $subplot(1, 2, 1), cylinder(1, 50), title('柱面');$

\>\> $subplot(1, 2, 2), cylinder(sqrt(abs(r)), 50), title('旋转面')$

回车后,结果如图5.22所示。

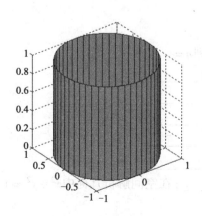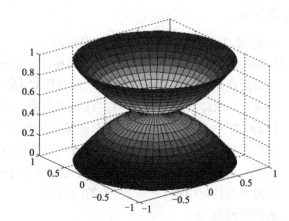

图 5.22

复习题五

一、单项选择题.

1. 点$M(-1,2,3)$是(   );
   (A) 第II卦限点   (B) 第IV卦限点   (C) 第V卦限点   (D) 第VII卦限点

2. 下列等式中正确的是(   );
   (A) $i+j=k$ (B) $i\cdot j=k$ (C) $i\cdot i=j\cdot j$ (D) $i\times i=i\cdot i$

3. 设$a=(1,1,-1), b=(-1,-1,1)$,则有(   );
   (A) $a//b$ (B) $a\perp b$ (C) $\widehat{(a,b)}=\dfrac{\pi}{3}$ (D) $\widehat{(a,b)}=\dfrac{2\pi}{3}$

4. 设$a\times b=a\times c, a, b, c$均为非零向量,则(   );
   (A) $b=c$ (B) $a//(b-c)$ (C) $a\perp(b-c)$ (D) $|b|=|c|$

5. 平面$2x-y=1$的位置是(   );
   (A) 与x轴平行   (B) 与z轴垂直   (C) 与xOy面垂直   (D) 与xOy面平行

6. 直线的方程为$\dfrac{x}{0}=\dfrac{y}{4}=\dfrac{z}{3}$,则该直线(   );
   (A) 过原点且垂直于x轴   (B) 过原点且平行于x轴
   (C) 不过原点但垂直于x轴   (D) 不过原点但平行于x轴

7. 平面$x+2y+z+3=0$,与$x+2y+z=0$的位置关系是(   );
   (A) 垂直   (B) 平行但不重合   (C) 重合   (D) 相交

8. 直线$\dfrac{x-3}{1}=\dfrac{y}{-1}=\dfrac{z+2}{2}$与平面$x-y-z+1=0$的关系是(   );
   (A) 垂直   (B) 相交但不垂直   (C) 直线在平面上   (D) 平行

9. 设向量$a=\{-1,1,2\}, b=\{2,0,1\}$,则向量$a$与$b$的夹角为(   );
   (A) 0   (B) $\dfrac{\pi}{2}$ (C) $\dfrac{\pi}{3}$ (D) $\dfrac{\pi}{4}$

10. 方程$z^2=x^2+y^2$表示的二次曲面是(   );
    (A) 球面   (B) 旋转抛物面   (C) 锥面   (D) 柱面

二、填空题.

1. 点$A(1,2,3)$关于原点的对称点的坐标为_____;

2. 已知向量a与$c=\{4,7,-4\}$平行且方向相反,若$|a|=27$则$a=$_____;

3. 已知两点$M_1(4,\sqrt{2},1)$和$M_2(3,0,2)$,则向量$\overrightarrow{M_1M_2}$的模为_____;

4. 设向量$s=\{1,-1,2\}, n=\{1,-1,-1\}$,则两向量的夹角为_____;

5. 设$a=\{2,-3,1\}, b=\{1,-1,3\}$,则两向量的夹角为_____;

6. 过原点与直线$\dfrac{x+1}{2}=\dfrac{y}{4}=\dfrac{z+2}{3}$垂直的平面方程为_____;

7. 以点$(1,3,2)$为球心,且通过坐标原点的球面方程为_____;

8. 平面解析几何中$x^2+y^2=1$表示的图形是_____;在空间解析几何中$x^2+y^2=1$表示的图形是_____;

9. 平行于向量$a=\{2,-2,1\}$的单位向量为_____;

10. 点$(1,2,1)$到平面$x+y+3z=5$的距离是_____.

三、计算题.

1. 在空间直角坐标系中求点(a,b,c)关于(1)各坐标面;(2)各坐标轴;(3)坐标原点对称点的坐标.
2. 设已知两点$M_1(2,2,\sqrt{2})$和$M_2(1,3,0)$.计算向量$\overrightarrow{M_1M_2}$的模、方向余弦和方向角.
3. 已知a与b垂直且$|a|=5, |b|=12$,计算$|a-b|$及$|a+b|$.
4. 求过点$(2,0,1)$且与直线$\begin{cases} x-2y+4z=7, \\ 3x+5y-2z=1 \end{cases}$垂直的平面方程.
5. 求过点$A(1,0,1)$且通过直线$\dfrac{x-1}{3}=\dfrac{y+2}{2}=\dfrac{z-1}{1}$的平面方程.
6. 求过两点$(1,2,3),(1,-2,5)$的直线方程.
7. 求过点$(0,2,4)$且与两平面$x+2z=1$和$y-3z=2$平行的直线方程.
8. 求直线$\begin{cases} 2x+3y-z=4, \\ 3x-5y+2z=-1 \end{cases}$点向式方程和参数方程.
9. 求直线$\begin{cases} x+y+3z=0, \\ x-y-z=0 \end{cases}$与平面$x-y-z+1=0$的夹角.

第6章　多元函数微积分及其应用

学习目标

知识目标

- 了解多元函数的概念、多元函数的极限与连续；
- 理解偏导数的概念，掌握偏导数的计算；
- 掌握多元复合函数的求导法则；
- 掌握隐函数求偏导的方法；
- 了解方向导数与梯度的概念；
- 掌握求条件极值的拉格朗日乘数法；
- 了解二重积分的概念和性质，掌握二重积分的计算.

能力目标

- 应用条件极值求解一些简单的约束优化问题；
- 能运用 *Matlab* 软件计算偏导数与二重积分；
- 应用二重积分解决简单的应用问题.

前面的学习中，我们研究的函数仅仅依赖于一个自变量，称为一元函数.但许多实际问题往往会出现多个变量，而且其中的一个变量会由其他的几个变量唯一确定，即一个变量依赖于多个变量的多元函数问题.本章就来讨论多元函数概念及其微积分，该内容是一元函数及其微积分学的推广与发展，可以对比学习.我们主要以二元函数为例进行讨论，二元函数的微积分的相关内容可以推广到二元以上的函数.

§6.1　多元函数微分学

以下以二元函数为例进行讨论，三元及三元以上函数的情况与二元函数类似.

一、二元函数的概念、极限与连续

1.二元函数的定义

在很多实际问题中，经常会遇到多个变量之间的依赖关系.举例说明如下:

【案例1】 柱体的体积公式

$$V = \pi r^2 h \quad (r > 0, h > 0)$$

描述了圆柱体的体积 V（因变量）与其底面半径 r 和高 h 之间的唯一确定关系，这是一个以 r 和 h 为自变量的二元函数.

【**案例2**】 销售某种产品所得收入R依赖于销售量Q和销售价格P,即$R = PQ$. 当销售价格P与销售量Q一定时,就有唯一确定的收入与之对应.

以上两个案例的共同点是:两个自变量每取定一组值时,按照确定的对应关系可以唯一确定另外一个变量(因变量)的取值,对照一元函数概念,这就是二元函数.

一般地,以x和y为自变量,以z为因变量的二元函数记作

$$z = f(x, y).$$

一元函数的自变量x的取值范围即定义域,一般是数轴上的一个区间. 而二元函数自变量的取值范围由数轴扩充到xOy平面上,二元函数的定义域通常是xOy平面上的一个平面区域,记作D. 函数$z = f(x, y)$在点(x_0, y_0)的函数值记作$f(x_0, y_0)$.

与一元函数一样,二元函数的两个要素是定义域和对应法则,所以当定义域和对应法则都给定时,才确定了一个二元函数.换句话说,当且仅当定义域与对应法则分别相同时,两个函数才称为相等的(或同一个)函数.

在讨论二元函数$z = f(x, y)$的定义域时,如果函数是由实际问题得到的,其定义域根据它的实际意义来确定;对于用解析式表示的二元函数,其定义域是使解析式有意义的自变量的取值范围.

【**例1**】 求下列函数的定义域:

(1) $z = \sqrt{R^2 - x^2 - y^2}$;

(2) $z = \ln(x^2 + y^2 - 1) + \dfrac{1}{\sqrt{4 - x^2 - y^2}}$;

解 (1)要使函数有意义,x, y必须满足$R^2 - x^2 - y^2 \geq 0$,所以函数的定义域是$x^2 + y^2 \leq R^2$.满足$x^2 + y^2 \leq R^2$的全体(x, y)构成xOy面上的有界闭区域,如图6.1所示.

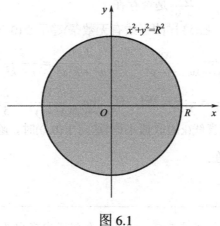

图 6.1

(2) 要使函数有意义,x, y必须满足不等式组

$$\begin{cases} x^2 + y^2 - 1 > 0, \\ 4 - x^2 - y^2 > 0, \end{cases}$$

所以函数的定义域是$1 < x^2 + y^2 < 4$.如图6.2所示.

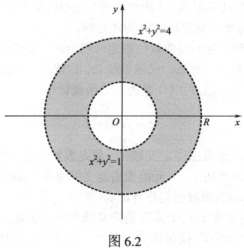

图 6.2

2.二元函数的极限

定义 6.1 设函数 $y=f(x,y)$ 在点 $P_0(x_0,y_0)$ 的某一去心邻域内有定义，$P(x,y)$ 为该邻域内任意一点，如果当 $P(x,y)$ 以任意方式趋于 $P_0(x_0,y_0)$ 时，函数 $f(x,y)$ 的值都趋于一个确定的常数 A，则称 A 是函数 $z=f(x,y)$ 当 $P(x,y)$ 趋于点 $P_0(x_0,y_0)$ 时的极限，记作

$$\lim_{\substack{x\to x_0\\y\to y_0}} f(x,y)=A \quad \text{或} \quad \lim_{(x,y)\to(x_0,y_0)} f(x,y)=A$$

【例2】 讨论极限 $\lim\limits_{(x,y)\to(0,0)} \dfrac{xy}{x^2+y^2}$ 是否存在.

解 当点 $P(x,y)$ 沿直线 $y=kx$(这样的直线有无数条)趋于点 $(0,0)$，有

$$\lim_{(x,y)\to(0,0)} \frac{xy}{x^2+y^2}=\lim_{x\to 0}\frac{kx^2}{x^2+k^2x^2}=\frac{k}{1+k^2}.$$

$k=1$ 时，有 $\lim\limits_{(x,y)\to(0,0)} \dfrac{xy}{x^2+y^2}=\dfrac{1}{2}$；$k=2$ 时，有 $\lim\limits_{(x,y)\to(0,0)} \dfrac{xy}{x^2+y^2}=\dfrac{2}{5}$.

说明当点 $P(x,y)$ 沿不同的直线(k 的取值不同)趋向于 $(0,0)$ 时，函数 $\dfrac{xy}{x^2+y^2}$ 趋向于不同的值，所以极限 $\lim\limits_{(x,y)\to(0,0)} \dfrac{xy}{x^2+y^2}$ 不存在.

3.二元函数的连续性

定义 6.2 设函数 $z=f(x,y)$ 在点 $P_0(x_0,y_0)$ 的某个邻域内有定义，如果

$$\lim_{\substack{x\to x_0\\y\to y_0}} f(x,y)=f(x_0,y_0) \text{ 或 } \lim_{P\to P_0} f(P)=f(P_0)$$

则称函数 $z=f(x,y)$ 在点 $P(x,y)$ 处连续，点 $P_0(x_0,y_0)$ 称为函数 $z=f(x,y)$ 的连续点.

如果函数$z = f(x,y)$在区域D内每一点都连续，则称函数$z = f(x,y)$在区域D内连续，并称二元数$z = f(x,y)$为区域D内的二元连续函数.

二元连续函数具有以下性质：

(1)二元连续函数的和、差、积仍为连续函数；在分母不为零的点处，连续函数之商仍为连续函数；

(2)二元连续函数的复合函数也是连续函数；

(3)二元初等函数在其定义区域上都是连续函数；

(4)**最值定理**：有界闭区域D上的连续函数，在区域D上必定取得最大值和最小值；

(5)**介值定理**：有界闭区域D上的连续函数，在区域D上必能取得最大值与最小值之间的任何值.

二、二元函数的偏导数

在物理学中有这样一个实际例子：一定量的理想气体的体积V与压强p和温度T之间，遵循玻意耳定律，即这三者之间存在函数关系$V = R\dfrac{T}{p}$.(比例系数R是常数). 当温度与压强两个因素同时变化时，体积的变化较复杂，通常先考虑两种特殊情况：

(1)等压过程：当压强一定时，体积V关于温度T的变化率，即V关于T的一阶导数$V' = \dfrac{R}{p}$；

(2)等温过程：当温度一定时，体积V关于压强p的变化率，即V关于p的一阶导数$V' = -R\dfrac{T}{p^2}$.

在二元函数变化过程中，暂时认定其中一个变量为常量，函数关于另一个变量的变化率本质上也就是一元函数的导数，即下面要讲的二元函数的一阶偏导数.

1.二元函数一阶偏导数的概念

定义6.3 设函数$z = f(x,y)$在点$P_0(x_0, y_0)$的某邻域内有定义，如果极限

$$\lim_{\Delta x \to 0} \frac{f(x_0 + \Delta x, y_0) - f(x_0, y_0)}{\Delta x}$$

存在，那么称这个极限值为函数$f(x,y)$在点P_0处对x的一阶偏导数，记作

$$\left.\frac{\partial z}{\partial x}\right|_{\substack{x=x_0 \\ y=y_0}} 或 \left.\frac{\partial f}{\partial x}\right|_{\substack{x=x_0 \\ y=y_0}}, f'_x(x_0, y_0), z'_x(x_0, y_0).$$

同样，可以定义函数$f(x,y)$在点P_0处对y的一阶偏导数为

$$\left.\frac{\partial z}{\partial y}\right|_{\substack{x=x_0 \\ y=y_0}} = \lim_{\Delta y \to 0} \frac{f(x_0, y_0 + \Delta y) - f(x_0, y_0)}{\Delta y}$$

如果函数$z = f(x,y)$在区域D内每一点$P(x,y)$处对x的偏导数都存在，那这个偏导数就是x, y的函数，称为函数$z = f(x,y)$对自变量x的偏导函数，记作$\dfrac{\partial z}{\partial x}$或$\dfrac{\partial f}{\partial x}, z'_x, f'_x(x,y)$.

同样，可以定义函数$z = f(x,y)$对自变量y的偏导函数，记作$\dfrac{\partial z}{\partial y}$或$\dfrac{\partial f}{\partial y}, z'_y, f'_y(x,y)$. $f(x,y)$的偏导函数，通常简称偏导数.

由此可见：求二元函数$z = f(x, y)$对自变量x的一阶偏导数时，把自变量y暂时看作常量，对自变量x求导数；求二元函数$z = f(x, y)$对自变量y的一阶偏导数时，把自变量x暂时看作常量，对自变量y求导数. 显然，只需运用一元函数导数基本运算法则、导数基本公式及复合函数导数运算法则，就可以得到结果.

【例3】 求二元函数$z = x^3 + 3x^2y - y^3$的一阶偏导数.

解

$$z'_x = 3x^2 + 6xy,$$
$$z'_y = 3x^2 - 3y^2.$$

【例4】 求函数$z = x^3y^2 + x^2$在点$(1, 2)$处的两个一阶偏导数.

解 先求两个一阶偏导数：

$$z'_x = 3x^2y^2 + 2x,$$
$$z'_y = 2x^3y.$$

再求函数在点$(1, 2)$处的两个一阶偏导数：

$$z'_x = 3 \times 1^2 \times 2^2 + 2 \times 1 = 14,$$
$$z'_y = 2 \times 1^3 \times 2 = 4.$$

2. 二元函数的二阶偏导数

定义6.4 如果函数$z = f(x, y)$在区域D内每一点都存在偏导数$f'_x(x, y), f'_y(x, y)$，且这两个偏导数的偏导数也存在，那么称它们为函数$f(x, y)$的二阶偏导数，分别记作

$$\frac{\partial}{\partial x}\left(\frac{\partial z}{\partial x}\right) = \frac{\partial^2 z}{\partial x^2} = f''_{xx}(x, y); \qquad \frac{\partial}{\partial y}\left(\frac{\partial z}{\partial x}\right) = \frac{\partial^2 z}{\partial x \partial y} = f''_{xy}(x, y)$$

$$\frac{\partial}{\partial x}\left(\frac{\partial z}{\partial y}\right) = \frac{\partial^2 z}{\partial y \partial x} = f''_{yx}(x, y); \qquad \frac{\partial}{\partial y}\left(\frac{\partial z}{\partial y}\right) = \frac{\partial^2 z}{\partial y^2} = f''_{yy}(x, y).$$

其中$\frac{\partial^2 z}{\partial y \partial x}, \frac{\partial^2 z}{\partial x \partial y}$称为函数$f(x, y)$的二阶混合偏导数.

【例5】 求二元函数$z = 2x^4 + 3xy^2 + 5xy + 13$的二阶偏导数.

解 先求一阶偏导数：

$$z'_x = 8x^3 + 3y^2 + 5y,$$
$$z'_y = 6xy + 5x.$$

再求二阶偏导数：

$$z''_{xx} = (8x^3 + 3y^2 + 5y)'_x = 24x^2,$$
$$z''_{xy} = (8x^3 + 3y^2 + 5y)'_y = 6y + 5,$$
$$z''_{yx} = (6xy + 5x)'_x = 6y + 5,$$
$$z''_{yy} = (6xy + 5x)'_y = 6x$$

由上例可以看出，两个二阶混合偏导数相等，即 $\dfrac{\partial^2 z}{\partial y \partial x} = \dfrac{\partial^2 z}{\partial x \partial y}$. 这是由于多项式函数在其定义域内都是连续的函数.

三、全微分

与一元函数类似，二元函数也有可微的概念.

定义 6.5 设函数 $z = f(x, y)$ 在点 (x_0, y_0) 的某个邻域 D 内有定义，$P(x_0 + \Delta x, y_0 + \Delta y)$ 为该邻域内的一点，若全增量

$$\Delta z = f(x_0 + \Delta x, y_0 + \Delta y) - f(x_0, y_0)$$

可表示为

$$\Delta z = A\Delta x + B\Delta y + 0(\rho),$$

其中 A, B 与 $\Delta x, \Delta y$ 无关，仅与 x_0, y_0 有关，$\rho = \sqrt{(\Delta x)^2 + (\Delta y)^2}$，$0(\rho)$ 是 ρ 的高阶无穷小量，则称函数 $z = f(x, y)$ 在点 (x_0, y_0) 处可微，并称 $A\Delta x + B\Delta y$ 为 $f(x, y)$ 在点 (x_0, y_0) 处的全微分，记作 $\mathrm{d}z \Big|_{\substack{x \to x_0 \\ y \to y_0}}$ 或 $\mathrm{d}f(x_0, y_0)$，即

$$\mathrm{d}z \Big|_{\substack{x \to x_0 \\ y \to y_0}} = A\Delta x + B\Delta y.$$

如果函数 $z = f(x, y)$ 在 D 内每一点都可微，那么称函数 $z = f(x, y)$ 在 D 内可微.

多元函数的微分有如下结论:

【定理6.1】 若函数 $z = f(x, y)$ 在点 (x_0, y_0) 处可微，则此函数在该点处必连续.

【定理6.2】 设函数 $z = f(x, y)$ 在点 (x_0, y_0) 处可微，则该函数在此点处的两个偏导数 $f'_x(x_0, y_0)$，$f'_y(x_0, y_0)$ 必存在，且 $A = f'_x(x_0, y_0), B = f'_y(x_0, y_0)$

如果函数 $z = f(x, y)$ 在点 (x_0, y_0) 处可微，则有

$$\mathrm{d}z \Big|_{\substack{x \to x_0 \\ y \to y_0}} = f'_x(x_0, y_0)\mathrm{d}x + f'_y(x_0, y_0)\mathrm{d}y.$$

同样，如果函数 $z = f(x, y)$ 在区域 D 内可微，则 $\mathrm{d}z = f'_x(x, y)\mathrm{d}x + f'_y(x, y)\mathrm{d}y$

【例6】 求函数 $z = x^2 y^2$ 在点 $(2, -1)$ 处，当 $\Delta x = 0.02, \Delta y = -0.01$ 时的全增量与全微分.

解 全增量为

$$\Delta z = (2 + 0.02)^2(-1 - 0.01)^2 - 2^2 \cdot (-1)^2 = 0.1624,$$

又 $\frac{\partial z}{\partial x} = 2xy^2, \frac{\partial z}{\partial y} = 2x^2y$,所以

$$\frac{\partial z}{\partial x}\bigg|_{\substack{x=2\\y=-1}} = 4, \quad \frac{\partial z}{\partial y}\bigg|_{\substack{x=2\\y=-1}} = -8.$$

因此，$dz = 4 \times 0.02 + (-8) \times (-0.01) = 0.16$.

【例7】 有一圆柱体，受压后发生变形，它的半径由20cm增大到20.05cm，高度由100cm减小到99cm，求此圆柱体积变化的近似值.

解 设圆柱体的半径、高和体积依次为r, h和V,则有

$$V = \pi r^2 h.$$

记r, h和V的增量依次为$\Delta r, \Delta h$和ΔV,则有

$$\Delta V \approx dV = V'_r \cdot \Delta r + V'_h \cdot \Delta h,$$

又$V'_r = 2\pi rh, V'_h = \pi r^2$,将$r = 20, h = 100, \Delta r = 0.05, \Delta h = -1$代入得

$$\Delta V = 2\pi \times 20 \times 100 \times 0.05 + \pi \times 20^2 \times (-1) = -200\pi (\text{cm}^3).$$

所以，此圆柱体在受压后体积减小了约$200\pi \text{cm}^3$.

【能力训练6.1】

(基础题)

1. 求下列函数的定义域，并作出区域的图形.
   (1) $z = \ln(x + y)$;　　　　　(2) $z = \sqrt{4 - x^2} + \sqrt{y^2 - 4}$.
2. 如果$f(x, y) = xy + y^2$,求$f(\frac{1}{2}, 3), f(1, -1)$.
3. $\lim\limits_{\substack{x \to 2\\y \to 0}} \frac{\sin(xy)}{y} = $ ＿＿＿＿; $\lim\limits_{\substack{x \to 2\\y \to 0}} \frac{2 - \sqrt{x^2 + y^2 + 4}}{x^2 + y^2} = $ ＿＿＿＿.
4. 设$f(x + y, x - y) = xy + y^2$,求$f(x, y)$.
5. 求下列函数的偏导数:
   (1) $z = \frac{x + y}{x - y}$;　　　　　(2) $z = (\frac{1}{3})^{\frac{y}{x}}$;
   (3) $z = \sin(xy)\tan\frac{y}{x}$;　　　　　(4) $z = \arctan\frac{x + y}{1 - xy}$.
6. 求下列函数的二阶偏导数:
   (1) $z = x\ln(xy)$;　　　　　(2) $z = xe^x\sin y$.

(应用题)

1. 求下列各函数的全微分:
   (1) $z = xy + \frac{x}{y}$;　　　　(2) $z = e^{\frac{y}{x}}$;　　　　(3) $z = e^{x+y}\sin x\cos y$.

2.求由下列方程所确定的隐函数的偏导数 $\dfrac{\partial z}{\partial x}, \dfrac{\partial z}{\partial y}$:

(1) $x^2 + y^2 + z^2 - 3xyz = 0$;　　　　(2) $e^z = xyz$.

3.设有一无盖的圆柱形容器,其侧壁与底的厚度均为0.1cm,内径为8cm,深20cm,求容器外壳体积的近似值.

§6.2　二元函数的极值与最值

日常生活中,人们常常遇到如何用有限资金进行多项投资,使总收益最大.这样的有关多元函的最大值、最小值问题,与一元函数类似,多元函数的最大值、最小值与极大值、极小值有密切联系,因此先讨论二元函数的极值问题.

一、二元函数的极值

> **定义 6.6**　设函数 $z = f(x,y)$ 在点 (x_0, y_0) 及其附近有定义,对于该附近异于 (x_0, y_0) 的点 (x, y),如果都满足不等式
>
> $$f(x, y) < f(x_0, y_0)$$
>
> 那么称函数在点 (x_0, y_0) 有极大值 $f(x_0, y_0)$;如果都满足不等式
>
> $$f(x, y) > f(x_0, y_0)$$
>
> 那么称函数在点 (x_0, y_0) 有极小值 $f(x_0, y_0)$.极大值与极小值统称为极值,使函数取得极值的点称为极值点.

例如,函数 $z = 3x^2 + 4y^2$ 在点 $(0,0)$ 处有极小值,因为点 $(0,0)$ 附近异于 $(0,0)$ 的点,函数值都为正,而在点 $(0,0)$ 处的函数值为零,从几何上看这也是显然的,因为点 $(0,0,0)$ 是开口朝上的椭圆抛物面 $z = 3x^2 + 4y^2$ 的顶点.

下面讨论二元函数极值的判定方法.

【定理6.3】　(极值点存在的必要条件) 设函数 $z = f(x,y)$ 在点 (x_0, y_0) 可微,且在点 (x_0, y_0) 处有极值,则 $z = f(x,y)$ 在该点的偏导数必然为零.即

$$f'_x(x_0, y_0) = 0, f'_y(x_0, y_0) = 0.$$

【定理6.4】　(极值存在的充分条件) 设函数 $z = f(x,y)$ 在点 (x_0, y_0) 的某个邻域内连续且有连续的一阶和二阶偏导数,又 (x_0, y_0) 为函数 $f(x,y)$ 的驻点,即

$$f'_x(x_0, y_0) = 0, f'_y(x_0, y_0) = 0.$$

记 $A = f''_{xx}(x_0, y_0), B = f''_{xy}(x_0, y_0), C = f''_{yy}(x_0, y_0)$,则

(1)当 $B^2 - AC < 0$ 时,$f(x_0, y_0)$ 为 $f(x,y)$ 的极值,且 $A < 0$ 时为极大值,$A > 0$ 时为极小值;

(2)当 $B^2 - AC > 0$ 时,$f(x_0, y_0)$ 不为 $f(x,y)$ 的极值;

(3) 当 $B^2 - AC = 0$ 时,$f(x_0, y_0)$ 可能是 $f(x, y)$ 的极值,也可能不是 $f(x, y)$ 的极值.

求二元函数极值的一般步骤:

(1) 求出函数的两个偏导数 $f'_x(x_0, y_0), f'_y(x_0, y_0)$;

(2) 求方程组 $\begin{cases} f'_x(x_0, y_0) = 0 \\ f'_y(x_0, y_0) = 0 \end{cases}$ 的所有实数解,得函数的所有驻点;

(3) 求出 $f''_{xx}(x_0, y_0), f''_{xy}(x_0, y_0), f''_{yy}(x_0, y_0)$,对于每个驻点 (x_0, y_0) 的 A, B, C;

(4) 对于每个驻点 (x_0, y_0),判断出 $B^2 - AC$ 的符号,由极值存在的充分条件确定 $f(x_0, y_0)$ 是否为极值,如果是极值,判断是极大值还是极小值.

【例8】 求 $f(x, y) = x^3 - y^3 + 3x^2 + 3y^2 - 9x$ 的极值.

解 由于
$$f'_x(x, y) = 3x^2 + 6x - 9, \quad f'_y(x, y) = -3y^2 + 6y,$$

令 $f'_x(x, y) = 0, f'_y(x, y) = 0$,解方程组

$$\begin{cases} 3x^2 + 6x - 9 = 0, \\ -3y^2 + 6y = 0, \end{cases}$$

求得 $f(x, y)$ 的驻点为 $(1, 0), (1, 2), (-3, 0), (-3, 2)$.

又
$$f''_{xx}(x, y) = 6x + 6, \quad f''_{xy}(x, y) = 0, \quad f''_{yy} = -6y + 6,$$

在点 $(1, 0)$ 处,$A = 12, B = 0, C = 6, B^2 - AC = 0 - 12 \times 6 < 0$ 且 $A = 12 > 0$,所以点 $(1, 0)$ 为函数 $f(x, y)$ 的极小值点,极小值为 $f(1, 0) = -5$;

在点 $(1, 2)$ 处,$A = 12, B = 0, C = -6, B^2 - AC = 0 - 12 \times (-6) > 0$,所以点 $(1, 2)$ 不是函数 $f(x, y)$ 的极值点;

在点 $(-3, 0)$ 处,$A = -12, B = 0, C = 6, B^2 - AC = 0 - (-12) \times 6 > 0$ 所以点 $(-3, 0)$ 不是函数 $f(x, y)$ 的极值点;

在点 $(-3, 2)$ 处,$A = -12, B = 0, C = -6, B^2 - AC = 0 - (-12) \times (-6) < 0$ 且 $A = -12 < 0$,所以点 $(-3, 2)$ 为函数 $f(x, y)$ 的极大值点,极大值为 $f(-3, 2) = 31$.

二、二元函数的最值

如果函数 $f(x, y)$ 在有界闭区域 D 上连续,那么 $f(x, y)$ 在 D 上必定能取得最大值和最小值,使函数取得最大值或最小值的点既可能在 D 的内部,也可能在 D 的边界上.求函数的最大值和最小值的一般方法:将函数 $f(x, y)$ 在区域 D 内所有驻点处的函数值与在区域 D 的边界上的最大值和最小值进行比较,其中最大的即为最大值,最小的即为最小值.

【例9】 要制作一个容积为 V 的长方体箱子,问怎样选择尺寸,才能使所用材料最少?

分析: 用函数的极值可以求函数的最大值与最小值.对于实际应用问题,已经知道或能够判定函数在其定义域 D 的内部确实有最大(或最小)值,此时,若在 D 内,函数只有一个驻点,就可以断定该驻点的函数值就是函数在区域 D 上的最大(或最小)值.

解 箱子的容积一定,而使所用材料最少,这就是使箱子的表面积 A 最小.设箱子的长为 x,宽为 y,高为 z.依题设有

$$V = xyz, \quad 则 z = \frac{V}{xy}.$$

于是,箱子的表面积为

$$A = 2(xy + yz + zx) = 2\left(xy + \frac{V}{x} + \frac{V}{y}\right) \quad (x > 0, y > 0).$$

这是求二元函数的极值问题.

由

$$\begin{cases} \dfrac{\partial A}{\partial x} = 2\left(y - \dfrac{V}{x^2}\right) = 0 \\ \dfrac{\partial A}{\partial y} = 2\left(x - \dfrac{V}{y^2}\right) = 0 \end{cases}$$

可解得 $x = \sqrt[3]{V}, y = \sqrt[3]{V}$.

依实际问题可知,箱子的表面积一定存在最小值.而在函数的定义域 $D = \{(x,y) | x > 0, y > 0\}$ 内有唯一的驻点 $(\sqrt[3]{V}, \sqrt[3]{V})$,由此,当 $x = \sqrt[3]{V}, y = \sqrt[3]{V}$ 时, A 取最小值.

综上,当箱子的长为 $\sqrt[3]{V}$,宽为 $\sqrt[3]{V}$,高为 $\dfrac{V}{\sqrt[3]{V} \cdot \sqrt[3]{V}} = \sqrt[3]{V}$ 时,制作箱子所用的材料最少.

三、条件极值

现实世界中,人们的行为总是要受到一些客观条件的约束.如果在所讨论极值问题中,对于函数自变量的取值,除了限制在函数的定义域内以外,还有附加称为条件极值.

求函数 $z = f(x,y)$ 在约束条件 $\varphi(x,y) = 0$ 下的条件极值问题,我们一般采用**拉格朗日乘数法**转化成无条件极值问题,其步骤如下:

先构造辅助函数(称为拉格朗日函数)

$$L = L(x, y, \lambda) = f(x, y) + \lambda \varphi(x, y),$$

其中参数 λ 称为**拉格朗日乘数**,将条件极值问题化为求三元函数 $L(x, y, \lambda)$ 的无条件极值问题;

再解方程组

$$\begin{cases} L_x(x, y, \lambda) = f_x(x, y) + \lambda \varphi_x(x, y) = 0, \\ L_y(x, y, \lambda) = f_y(x, y) + \lambda \varphi_y(x, y) = 0, \\ L_\lambda(x, y, \lambda) = \varphi(x, y) = 0, \end{cases}$$

得到的解 x, y,即为函数 $z = f(x,y)$ 在约束条件 $\varphi(x,y) = 0$ 下可能的极值点的坐标.

拉格朗日乘数法的本质是通过增加一个参数,将约束优化问题转化为无约束优化问题.

【**例10**】 易拉罐的最优设计.装饮料的易拉罐的形状几乎是一样的,这不是偶然,实际这是一种最优设计,也就是用料最省.对于单个易拉罐来说,这种最优设计可以节省的费用是有限的,但如果生产数量很多的易拉罐,节约的费用就很可观了.假设某种饮料的易拉罐的容积是355mL,为使用料最省,即表面积最小,应如何设计?

解 为使问题简单,不妨先考虑易拉罐形状为一正圆柱体,罐顶部厚度是侧面及底面厚度的3倍,容积为355mL.

设饮料罐的底面半径为 r,高为 h,易拉罐侧面及底面厚度为 d,则其制作材料的体积为侧面材料的体积、底面材料的体积和顶部材料的体积之和,即

$$V(r, h) = 2\pi r h d + \pi r^2 d + 3\pi r^2 d = 2\pi r d h + 4\pi r^2 d,$$

由题意有约束条件:$\pi r^2 h = 355$,即$355 - \pi r^2 h = 0$.

这是一个带约束条件的条件极值问题,用拉格朗日乘数法求解如下:

先构造拉格朗日函数为

$$L = L(r, h, \lambda) = 2\pi r d h + 4\pi r^2 d + \lambda(355 - \pi r^2 h),$$

求其各一阶偏导数并令它们同时为零,有

$$\begin{cases} \dfrac{\partial L}{\partial r} = 2\pi d h + 8\pi r d - 2\lambda \pi r h = 0, \\ \dfrac{\partial L}{\partial h} = 2\pi r d - \lambda \pi r^2 = 0, \\ \dfrac{\partial L}{\partial \lambda} = 355 - \pi r^2 h = 0, \end{cases}$$

化简后,得如下方程组:

$$\begin{cases} dh + 4rd - \lambda r h = 0, \\ 2d - \lambda r = 0, \\ 355 - \pi r^2 h = 0, \end{cases}$$

消去λ,可解得$r = \sqrt[3]{\dfrac{355}{4\pi}} \approx 3.05, h = 4r \approx 12.18$.

所以为使所用材料最省,即制作材料的体积最小,应取$r \approx 3.05\text{cm}, h \approx 12.18\text{cm}$的尺寸来设计易拉罐,即罐高为直径的两倍时,用料最省.

事实上,易拉罐包装设计非常复杂,需要考虑更多因素,比如易拉罐的上、下底面和侧面所用材料并不相同,还有制造时焊缝的工作量等,有兴趣的同学可以进行更深入地研究.

【能力训练6.2】

(基础题)

1.求下列函数的极值.
 (1) $f(x,y) = (y-1)^2 - (x+1)^2 + 1$; (2) $f(x,y) = x^3 + y^3 - 9xy + 27$;
 (3) $f(x,y) = x^3 - 4x^2 + 2xy - y^2 + 1$; (4) $f(x,y) = e^{2x}(x + 2y + y^3)$;
 (5) $f(x,y) = x^3 + y^3 - 3(x^2 + y^2)$; (6) $f(x,y) = xy(x^2 + y^2 - 1)$.

2.求二元函数$f(x,y) = xy$在约束条件$x + y = 1$下的极值.

3.求二元函数$f(x,y) = x^2 + y^2$在约束条件$\dfrac{x}{2} + \dfrac{y}{3} = 1$下的极值.

4.三正数之和为120,求三者乘积的最大值.

(应用题)

1.要制作一个无盖的长方体水槽,已知它的底部造价为18元/m²,侧面造价都是6元/m²,设计的总造价为216元,问如何选择它的尺寸,才能使水槽容积最大?

2.将周长为12的矩形绕它的一边旋转一周构成一个圆柱体,问矩形的边长各为多少时,可使圆柱体的体积最大?并求最大体积.

§6.3 二重积分及其应用

在第三章中,我们所讨论的定积分是某种特定形式的和式的极限.若把这种极限推广到定义在区域的多元函数的情形,便得到重积分的概念,本章将讨论二重积分的概念、计算方法及它的一些应用.

一、二重积分的概念

1.实例分析

【例1】 (曲顶柱体的体积)设函数$z = f(x,y)$在有界闭区域D上连续,且$f(x,y) \geqslant 0$.以函数$z = f(x,y)$所表示的曲面为顶,以区域D为底,且以D的边界曲线为准线而母线平行于z轴的柱面为侧面的立体称为曲顶柱体(见图6.3). 现在我们讨论如何计算它的体积V.

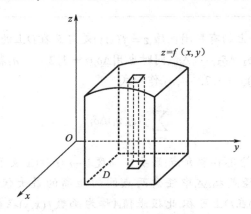

图 6.3

由于柱体的高$f(x,y)$是变动的,且在区域D上是连续的,所以在小范围内它的变动很小,可以近似地视为不变.因此,就可用类似于求曲边梯形面积的方法,即采取分割、取近似、求和、取极限的方法求曲顶柱体的体积V.具体步骤如下:

第一步:用任意曲线将区域D分割成n个小区域:

$$\Delta\delta_1, \Delta\delta_2, \Delta\delta_3 \cdots, \Delta\delta_n,$$

同时用上述记号表示各个小区域的面积,相应地把曲顶柱体分为n个以$\Delta\delta_i$为底面、母线平行于z轴的小曲顶柱体,其体积记为$\Delta V_i (i = 1, 2, \cdots, n)$.

第二步:在每个小区域$\Delta\delta_i$上任取一点$P(\xi_i, \eta_i)$,将第i个曲顶柱体的体积用高为$f(\xi_i, \eta_i)$,底为$\Delta\delta_i$的平顶柱体的体积来近似表示,即

$$\Delta V_i \approx f(\xi_i, \eta_i)\Delta\delta_i (i = 1, 2, \cdots, n)$$

显然,它们之间存在一定的误差,且误差的大小随$\Delta\delta_i$的直径($\Delta\delta_i$的直径是指$\Delta\delta_i$中任意两点间的距离的最大值)越小而越小.

第三步:求和,得曲顶柱体体积的近似值为

$$V \approx \sum_{i=1}^{n} f(\xi_i, \eta_i)\Delta\delta_i$$

它们的误差随分割的越细而越小.

第四步:取极限,以 λ 表示 $\Delta\delta_1,\Delta\delta_2,\Delta\delta_3\cdots,\Delta\delta_n$ 中直径的最大值, 称 λ 为细度, 当区域分割越来越细密, λ 越来越小时, 和式 $\sum_{i=1}^{n}f(\xi_i,\eta_i)\Delta\delta_i$ 与曲顶柱体的体积就越来越接近.因此,当 $\lambda\to 0$ 时, 和式 $\sum_{i=1}^{n}f(\xi_i,\eta_i)\Delta\delta_i$ 的极限就是曲顶柱体的体积, 即

$$V=\lim_{\lambda\to 0}\sum_{i=1}^{n}f(\xi_i,\eta_i)\Delta\delta_i$$

2.二重积分的定义

> **定义** 6.7 设 D 为平面上的有界闭区域, $z=f(x,y)$ 是定义在 D 上的一个二元函数.将 D 任意分割成 n 个小区域: $\Delta\delta_1,\Delta\delta_2,\Delta\delta_3\cdots,\Delta\delta_n$, 同时也用 $\Delta\delta_i(i=1,2,\cdots,n)$ 表示其面积, 在每个小区域 $\Delta\delta_i$ 上任取一介点 $(\xi_i,\eta_i)(i=1,2,\cdots,n)$.作和式
>
> $$\sum_{i=1}^{n}f(\xi_i,\eta_i)\Delta\delta_i$$
>
> 如果不论怎样分割,也不论怎样取介点,只要当细度 $\lambda\to 0$ 时 (λ 表示 $\Delta\delta_1,\Delta\delta_2,\Delta\delta_3\cdots,\Delta\delta_n$ 中直径的最大值 ($\Delta\delta_i$ 的直径是指 $\Delta\delta_i$ 中任意两点间的距离的最大值)), 上述和式总趋于同一确定值 A, 那么称 $f(x,y)$ 在 D 上可积, 此极限值 A 称为函数 $f(x,y)$ 在区域 D 上的二重积分, 记为 $\iint_D f(x,y)\mathrm{d}\delta$, 即
>
> $$\iint_D f(x,y)\mathrm{d}\delta=\lim_{\lambda\to 0}\sum_{i=1}^{n}f(\xi_i,\eta_i)\Delta\delta_i$$
>
> 其中, D 称为积分区域, $f(x,y)$ 称为被积函数, $\mathrm{d}\delta$ 称为面积元素(在直角坐标系下,记 $\mathrm{d}\delta=\mathrm{d}x\mathrm{d}y$).

3.二重积分的性质

二重积分有着与定积分相类似的一些性质,现将这些性质叙述如下:

性质1 被积函数中的常数因子可以提到积分号外面. 即

$$\iint_D kf(x,y)\mathrm{d}\sigma=k\iint_D f(x,y)\mathrm{d}\sigma\ (k\text{为常数})$$

性质2 有限个函数的代数和的积分等于各个函数积分的代数和.即

$$\iint_D [f(x,y)\pm g(x,y)]\mathrm{d}\sigma=\iint_D f(x,y)\mathrm{d}\sigma\pm\iint_D g(x,y)\mathrm{d}\sigma$$

性质3 如果闭区域 D 由有限条曲线分为有限个部分区域,则在 D 上的二重积分等于在各部分区域上的二重积分之和. 例如 D 被分割为两个区域 D_1 和 D_2, 则有

$$\iint_D f(x,y)\mathrm{d}\sigma=\iint_{D_1} f(x,y)\mathrm{d}\sigma+\iint_{D_2} f(x,y)\mathrm{d}\sigma$$

性质4 如果在区域D上,$f(x,y) \leqslant g(x,y)$,则有不等式

$$\iint_D f(x,y)\mathrm{d}\sigma \leqslant \iint_D g(x,y)\mathrm{d}\sigma$$

性质5 如果在区域D上,$m \leqslant f(x,y) \leqslant M$,则

$$m\sigma \leqslant \iint_D f(x,y)\mathrm{d}\sigma \leqslant M\sigma \quad (\sigma\text{为区域}D\text{的面积})$$

性质6 (二重积分的中值定理) 设函数$f(x,y)$在有界闭区域D上连续,则在D上至少存在一点(ξ,η),使得下式成立

$$\iint_D f(x,y)\mathrm{d}\sigma = f(\xi,\eta) \cdot \sigma$$

二、二重积分的计算

二重积分计算的基本方法是将二重积分转化为累次积分.

1.直角坐标系下二重积分的计算

先讨论连续函数的二重积分计算问题.不妨设$f(x,y) \geqslant 0$.

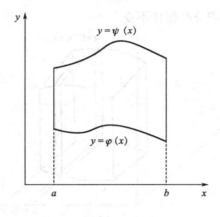

图 6.4

设积分区域D如图6.4所示是由两条平行直线$x = a, x = b$以及两条连续曲边$y = \varphi(x), y = \psi(x)$(在$[a,b]$上$\varphi(x) \leqslant \psi(x)$) 所围成,它可表示为

$$D: \begin{cases} a \leqslant x \leqslant b \\ \varphi(x) \leqslant y \leqslant \psi(x) \end{cases}$$

其中$y = \varphi(x)$与$y = \psi(x)$在区间$[a,b]$上连续.

依二重积分的几何意义,有$\iint_D f(x,y)\mathrm{d}\sigma = V_{\text{曲顶柱体}}$.

另一方面,可用定积分中的"切片法"来求曲顶柱体的体积.在区间$[a,b]$上任取一点x_0,作平行于yOz坐标面的平面$x = x_0$,这个平面与曲顶柱体相交所得的截面,是一个以区间$[\varphi(x_0), \psi(x_0)]$为底,以$z = f(x_0,y)$为曲边的曲边梯形(见图6.5中的阴影部分),这截面的面积为:

$$A(x_0) = \int_{\varphi(x_0)}^{\psi(x_0)} f(x_0, y)\mathrm{d}y$$

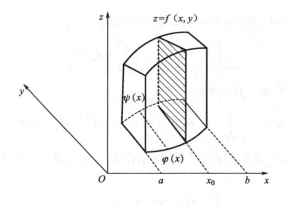

图 6.5

一般地,过区间$[a,b]$上任意一点x,且平行于yOz坐标平面的平面,与曲顶柱体相交,所得截面的面积为

$$A(x) = \int_{\varphi(x)}^{\psi(x)} f(x,y) \mathrm{d}y$$

上式中y是积分变量,x在积分时保持不变.

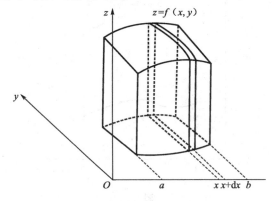

图 6.6

现用平行于yOz坐标面的平面把曲顶柱体切成许多薄片,任取一个对应于小区间$[x, x+\mathrm{d}x]$的薄片(见图6.6).这个薄片的厚度$\mathrm{d}x$为充分小时,这薄片可以看成以截面$A(x)$为底,高为$\mathrm{d}x$的薄柱体,该薄片体积近似为

$$\mathrm{d}V = A(x)\mathrm{d}x$$

所以,曲顶柱体体积为

$$V = \int_a^b A(x)\mathrm{d}x = \int_a^b \left[\int_{\varphi(x)}^{\psi(x)} f(x,y)\mathrm{d}y \right] \mathrm{d}x$$

由此即得二重积分计算公式

$$V = \iint_D f(x,y)\mathrm{d}\sigma = \int_a^b \left[\int_{\varphi(x)}^{\psi(x)} f(x,y)\mathrm{d}y \right] \mathrm{d}x = \int_a^b \mathrm{d}x \int_{\varphi(x)}^{\psi(x)} f(x,y)\mathrm{d}y$$

右端是一个先对y后对x的累次积分,二重积分的累次积分也称为二次积分.

当D可表示为X—型区域$D: \begin{cases} a \leqslant x \leqslant b \\ \varphi(x) \leqslant y \leqslant \psi(x) \end{cases}$ 时有(图6.7左)

$$\iint_D f(x,y)\mathrm{d}\sigma = \int_a^b \mathrm{d}x \int_{\varphi(x)}^{\psi(x)} f(x,y)\mathrm{d}y$$

同理,当D可表示为Y—型区域$D: \begin{cases} c \leqslant y \leqslant d \\ \varphi(y) \leqslant x \leqslant \psi(y) \end{cases}$ 时有(图6.7右)

$$\iint_D f(x,y)\mathrm{d}\sigma = \int_c^d \mathrm{d}y \int_{\varphi(y)}^{\psi(y)} f(x,y)\mathrm{d}x$$

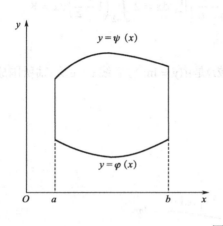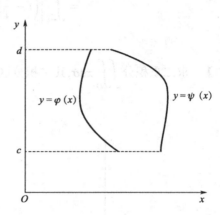

图 6.7

计算二重积分的步骤如下:

第一步:画出积分区域D的图形;

第二步:根据积分区域D和被积函数的特点,将积分区域D用不等式表示出来,将二重积分化为二次定积分;

第三步:计算二次定积分.

【例2】 求二重积分 $\iint_D \left(1 - \dfrac{x}{4} - \dfrac{y}{3}\right)\mathrm{d}\sigma$,其中积分区域为$D = \{(x,y) | -2 \leqslant x \leqslant 2, -1 \leqslant y \leqslant 1\}$.

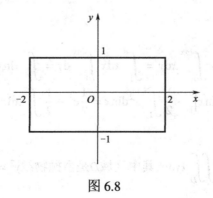

图 6.8

解 画出积分区域D的图形,如图6.8所示.D可表示为不等式:$\begin{cases} -2 \leqslant x \leqslant 2 \\ -1 \leqslant y \leqslant 1 \end{cases}$

这是一个矩形区域,两种积分次序皆可选择.

我们选择先y后x的积分次序:

$$\iint_D \left(1 - \frac{x}{4} - \frac{y}{3}\right) d\sigma = \int_{-2}^{2} dx \int_{-1}^{1} \left(1 - \frac{x}{4} - \frac{y}{3}\right) dy$$
$$= \int_{-2}^{2} \left[\left(1 - \frac{x}{4}\right)y - \frac{y^2}{6}\right]\Big|_{-1}^{1} dx = 2\int_{-2}^{2}\left(1 - \frac{x}{4}\right)dx = 8$$

【**例3**】 求二重积分$\iint_D x d\sigma$,其中积分区域D是由$y = \ln x$与直线$x = e$及x轴所围成的区域.

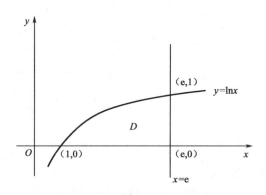

图 6.9

解 画出积分区域D的图形,如图6.9所示,属于X一型区域,可用不等式$\begin{cases} 1 \leqslant x \leqslant e \\ 0 \leqslant y \leqslant \ln x \end{cases}$表示,所以积分可转化为

$$\iint_D x d\sigma = \int_1^e dx \int_0^{\ln x} x dy = \int_1^e x dx \int_0^{\ln x} dy = \int_1^e x \ln x dx = \frac{1}{2}\int_1^e \ln x dx^2$$
$$= \frac{1}{2}\left[x^2 \ln x\right]_1^e - \frac{1}{2}\int_1^e x^2 d\ln x = \frac{1}{2}e^2 - \frac{1}{2}\int_1^e x dx = \frac{1}{4}(e^2 + 1)$$

【**例4**】 计算二重积分$\iint_D xy d\sigma$,其中区域D是由抛物线$y^2 = x$与直线$y = x - 2$所围成的区域.

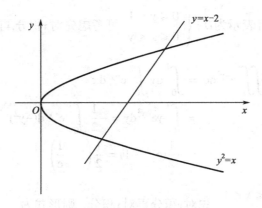

图 6.10

解 画出积分区域 D 的图形,如图 6.10 所示,D 可表示为: $\begin{cases} -1 \leq y \leq 2 \\ y^2 \leq x \leq y+2 \end{cases}$ 所以化成二次积分为

$$\iint_D xy d\sigma = \int_{-1}^{2} dy \int_{y^2}^{y+2} xy dx = \frac{1}{2}\int_{-1}^{2}\left[y(y+2)^2 - y^5\right]dy$$

$$= \frac{1}{2}\left[\frac{y^4}{4} + \frac{4y^3}{3} + 2y^2 - \frac{y^6}{6}\right]_{-1}^{2} = \frac{45}{8}$$

若先对 y 积分,再对 x 积分,就必须将区域 D 分成两个小区域:

$$D = D_1 \begin{cases} 0 \leq x \leq 1 \\ -\sqrt{x} \leq y \leq \sqrt{x} \end{cases} + D_2 \begin{cases} 1 \leq x \leq 4 \\ x-2 \leq y \leq \sqrt{x} \end{cases}$$

而有下面的计算形式

$$\iint_D xy d\sigma = \int_0^1 dx \int_{-\sqrt{x}}^{\sqrt{x}} xy dy + \int_1^4 dx \int_{x-2}^{\sqrt{x}} xy dy$$

难易程度显然是不同的.

【例5】 计算二重积分 $\iint_D e^{-y^2} d\sigma$,其中积分区域 D 由 $y=1, y=x, x=0$ 的围成.

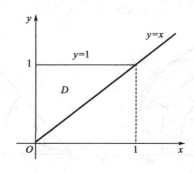

图 6.11

解 如图6.11所示,D可表示为$D:\begin{cases} 0 \leqslant y \leqslant 1 \\ 0 \leqslant x \leqslant y \end{cases}$可考虑先对$x$积分,再对$y$积分,得

$$\iint_D e^{-y^2}d\sigma = \int_0^1 dy \int_0^y e^{-y^2}dx$$
$$= \int_0^1 ye^{-y^2}dy = -\frac{1}{2}\int_0^1 e^{-y^2}d(-y^2)$$
$$= -\frac{1}{2}(e^{-1} - 1) = \frac{1}{2}\left(1 - \frac{1}{e}\right)$$

若把D表示为$D:\begin{cases} 0 \leqslant x \leqslant 1 \\ x \leqslant y \leqslant 1 \end{cases}$,先对$y$积分再对$x$积分,则形式为

$$\iint_D e^{-y^2}d\sigma = \int_0^1 dx \int_x^1 e^{-y^2}dy$$

由于$\int_x^1 e^{-y^2}dy$不是初等函数,因而无法用牛顿-莱布尼兹公式算出.

2.极坐标系下二重积分的计算

对积分区域是圆域的部分,或者被积函数的形式为$f(x^2 + y^2)$,$f(\frac{y}{x})$等的积分,采用极坐标方式计算会简便得多.下面介绍二重积分在极坐标系下的计算方法.

在直角坐标系中,我们可用平行于x轴和y轴的两簇直线来分割区域为一系列小矩形,此时的面积元素$d\sigma = dxdy$,从而有

$$\iint_D f(x,y)d\sigma = \iint_D f(x,y)dxdy$$

在极坐标系中,点的坐标是(r, θ),现用以极点为圆心的同心圆,以极点为起点的射线簇来分割区域D(如图6.12所示),在这种分割下,当$d\theta \to 0, dr \to 0$时,小区域$d\sigma$可近似看做两个扇形的面积之差(如图6.12所示).

面积元素

$$d\sigma = \frac{1}{2}(r + dr)^2 d\theta - \frac{1}{2}r^2 d\theta$$
$$\approx rdrd\theta$$

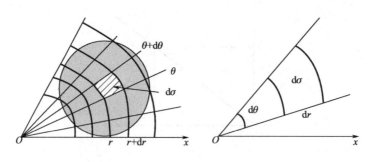

图 6.12

在极坐标下，$x = r\cos\theta$，$y = r\sin\theta$，故被积函数 $f(x,y)$ 的表达式为

$$f(x,y) = f(r\cos\theta, r\sin\theta),$$

从而有

$$\iint_D f(x,y)d\sigma = \iint_D f(r\cos\theta, r\sin\theta)rdrd\theta$$

【例6】 计算积分 $\iint_D e^{-(x^2+y^2)}d\sigma$，其中积分区域 D 是由 $x^2 + y^2 = 4$ 所围成的区域.

解 由于极点在区域 D 的内部

$$D = \{(r,\theta) | 0 \leqslant r \leqslant 2, 0 \leqslant \theta \leqslant 2\pi\}$$

$$\iint_D e^{-(x^2+y^2)}d\sigma = \int_0^{2\pi} d\theta \int_0^2 e^{-r^2} r dr$$
$$= -\frac{1}{2}\int_0^{2\pi} d\theta \int_0^2 e^{-r^2} d(-r^2) = -\frac{1}{2}(e^{-4} - 1)\int_0^{2\pi} d\theta = \pi(1 - e^{-4})$$

【例7】 计算积分 $\iint_D x^2 dxdy$，其中 D 为圆环域 $1 \leqslant x^2 + y^2 \leqslant 4$.

解 积分区域 D 为圆环域，极点在区域 D 外面，在极坐标系下，积分区域 D 外环方程为 $r = 2$，内环方程为 $r = 1$（如图6.13所示），因而区域 D 的极坐标表示为

$$D = \{(r,\theta) | 1 \leqslant r \leqslant 2, 0 \leqslant \theta \leqslant 2\pi\},$$

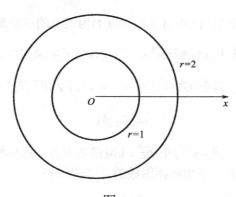

图 6.13

从而有

$$\iint_D x^2 dxdy = \int_0^{2\pi} d\theta \int_1^2 (r\cos\theta)^2 r dr$$
$$= \int_0^{2\pi} \cos^2\theta d\theta \int_1^2 r^3 dr = \frac{15}{4}\pi.$$

【例8】 计算积分 $\iint_D y dxdy$，其中 $D: x^2 + y^2 = 2ax$ 与 x 轴围成的上半圆.

解 圆 $x^2 + y^2 = 2ax$ 的极坐标方程为 $r = 2a\cos\theta$.

在极坐标系下,积分区域 D 可表示为

$$D = \{(r,\theta)|0 \leqslant r \leqslant 2a\cos\theta, 0 \leqslant \theta \leqslant \frac{1}{2}\pi\},$$

从而

$$\iint_D y\mathrm{d}x\mathrm{d}y = \int_0^{\frac{\pi}{2}} \mathrm{d}\theta \int_0^{2a\cos\theta} r\sin\theta r\mathrm{d}r = \frac{1}{3}\int_0^{\frac{\pi}{2}} r^3 \Big|_0^{2a\cos\theta} \sin\theta\mathrm{d}\theta$$
$$= \frac{8}{3}a^3 \int_0^{\frac{\pi}{2}} \cos^3\theta\sin\theta\mathrm{d}\theta = -\frac{2}{3}a^3 \cos^4\theta\Big|_0^{\frac{\pi}{2}} = \frac{2}{3}a^3.$$

【能力训练6.3】

(基础题)

1.计算下列累次积分:

(1) $\int_0^2 \mathrm{d}y \int_0^1 (x^2 + 2y)\mathrm{d}x$; (2) $\int_1^2 \mathrm{d}x \int_{\frac{1}{x}}^x \frac{x^2}{y^2}\mathrm{d}y$;

(3) $\int_0^{2\pi} \mathrm{d}\theta \int_0^a re^{-r^2}\mathrm{d}r$; (4) $\int_0^{2\pi} \mathrm{d}\theta \int_a^b r^3 \mathrm{d}r$.

2.计算下列累次积分:

(1) $\iint_D \cos(x+y)\mathrm{d}x\mathrm{d}y$,其中 D 是由 $x = 0, y = \pi, y = x$ 所围成的区域;

(2) $\iint_D (x^2 + y)\mathrm{d}x\mathrm{d}y$,其中 D 是由 $y = x^2, y^2 = x$ 所围成的区域;

(3) $\iint_D e^{-y^2}\mathrm{d}x\mathrm{d}y$,其中 D 是由 $O(0,0), A(1,1), B(0,1)$ 为顶点的三角形区域;

(4) $\iint_D \sin\sqrt{x^2+y^2}\mathrm{d}\sigma$,其中 D 为圆环 $\pi^2 \leqslant x^2 + y^2 \leqslant 4\pi^2$ 所围成的区域;

(5) $\iint_D \sqrt{1-x^2-y^2}\mathrm{d}x\mathrm{d}y$,其中 D 为圆环 $x^2 + y^2 \leqslant 1$ 与 $y \geqslant 0$ 所围成的区域.

(应用题)

1.求由旋转抛物面 $z = 1 - x^2 - y^2$ 与平面 $z = 0$ 围成的立方体的体积.

2.求由平面 $x + y + 1 = 0$ 及三个坐标面围成的立体的体积.

§6.4 数学实验——用 *Matlab* 求多元函数微积分

1.二元函数的作图

在 *Matlab* 中可以使用 *ezmesh* 命令来画出二元函数的图形,其命令使用格式为:

(1) *ezmesh(f, domain)*:在区域 *domain* 上画出二元函数的图形,其中的 *domain* 可以为 [*xmin, xmax, ymin, ymax*] 或者 [*min, max*](其中显示区域为 *min < x < max, min < y < max*);

(2) *ezmesh(x, y, z, [smin, smax, tmin, tmax])*:在指定的矩形定义域范围 [*smin < s < smax, tmin < t < tmax*] 内画出参数式函数 $x = x(s,t), y = y(s,t), z = z(s,t)$ 的图形.

【例1】 画出 $f(x,y) = x\mathrm{e}^{-x^2-y^2}$ 的图形.

解 输入命令:

>> *syms x y*;

>> *ezmesh(x * exp(-x^2 - y^2), [-2.5, 2.5])*

输出结果如图6.14所示.

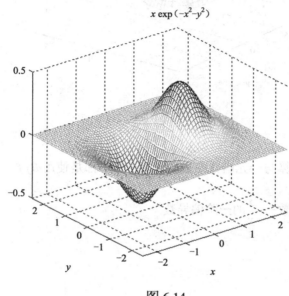

图 6.14

【例2】 作出 $\begin{cases} x = u - u^3/3 + uv^2, \\ y = v - v^3/3 + vu^2, \\ z = u^2 - v^2 \end{cases}$ 的图形.

解 输入命令:

>> *syms u v*;

>> *x = u - u^3/3 + u * v^2*;

>> *y = v - v^3/3 + v * u^2*;

>> *z = u^2 - v^2*;

>> *ezmesh(x, y, z, [-2, 2])*

输出结果如图6.15所示.

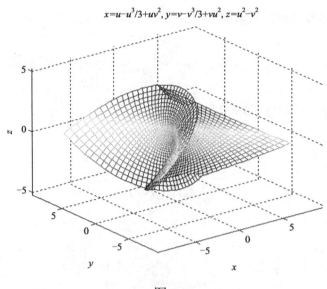

图 6.15

2.偏导数的计算

二元函数偏导数的计算与一元函数导数的计算一样,都是使用 $diff$ 命令,这里的 f 为二元函数 $f(x,y)$.

【例3】 计算二元函数 $z = \dfrac{x}{y}$ 的一阶偏导数.

解 输入命令:

\>\> $syms\ x\ y$;

\>\> $f = x/y$;

\>\> $f\_x = diff(f,x)$

\>\> $f\_y = diff(f,y)$

输出结果为:

\>\> $f\_x = 1/y$

\>\> $f\_y = -x/y\^2$

【例4】 计算二元函数 $z = x^3y^2 - 3xy^3 - xy + 1$ 的二阶偏导数.

解 输入命令:

\>\> $syms\ x\ y$;

\>\> $f = x\^3 * y\^2 - 3 * x * y\^3 - x * y + 1$;

\>\> $f\_x = diff(f,x)$

\>\> $f\_y = diff(f,y)$

\>\> $f\_xx = diff(f,x,2)$

\>\> $f\_yy = diff(f,y,2)$

\>\> $f\_xy = diff(f\_x,y)$

\>\> $f\_yy = diff(f\_y,x)$

输出结果为:

```
>> f_xx = 6*x*y^2
>> f_yy = 2*x^3 - 18*x*y
>> f_xy = 6*x^2*y - 9*y^2 - 1
>> f_yy = 6*x^2*y - 9*y^2 - 1
```

【例5】 计算函数$z = x^3y^2 + x^2$在点$(1,2)$处的两个一阶偏导数.

解 输入命令:

```
>> syms x y;
>> z = x^3*y^2 + x^2;
>> f_x = diff(z, x)
>> f_y = diff(z, y)
>> val_x = sub(f_x, {x, y}, {1, 2})
>> val_y = sub(f_y, {x, y}, {1, 2})
```

输出结果为:

```
>> val_x = 14
>> val_y = 4
```

3.二重积分的计算

Matlab没有提供命令来直接计算二元函数的积分,因此需要把二重积分转化为二次积分来计算.

【例6】 计算积分$\int_0^1 \int_0^1 xe^{xy}dxdy$.

解 输入命令:

```
>> syms x y;
>> f = x*exp(x*y);
>> f_x = int(f, x, 0, 1)
>> val = int(f_x, y, 0, 1)
```

输出结果为:

```
>> val = exp(1) - 2
```

【例7】 计算二重积分$\iint_D (1 + x^2)y dxdy$,其中积分区域D是圆$x^2 + y^2 = 1$在第一象限中的区域.

解 输入命令:

```
>> syms x y;
>> f = (1 + x^2)*y;
>> xmin = 0;
>> xmax = 1;
>> ymin = 0;
>> ymax = sqrt(1 - x^2);
>> f_y = int(f, y, ymin, ymax);
>> val = int(f_y, xmin, xmax)
```

输出结果为:

```
>> val = 2/5
```

复习题六

一、单项选择题.

1. 二元函数 $z = \ln xy$ 的定义域是( );
   (A) $x \geq 0, y \geq 0$ 　　　　　　　　　　(B) $x < 0, y < 0$
   (C) $x < 0, y < 0$ 与 $x > 0, y > 0$ 　　　　(D) $x < 0, y < 0$ 或 $x > 0, y > 0$

2. 如果函数 $z = f(x, y)$ 在点 (x_0, y_0) 处偏导数存在，则在点 (x_0, y_0) 处( );
   (A) 极限存在 　　　　　　　　　　(B) 连续
   (C) 全微分存在 　　　　　　　　　(D) 以上都不对

3. 设 $z = x^{xy}$，则 $\dfrac{\partial z}{\partial y}$ 等于( );
   (A) xyx^{xy-1} 　　(B) $x^{xy}\ln x$ 　　(C) $yx^{xy} + yx^{xy}\ln x$ 　　(D) $xx^{xy}\ln x$

4. 如果函数 $z = f(x, y)$ 在点 (x_0, y_0) 处有 $f'_x(x_0, y_0) = 0$, $f'_y(x_0, y_0) = 0$，则在 (x_0, y_0) 处( );
   (A) 连续 　　　　(B) 极限存在 　　　　(C) 偏导数存在 　　　　(D) 极值存在

5. 设 D 由直线 $x = 0, x = 1, y = 0, y = 1$ 围成的区域，二重积分 $\iint_D dxdy$ 等于( );
   (A) 4 　　　　(B) 2 　　　　(C) 1 　　　　(D) $\dfrac{1}{2}$

6. 设 $D = \{(x,y) | x^2 + y^2 \leq a^2, a > 0, y \geq 0\}$，在极坐标下，二重积分 $\iint_D (x^2 + y^2)dxdy$ 可以表示为( );
   (A) $\int_0^\pi d\theta \int_0^a r^3 dr$ 　　　　　　　　(B) $\int_0^\pi d\theta \int_0^a r^2 dr$
   (C) $\int_{-\frac{\pi}{2}}^{\frac{\pi}{2}} d\theta \int_0^a r^3 dr$ 　　　　　　　(D) $\int_{-\frac{\pi}{2}}^{\frac{\pi}{2}} d\theta \int_0^a r^2 dr$

二、填空题.

1. 若 $f\left(\dfrac{y}{x}\right) = \dfrac{\sqrt{x^2 + y^2}}{y}$ $(x > 0, y > 0)$，则 $f(x) =$ _____;

2. 设函数 $z = \ln \sqrt{x^2 + 4y}$，则 $dz \big|_{\substack{x=1 \\ y=0}} =$ _____;

3. 设 $z = \ln(x + \dfrac{y}{2x})$，则 $\dfrac{\partial z}{\partial x}\big|_{(1,0)} =$ _____, $dz\big|_{(1,0)} =$ _____;

4. 设 $z = x^y$，则 $\dfrac{\partial^2 z}{\partial x \partial y}\big|_{\substack{x=2 \\ y=3}} =$ _____;

5. 设 $z = z(x, y)$ 由方程 $yz + x^2 + z = 0$ 所确定，则 $dz =$ _____;

6. 设 D 为 $x^2 + y^2 = R^2$ 所围成的区域，则 $\iint_D \sqrt{R^2 - x^2 - y^2}\,dxdy =$ _____;

7. 交换二重积分的次序 $\int_0^1 dx \int_{\sqrt{x}}^1 f(x,y)dy =$ _____;

8. 若 D 是由 $x = 0, x = 1, y = 0, y = 1$ 所围成的区域，则 $\iint_D e^{x+y}dxdy =$ _____.

三、计算题.

1. 求下列函数的一阶偏导数.

(1) $z = x^3y - xy^3$;
(2) $z = xe^{-xy}$;
(3) $z = \ln(e^x + e^y)$;
(4) $z = \cos x^2 y$.

2. 求下列函数的二阶偏导数:
   (1) $z = xy^4 - x^3y^2$;
   (2) $z = e^{xy}$;
   (3) $z = \sin(x - 2y)$;
   (4) $z = y^3 \ln x$.

3. 求下列二元函数的极值:
   (1) $f(x,y) = 1 - x^2 - y^2$;
   (2) $f(x,y) = \dfrac{1}{2}(x^2 + y^2) - \ln x - \ln y$;
   (3) $f(x,y) = -x^2 + xy - y^2 + 2x - y$;
   (4) $f(x,y) = 2x^3 + xy^2 + 5x^2 + y^2$.

4. 求下列二重积分:
   (1) $\iint_D (x + 2y) d\sigma$, 其中 D 是矩形区域: $-1 \leqslant x \leqslant 1, 0 \leqslant y \leqslant 2$;
   (2) $\iint_D x \sin y d\sigma$, 其中 D 是矩形区域: $1 \leqslant x \leqslant 2, 0 \leqslant y \leqslant \dfrac{\pi}{2}$;
   (3) $\iint_D \dfrac{1}{(x+y)^2} \sigma$, 其中 D 是由曲线 $y = x, y = 2x, x = 2$ 及 $x = 4$ 围成的区域;
   (4) $\iint_D \dfrac{x^2}{y^2} \sigma$, 其中 D 是由曲线 $y = \dfrac{1}{x}$ 与直线 $y = x, x = 2$ 围成的闭区域.

第7章　无穷级数

学习目标

知识目标

- 理解无穷级数的概念和性质;
- 掌握判别函数项级数敛散性的方法;
- 掌握幂级数展开式及其应用.

能力目标

- 会求幂级数的收敛域;
- 能将函数展开为幂级数;
- 会应用函数的幂级数展开式;
- 运用 Matlab 软件进行级数运算.

无穷级数是微积分一个不可或缺的部分,它是表示函数、研究函数的性质以及进行数值计算的重要工具. 在牛顿创立微积分的时候,无穷级数就是他的一个重要的辅助手段,对于较复杂的代数函数和超越函数,牛顿总是把它展开为无穷级数,然后通过逐项微分和逐项积分来加以解决. 本章先讨论常数项级数,然后讨论函数项级数,着重讨论如何将函数展开成幂级数,为用级数解决工程问题打下基础.

§7.1　常数项级数的概念和性质

一、常数项级数的概念

定义 7.1 设 $u_1, u_2, u_3, \cdots, u_n, \cdots$ 为一个给定的数列,称形如 $u_1 + u_2 + u_3 + \cdots + u_n + \cdots$ 的和为常数项级数,也称为数项级数,简称级数,记为 $\sum\limits_{n=1}^{\infty} u_n$,即

$$\sum_{n=1}^{\infty} u_n = u_1 + u_2 + u_3 + \cdots + u_n + \cdots$$

其中,u_n 称为级数的一般项或通项.

例如

$$\sum_{n=1}^{\infty} \frac{1}{n} = 1 + \frac{1}{2} + \frac{1}{3} + \frac{1}{4} + \cdots + \frac{1}{n} + \cdots$$

称为调和级数,其通项为 $u_n = \frac{1}{n}$.

$$\sum_{n=1}^{\infty} aq^{n-1} = a + aq + aq^2 + aq^3 + \cdots + aq^{n-1} + \cdots \quad (a > 0)$$

称为几何级数,其通项为 $u_n = aq^{n-1}$. 它们都是数项级数.

我们注意到,以往数的加法运算只是就有限项相加而定义的,这里遇到的新问题是无穷多个数相加意味着什么?怎样进行这种"加法"运算?"加法"运算的结果是什么?为了研究"无穷个 u_n 之和"的具体计算方法,我们需要从有限项的和说起.

$$S_n = u_1 + u_2 + u_3 + \cdots + u_n$$

称为级数 $\sum_{n=1}^{\infty} u_n$ 的前 n 项部分和,简称部分和. 级数 $\sum_{n=1}^{\infty} u_n$ 的部分和数列为 $\{S_n\}$,有

$$S_1 = u_1, S_2 = u_1 + u_2, S_3 = u_1 + u_2 + u_3, \cdots, S_n = u_1 + u_2 + \cdots + u_n, \cdots.$$

我们根据数列 $\{S_n\}$ 有没有极限,来判断级数 $\sum_{n=1}^{\infty} u_n$ 的收敛与发散.

定义 7.2 若级数 $\sum_{n=1}^{\infty} u_n$ 的部分和数列 $\{S_n\}$ 有极限 S,即 $\lim_{n \to \infty} S_n = S$,则称级数 $\sum_{n=1}^{\infty} u_n$ 收敛,并称 S 为此级数的和,记作 $\sum_{n=1}^{\infty} u_n = S$,此时也称级数 $\sum_{n=1}^{\infty} u_n$ 收敛于 S;若 $\{S_n\}$ 的极限不存在,则称级数 $\sum_{n=1}^{\infty} u_n$ 发散,发散级数没有和.

当级数 $\sum_{n=1}^{\infty} u_n$ 收敛时,称

$$r_n = S - S_n = u_{n+1} + u_{n+2} + \cdots$$

为级数 $\sum_{n=1}^{\infty} u_n$ 的余项. 显然级数 $\sum_{n=1}^{\infty} u_n$ 收敛的充要条件是 $\lim_{n \to \infty} r_n = 0$.

从定义 7.2 可以看出,研究级数的敛散性问题,转化成了研究其部分和数列 $\{S_n\}$ 的极限是否存在的问题.

【例1】 判别级数 $\sum_{n=1}^{\infty} \frac{1}{n(n+1)}$ 的敛散性.

解 由于 $u_n = \dfrac{1}{n(n+1)} = \dfrac{1}{n} - \dfrac{1}{n+1}$,所以

$$S_n = \frac{1}{1\cdot 2} + \frac{1}{2\cdot 3} + \cdots + \frac{1}{n(n+1)}$$
$$= \left(1 - \frac{1}{2}\right) + \left(\frac{1}{2} - \frac{1}{3}\right) + \cdots + \left(\frac{1}{n} - \frac{1}{n+1}\right)$$
$$= 1 - \frac{1}{n+1}.$$

因为 $\lim\limits_{n\to\infty} S_n = \lim\limits_{n\to\infty}\left(1 - \dfrac{1}{n+1}\right) = 1$,所以级数 $\sum\limits_{n=1}^{\infty} \dfrac{1}{n(n+1)}$ 收敛,且 $\sum\limits_{n=1}^{\infty} \dfrac{1}{n(n+1)} = 1$.

【例2】 判别级数 $\sum\limits_{n=1}^{\infty} \ln\dfrac{n}{n+1}$ 的敛散性.

解 由于 $u_n = \ln\dfrac{n}{n+1} = \ln n - \ln(n+1)$,所以

$$S_n = \ln\frac{1}{2} + \ln\frac{2}{3} + \ln\frac{3}{4} + \cdots + \ln\frac{n}{n+1}$$
$$= (\ln 1 - \ln 2) + (\ln 2 - \ln 3) + (\ln 3 - \ln 4) + \cdots + [\ln n - \ln(n+1)]$$
$$= -\ln(n+1).$$

因为 $\lim\limits_{n\to\infty} S_n = \lim\limits_{n\to\infty} [-\ln(n+1)] = -\infty$,所以级数 $\sum\limits_{n=1}^{\infty} \ln\dfrac{n}{n+1}$ 发散.

【例3】 讨论几何级数 $\sum\limits_{n=1}^{\infty} aq^{n-1} (a > 0)$ 的敛散性.

解 $S_n = a + aq + \cdots + aq^{n-1}$

当 $q = 1$ 时,$\lim\limits_{n\to\infty} S_n = \lim\limits_{n\to\infty} na = \infty$,故级数 $\sum\limits_{n=1}^{\infty} aq^{n-1}$ 发散;

当 $q = -1$ 时,$S_n = \begin{cases} 0, & n\text{为偶数}, \\ a, & n\text{为奇数}, \end{cases}$ 极限 $\lim\limits_{n\to\infty} S_n$ 不存在,故级数 $\sum\limits_{n=1}^{\infty} aq^{n-1}$ 发散;

当 $|q| < 1$ 时,$\lim\limits_{n\to\infty} S_n = \lim\limits_{n\to\infty} \dfrac{a}{1-q}(1-q^n) = \dfrac{a}{1-q}$,故级数 $\sum\limits_{n=1}^{\infty} aq^{n-1}$ 收敛;

当 $|q| > 1$ 时,$\lim\limits_{n\to\infty} S_n = \lim\limits_{n\to\infty} \dfrac{a}{1-q}(1-q^n) = \infty$,故级数 $\sum\limits_{n=1}^{\infty} aq^{n-1}$ 发散;

因此,当 $|q| < 1$ 时,级数 $\sum\limits_{n=1}^{\infty} aq^{n-1}$ 收敛且和为 $\dfrac{a}{1-q}$;当 $|q| \geq 1$ 时,级数 $\sum\limits_{n=1}^{\infty} aq^{n-1}$ 发散.

二、级数的基本性质

性质1 若级数 $\sum\limits_{n=1}^{\infty} u_n$ 收敛,则一般项 u_n 的极限为零,即 $\lim\limits_{n\to\infty} u_n = 0$.

【例4】 判别级数 $\sum\limits_{n=1}^{\infty} \sqrt[n]{0.01}$ 的敛散性.

解 因为 $\lim\limits_{n\to\infty} \sqrt[n]{0.01} = \lim\limits_{n\to\infty} 0.01^{\frac{1}{n}} = 1 \neq 0$,所以由性质1的逆否命题知,级数 $\sum\limits_{n=1}^{\infty} \sqrt[n]{0.01}$ 发散.

【例5】 判别级数 $\sum_{n=1}^{\infty}(-1)^{n-1}\dfrac{n}{2n-1}$ 的敛散性.

解 因为极限 $\lim\limits_{n\to\infty}\dfrac{n}{2n-1}=\dfrac{1}{2}\neq 0$,所以级数 $\sum_{n=1}^{\infty}(-1)^{n-1}\dfrac{n}{2n-1}$ 发散.

性质2 若级数 $\sum_{n=1}^{\infty}u_n$ 收敛,k 为常数,则级数 $\sum_{n=1}^{\infty}ku_n$ 也收敛,且级数 $\sum_{n=1}^{\infty}ku_n=k\sum_{n=1}^{\infty}u_n$;如果级数 $\sum_{n=1}^{\infty}v_n$ 发散,k 为非零常数,则级数 $\sum_{n=1}^{\infty}kv_n$ 也发散.

性质3 若级数 $\sum_{n=1}^{\infty}u_n$ 与 $\sum_{n=1}^{\infty}v_n$ 都收敛,则级数 $\sum_{n=1}^{\infty}(u_n\pm v_n)$ 也收敛,且

$$\sum_{n=1}^{\infty}(u_n\pm v_n)=\sum_{n=1}^{\infty}u_n\pm\sum_{n=1}^{\infty}v_n.$$

性质4 改变级数任意有限项的值,不会改变级数的敛散性,但收敛级数的和可能会改变.

性质5 将一个级数的相邻有限项加括号得到一个新级数,如果原级数收敛,则新级数也收敛,且与原级数有相同的和;如果新级数发散,则原级数也发散;但如果新级数收敛,原级数不一定收敛.

如级数 $(1-1)+(1-1)+\cdots$ 收敛,而级数 $1-1+1-1+\cdots+(-1)^{n-1}+\cdots$ 发散.

【例6】 判别级数 $\sum_{n=1}^{\infty}\left(\dfrac{1}{2^n}+\dfrac{1}{3^n}\right)$ 的敛散性.

解 因为级数 $\sum_{n=1}^{\infty}\dfrac{1}{2^n}$ 和 $\sum_{n=1}^{\infty}\dfrac{1}{3^n}$ 是公比分别为 $\dfrac{1}{2},\dfrac{1}{3}$ 的几何级数,它们都收敛.所以级数 $\sum_{n=1}^{\infty}\left(\dfrac{1}{2^n}+\dfrac{1}{3^n}\right)$ 也收敛,且

$$\sum_{n=1}^{\infty}\left(\dfrac{1}{2^n}+\dfrac{1}{3^n}\right)=\sum_{n=1}^{\infty}\dfrac{1}{2^n}+\sum_{n=1}^{\infty}\dfrac{1}{3^n}=\dfrac{\frac{1}{2}}{1-\frac{1}{2}}+\dfrac{\frac{1}{3}}{1-\frac{1}{3}}=1+\dfrac{1}{2}=\dfrac{3}{2}$$

【能力训练7.1】

(基础题)

1.利用级数收敛与发散的定义,判别下列级数的敛散性:

(1) $\sum_{n=1}^{+\infty}(\sqrt{n+1}-\sqrt{n})$; (2) $\sum_{n=1}^{+\infty}\dfrac{1}{(2n-1)(2n+3)}$;

2.利用级数的性质,判别下列级数敛散性:

(1) $\sum_{n=1}^{+\infty}\dfrac{n}{1+n}$; (2) $\sum_{n=1}^{+\infty}\left(\dfrac{1}{2^n}+\dfrac{1}{5^n}\right)$;

(3) $\sum_{n=1}^{+\infty}\dfrac{1}{\sqrt[n]{n}}$; (4) $\sum_{n=1}^{+\infty}\sin\dfrac{n\pi}{2}$;

(5) $\sum_{n=1}^{+\infty}(-1)^{n-1}$; (6) $\sum_{n=1}^{+\infty}n\sin\dfrac{1}{n}$.

(应用题)

试把循环小数 $1.71717171\cdots$ 表示成分数的形式.

§7.2 正项级数

一、正项级数的定义

定义 7.3 若 $u_n \geq 0 (n = 1, 2, \cdots)$,则称级数 $\sum\limits_{n=1}^{\infty} u_n = u_1 + u_2 + u_3 + \cdots$ 为正项级数.

二、正项级数敛散性的判别

1. 比较判别法则

定理 6.1(比较判别法则) 设 $\sum\limits_{n=1}^{\infty} u_n, \sum\limits_{n=1}^{\infty} v_n$ 均为正项级数,且 $u_n \leq v_n (n = 1, 2, \cdots)$,则

(1) 如果 $\sum\limits_{n=1}^{\infty} v_n$ 收敛,则 $\sum\limits_{n=1}^{\infty} u_n$ 也收敛;

(2) 如果 $\sum\limits_{n=1}^{\infty} u_n$ 发散,则 $\sum\limits_{n=1}^{\infty} v_n$ 也发散.

【例1】 判别调和级数 $\sum\limits_{n=1}^{\infty} \dfrac{1}{n}$ 的敛散性.

解 级数 $\sum\limits_{n=1}^{\infty} \dfrac{1}{n} = 1 + \dfrac{1}{2} + \dfrac{1}{3} + \dfrac{1}{4} + \cdots + \dfrac{1}{n} + \cdots$,加括号后得到新正项级数为

$$\left(1 + \dfrac{1}{2}\right) + \left(\dfrac{1}{3} + \dfrac{1}{4}\right) + \left(\dfrac{1}{5} + \dfrac{1}{6} + \dfrac{1}{7} + \dfrac{1}{8}\right) + \left(\dfrac{1}{9} + \cdots + \dfrac{1}{16}\right) + \cdots$$

$$> \dfrac{1}{2} + \left(\dfrac{1}{4} + \dfrac{1}{4}\right) + \left(\dfrac{1}{8} + \dfrac{1}{8} + \dfrac{1}{8} + \dfrac{1}{8}\right) + \left(\dfrac{1}{16} + \cdots + \dfrac{1}{16}\right) + \cdots$$

$$= \dfrac{1}{2} + \dfrac{1}{2} + \dfrac{1}{2} + \dfrac{1}{2} + \cdots = \sum\limits_{n=1}^{\infty} \dfrac{1}{2}.$$

最后一个正项级数的一般项为 $\dfrac{1}{2}$,它当然发散.根据比较判别法则,调和级数加括号后得到的新正项级数也发散,由上节性质5可知,调和级数 $\sum\limits_{n=1}^{\infty} \dfrac{1}{n}$ 发散.

【例2】 讨论正项级数 $\sum\limits_{n=1}^{\infty} \dfrac{1}{n^p} = 1 + \dfrac{1}{2^p} + \dfrac{1}{3^p} + \cdots + \dfrac{1}{n^p} + \cdots$ 的敛散性.

解 当 $p \leq 1$ 时,$\dfrac{1}{n^p} \geq \dfrac{1}{n}$,由例1知 $\sum\limits_{n=1}^{\infty} \dfrac{1}{n}$ 发散,所以由比较判别法则知 $\sum\limits_{n=1}^{\infty} \dfrac{1}{n^p}$ 发散.

当 $p > 1$ 时,

$$\sum_{n=1}^{\infty} \frac{1}{n^p} = 1 + \left(\frac{1}{2^p} + \frac{1}{3^p}\right) + \left(\frac{1}{4^p} + \frac{1}{5^p} + \frac{1}{6^p} + \frac{1}{7^p}\right) + \cdots$$

$$\leqslant 1 + \left(\frac{1}{2^p} + \frac{1}{2^p}\right) + \left(\frac{1}{4^p} + \frac{1}{4^p} + \frac{1}{4^p} + \frac{1}{4^p}\right) + \cdots$$

$$= \sum_{n=0}^{\infty} \left(\frac{1}{2^{p-1}}\right)^n.$$

因为 $q = \frac{1}{2^{p-1}} < 1$,所以几何级数 $\sum_{n=0}^{\infty} \left(\frac{1}{2^{p-1}}\right)^n$ 收敛,由性质5,级数 $\sum_{n=1}^{\infty} \frac{1}{n^p}$ 收敛.

一般地,称正项级数 $\sum_{n=1}^{\infty} \frac{1}{n^p}$ 为广义调和级数.有如下结论:

(1) 当 $p > 1$ 时,级数 $\sum_{n=1}^{\infty} \frac{1}{n^p}$ 收敛;

(2) 当 $p \leqslant 1$ 时,级数 $\sum_{n=1}^{\infty} \frac{1}{n^p}$ 发散.

例如,正项级数 $\sum_{n=1}^{\infty} \frac{1}{n\sqrt{n}}$ 收敛,正项级数 $\sum_{n=1}^{\infty} \frac{1}{\sqrt{n}}$ 发散.

【例3】 判别下列正项级数的敛散性.

(1) $\sum_{n=1}^{\infty} \frac{1}{n^2 + 1}$;   (2) $\sum_{n=1}^{\infty} \frac{1}{\ln(n+1)}$;   (3) $\sum_{n=1}^{\infty} \frac{1}{2^n + 3}$

解 (1) 由于 $\frac{1}{n^2 + 1} < \frac{1}{n^2}$,又正项级数 $\sum_{n=1}^{\infty} \frac{1}{n^2}$ 收敛,因此由比较判别法则知级数 $\sum_{n=1}^{\infty} \frac{1}{n^2 + 1}$ 收敛.

(2) 由于 $\frac{1}{\ln(n+1)} > \frac{1}{n+1} \geqslant \frac{1}{2n}$,又正项级数 $\sum_{n=1}^{\infty} \frac{1}{2n}$ 发散,因此由比较判别去则知,正项级数 $\sum_{n=1}^{\infty} \frac{1}{\ln(n+1)}$ 发散.

(3) 由于 $0 < \frac{1}{2^n + 3} < \frac{1}{2^n} = \left(\frac{1}{2}\right)^n$,而 $\sum_{n=1}^{\infty} \left(\frac{1}{2}\right)^n$ 是公比为 $\frac{1}{2}$ 的几何级数,是收敛的. 因此由比较判别法则知,正项级数 $\sum_{n=1}^{\infty} \frac{1}{2^n + 3}$ 收敛.

2.达朗贝尔判别法则

定理7.2 设 $\sum_{n=1}^{\infty} u_n$ 是正项级数,且 $\lim_{n \to \infty} \frac{u_{n+1}}{u_n} = l$,则

(1) 当 $l < 1$ 时,级数 $\sum_{n=1}^{\infty} u_n$ 收敛;

(2) 当 $l > 1$ 时,级数 $\sum_{n=1}^{\infty} u_n$ 发散;

(3) 当 $l = 1$ 时,级数 $\sum_{n=1}^{\infty} u_n$ 可能收敛,也可能发散.

达朗贝尔判别法则又称为比值判别法则.

【例4】 判别正项级数 $\sum_{n=1}^{\infty} \dfrac{n}{2^n}$ 的敛散性.

解 因为

$$\lim_{n\to\infty} \frac{u_{n+1}}{u_n} = \lim_{n\to\infty} \frac{\frac{n+1}{2^{n+1}}}{\frac{n}{2^n}} = \lim_{n\to\infty} \frac{n+1}{2n} = \frac{1}{2} < 1,$$

根据比值判别法则,可知级数 $\sum_{n=1}^{\infty} \dfrac{n}{2^n}$ 收敛.

【例5】 判别正项级数 $\sum_{n=1}^{\infty} \dfrac{1}{n^n}$ 的敛散性.

解 因为

$$\lim_{n\to\infty} \frac{u_{n+1}}{u_n} = \lim_{n\to\infty} \frac{\frac{1}{(n+1)^{n+1}}}{\frac{1}{n^n}} = \lim_{n\to\infty} \frac{1}{(1+\frac{1}{n})^n (n+1)} = 0 < 1,$$

根据比值判别法则,可知级数 $\sum_{n=1}^{\infty} \dfrac{1}{n^n}$ 收敛.

【例6】 判别正项级数 $\sum_{n=1}^{\infty} \dfrac{n^n}{n!}$ 的敛散性.

解 因为

$$\lim_{n\to\infty} \frac{u_{n+1}}{u_n} = \lim_{n\to\infty} \frac{\frac{(n+1)^{(n+1)}}{(n+1)!}}{\frac{n^n}{n!}} = \lim_{n\to\infty} \left(1+\frac{1}{n}\right)^n = \mathrm{e} > 1,$$

根据比值判别法则,可知级数 $\sum_{n=1}^{\infty} \dfrac{n^n}{n!}$ 发散.

【例7】 判别正项级数 $\sum_{n=1}^{\infty} \dfrac{2^n}{n(n+1)}$ 的敛散性.

解 因为

$$\lim_{n\to\infty} \frac{u_{n+1}}{u_n} = \lim_{n\to\infty} \frac{\frac{2^{n+1}}{(n+1)(n+2)}}{\frac{2^n}{n(n+1)}} = \lim_{n\to\infty} \frac{2n}{(n+2)} = 2 > 1,$$

根据比值判别法则,可知级数 $\sum_{n=1}^{\infty} \dfrac{2^n}{n(n+1)}$ 发散.

2. 根值判别法则(柯西判别法)

定理7.3 设 $\sum_{n=1}^{\infty} u_n$ 是正项级数,且 $\lim\limits_{n\to\infty} \sqrt[n]{u_n} = \rho$,则

(1) 当 $\rho < 1$ 时,级数 $\sum_{n=1}^{\infty} u_n$ 收敛;

(2) 当 $\rho > 1$ 时,级数 $\sum_{n=1}^{\infty} u_n$ 发散;

(3) 当 $\rho = 1$ 时,级数 $\sum_{n=1}^{\infty} u_n$ 可能收敛,也可能发散.

【例8】 判别级数 $\sum_{n=1}^{\infty} \left(\dfrac{n}{2n+1}\right)^n$ 的敛散性.

解　因为
$$\lim_{n\to\infty}\sqrt[n]{u_n}=\lim_{n\to\infty}\frac{n}{2n+1}=\frac{1}{2}<1,$$
根据根值判别法则,可知级数 $\sum_{n=1}^{\infty}\left(\frac{n}{2n+1}\right)^n$ 收敛.

【例9】　判别级数 $\sum_{n=1}^{\infty}\left(\frac{2^n}{3^{\ln n}}\right)$ 的敛散性.

解　因为
$$\lim_{n\to\infty}\sqrt[n]{u_n}=\lim_{n\to\infty}\frac{2}{3^{\frac{\ln n}{n}}}=2>1,$$
根据根值判别法则,可知级数 $\sum_{n=1}^{\infty}\left(\frac{2^n}{3^{\ln n}}\right)$ 发散.

【能力训练7.2】

(基础题)

1.用比较判别法判别下列级数的敛散性.
(1) $1+\frac{1}{3}+\frac{1}{5}+\cdots+\frac{1}{2n-1}+\cdots$;
(2) $1+\frac{2}{1\cdot 3}+\frac{3}{2\cdot 4}+\cdots+\frac{n+1}{n(n+2)}+\cdots$;
(3) $1+\frac{1+2}{1+2^2}+\frac{1+3}{1+3^2}+\cdots+\frac{1+n}{1+n^2}+\cdots$;
(4) $\frac{1}{2\cdot 5}+\frac{1}{3\cdot 6}+\cdots+\frac{1}{(n+1)(n+4)}+\cdots$.

2.用比值判别法判别下列级数的敛散性.
(1) $\sum_{n=1}^{+\infty}\frac{1}{1\cdot 2\cdots(n-1)}$;　　(2) $\sum_{n=1}^{+\infty}\frac{n!}{10^n}$;　　(3) $\sum_{n=1}^{+\infty}\frac{2^n}{2n-1}$.

3.用根值判别法判别下列级数的敛散性.
(1) $\sum_{n=1}^{+\infty}\frac{1}{n^n}$;　　(2) $\sum_{n=1}^{+\infty}\frac{n^3}{3^n}$;　　(3) $\sum_{n=1}^{+\infty}\left(\frac{2n}{n+1}\right)^n$.

(应用题)

利用无穷级数计算圆周率时,有时用到欧拉公式 $\frac{\pi^2}{6}=1+\frac{1}{2^2}+\frac{1}{3^2}+\frac{1}{4^2}+\cdots$.请利用所学知识说明其中数项级数为什么收敛,并分别取级数的前16项计算圆周率的近似值.

§7.3　交错级数

本节我们讨论各项具有任意正负号的级数的敛散性,首先讨论其中最简单而又最重要的交错级数的敛散性.

一、交错级数及其敛散性

> **定义7.4** 若$u_n > 0, (n = 1, 2, \cdots)$,则称正项、负项相间排列的级数
> $$\sum_{n=1}^{\infty}(-1)^{n-1}u_n = u_1 - u_2 + u_3 - u_4 + \cdots$$
> 为交错级数.

1.莱布尼兹判别法则

定理7.3 如果交错级数$\sum_{n=1}^{\infty}(-1)^{n-1}u_n (u_n > 0, n = 1, 2, \cdots)$满足:

(1) $u_n \geqslant u_{n+1}(n = 1, 2, \cdots)$;

(2) $\lim_{n\to\infty} u_n = 0$,.

则该交错级数收敛,且其和$S \leqslant u_1$,其余项的绝对值$|r_n| \leqslant u_{n+1}$.

【例1】 判别交错级数$\sum_{n=1}^{\infty}\frac{(-1)^{n-1}}{n}$的敛散性.

解 因为$u_n = \frac{1}{n}$,显然$u_{n+1} = \frac{1}{n+1} < \frac{1}{n} = u_n$, $\lim_{n\to\infty} u_n = 0$,所以该级数是收敛的.

级数$\sum_{n=1}^{\infty}\frac{(-1)^{n-1}}{n}$常称为莱布尼兹级数,以后常将此级数作为标准级数,应该熟记.

【例2】 判别交错级数$\sum_{n=1}^{\infty}(-1)^{n-1}\frac{n}{2n-1}$的敛散性.

解 因为$\lim_{n\to\infty}\frac{n}{2n-1} = \frac{1}{2} \neq 0$,所以交错级数$\sum_{n=1}^{\infty}(-1)^{n-1}\frac{n}{2n-1}$发散.

2.绝对值判别法则

定理7.4 如果正项级数$\sum u_n (u_n > 0, n = 1, 2, \cdots)$收敛,则交错级数$\sum_{n=1}^{\infty}(-1)^{n-1}u_n$也收敛.

【例3】 判别交错级数$\sum_{n=1}^{\infty}(-1)^{n-1}\frac{2n-1}{2^n}$的敛散性.

解 首先讨论正项级数$\sum_{n=1}^{\infty}\frac{2n-1}{2^n}$的敛散性.因为

$$\lim_{n\to\infty}\frac{u_{n+1}}{u_n} = \lim_{n\to\infty}\frac{\frac{2n+1}{2^{(n+1)}}}{\frac{2n+1}{2^n}} = \lim_{n\to\infty}\frac{2n+1}{2(2n-1)} = \frac{1}{2} < 1,$$

所以由比值判别法可知级数$\sum_{n=1}^{\infty}\frac{2n-1}{2^n}$收敛,再由绝对值判别法可知级数$\sum_{n=1}^{\infty}(-1)^{n-1}\frac{2n-1}{2^n}$收敛.

【例4】 判别交错级数$\sum_{n=1}^{\infty}(-1)^{n-1}\frac{1}{n\sqrt{n+1}}$的敛散性.

解 首先讨论正项级数$\sum_{n=1}^{\infty}\frac{1}{n\sqrt{n+1}}$的敛散性.因为

$$\frac{1}{n\sqrt{n+1}} < \frac{1}{n\sqrt{n}} = \frac{1}{n^{\frac{3}{2}}},$$

又正项级数 $\sum_{n=1}^{\infty} \frac{1}{n\sqrt{n+1}}$ 为 $p = \frac{3}{2} > 1$ 的广义调和级数,当然收敛,由比较判别法则可知正项级数 $\sum_{n=1}^{\infty} \frac{1}{n\sqrt{n+1}}$ 收敛,再由绝对值判别法则知交错级数 $\sum_{n=1}^{\infty} (-1)^{n-1} \frac{1}{n\sqrt{n+1}}$ 收敛.

二、任意项级数及其敛散性

> **定义 7.5** 如果级数 $\sum_{n=1}^{\infty} u_n$ 中的 $u_n \in \mathbf{R}(n = 1, 2, \cdots)$,则称该级数为任意项级数,称 $\sum_{n=1}^{\infty} |u_n|$ 为绝对值级数.

定理7.5 若任意项级数 $\sum_{n=1}^{\infty} u_n$ 的绝对值级数 $\sum_{n=1}^{\infty} |u_n|$ 收敛,则该级数收敛.

级数 $\sum_{n=1}^{\infty} |u_n|$ 收敛,则称级数 $\sum_{n=1}^{\infty} u_n$ 绝对收敛;若级数 $\sum_{n=1}^{\infty} |u_n|$ 发散,而级数 $\sum_{n=1}^{\infty} u_n$ 收敛,则称级数 $\sum_{n=1}^{\infty} u_n$ 条件收敛.

【例5】 判别下列级数的敛散性,如果收敛,指出是绝对收敛还是条件收敛.

(1) $\sum_{n=1}^{\infty} (-1)^{n-1} \frac{n^3}{2^n}$; (2) $\sum_{n=1}^{\infty} (-1)^{n-1} \frac{1}{\sqrt{n}}$.

解 (1)因为

$$\lim_{n \to \infty} \frac{u_{n+1}}{u_n} = \lim_{n \to \infty} \left[\frac{(n+1)^3}{2^{n+1}} \cdot \frac{2^n}{n^3} \right] = \lim_{n \to \infty} \frac{1}{2} \left(\frac{n+1}{n} \right)^3 = \frac{1}{2} < 1,$$

根据比值判别法则,可知级数 $\sum_{n=1}^{\infty} \frac{n^3}{2^n}$ 收敛.由绝对收敛判别法则可知,交错级数 $\sum_{n=1}^{\infty} (-1)^{n-1} \frac{n^3}{2^n}$ 也收敛,并且绝对收敛.

(2) 因为

$$u_n = \frac{1}{\sqrt{n}}, u_{n+1} = \frac{1}{\sqrt{n+1}} < \frac{1}{\sqrt{n}} = u_n,$$

且 $\lim_{n \to \infty} \frac{1}{\sqrt{n}} = 0$,所以由莱布尼兹判别法则可知,交错级数 $\sum_{n=1}^{\infty} (-1)^{n-1} \frac{1}{\sqrt{n}}$ 收敛.而正项级数 $\sum_{n=1}^{\infty} \frac{1}{\sqrt{n}}$ 是 $p = \frac{1}{2} < 1$ 的广义调和级数,它是发散的,所以交错级数 $\sum_{n=1}^{\infty} (-1)^{n-1} \frac{1}{\sqrt{n}}$ 条件收敛.

【能力训练7.3】

(基础题)

1.判别下列交错级数的敛散性:

(1) $\sum_{n=1}^{+\infty} (-1)^{n-1} \frac{1}{\sqrt{n}}$; (2) $\sum_{n=1}^{+\infty} (-1)^{n-1} \frac{1}{n!}$.

2.下列级数哪些是绝对收敛?哪些是条件收敛?

(1) $\sum_{n=1}^{+\infty}(-1)^{n-1}\dfrac{1}{(2n+1)^2}$; (2) $\sum_{n=1}^{+\infty}(-1)^{n-1}\dfrac{1}{n\cdot 2^n}$;

(3) $\sum_{n=1}^{+\infty}(-1)^{n-1}\dfrac{1}{\sqrt[3]{n}}$; (4) $\sum_{n=1}^{+\infty}(-1)^{n-1}\dfrac{1}{\ln(n+1)}$.

(应用题)

利用无穷级数计算圆周率时,有时用到莱布尼兹公式 $\dfrac{\pi}{4}=1-\dfrac{1}{3}+\dfrac{1}{5}-\dfrac{1}{7}+\dfrac{1}{9}-\cdots$.请利用所学知识说明其中数项级数为什么收敛,并分别取级数的前16项计算圆周率的近似值.

§7.4 幂级数

一、函数项级数的概念

相对于常数项级数我们有如下函数项级数的概念.

定义 7.6 设 $u_n(x)(n=1,2,\cdots)$ 是定义在区间 (a,b) 内的函数,若 $\sum_{n=1}^{\infty}u_n(x)$ 中至少有一项 $u_i(x)$ 为非常数函数,则称

$$\sum_{n=1}^{\infty}u_n(x)=u_1(x)+u_2(x)+\cdots+u_n(x)+\cdots$$

为定义在 (a,b) 内的函数项级数,简称级数.

定义 7.7 若 $\sum_{n=1}^{\infty}u_n(x_0)$ 收敛,则称 x_0 为级数 $\sum_{n=1}^{\infty}u_n(x)$ 的收敛点,收敛点集合称为该级数的收敛区间(或收敛域),如果 $\sum_{n=1}^{\infty}u_n(x_0)$ 发散,则称 x_0 为级数 $\sum_{n=1}^{\infty}u_n(x)$ 的发散点,发散点的集合称为该级数的发散区间(或发散域).

记

$$S_n(x)=u_1(x)+u_2(x)+\cdots+u_n(x)$$

在 $\sum_{n=1}^{\infty}u_n(x)$ 的收敛区间内有 $\lim_{n\to\infty}S_n(x)=S(x)$,称 $S(x)$ 为级数 $\sum_{n=1}^{\infty}u_n(x)$ 的和函数,与数项级数一样,称 $r_n(x)=S(x)-S_n(x)$ 为 $\sum_{n=1}^{\infty}u_n(x)$ 的余项,在收敛区间内总有 $\lim_{n\to\infty}r_n(x)=0$.

例如,由于
$$\sum_{n=1}^{\infty} x^n = 1 + x + x^2 + x^3 + \cdots + x^n + \cdots = \frac{1}{1-x}, -1 < x < 1,$$
即当$|x| < 1$时,级数$\sum_{n=1}^{\infty} x^n$的和函数为$S(x) = \frac{1}{1-x}$.

二、幂级数的概念

定义 7.8 形如

$$\sum_{n=1}^{\infty} a_n(x-x_0)^n = a_0 + a_1(x-x_0) + a_2(x-x_0)^2 + a_3(x-x_0)^3 + \cdots + a_n(x-x_0)^n + \cdots. \tag{7.1}$$

函数项级数称为幂级数.其中$a_0, a_1, a_2, \cdots, a_n, \cdots$都是常数,称为幂级数的系数.

特别地,当$x_0 = 0$时,上式就成了特殊的幂级数

$$\sum_{n=1}^{\infty} a_n x^n = a_0 + a_1 x + a_2 x^2 + a_3 x^3 + \cdots + a_n x^n + \cdots. \tag{7.2}$$

我们把$\sum_{n=1}^{\infty}(x-x_0)^n$称为$(x-x_0)$的幂级数,$\sum_{n=1}^{\infty} x^n$称为$x$的幂级数.

如果假定$x - x_0 = t$,则幂级数式(7.1)转变成式(7.2)的形式.因此,我们只需以式(7.2)来讨论幂级数.

显然,幂级数是定义在区间$(-\infty, +\infty)$内的级数.那么,幂级数的敛散区间如何求?下面的定理将帮助我们解决这个问题.

定理7.6 对于幂级数$\sum_{n=1}^{\infty} a_n x^n (a_n \neq 0)$,若$\lim\limits_{n \to \infty} \left| \frac{a_{n+1}}{a_n} \right| = \rho (\rho$为有限数或$+\infty)$,则该幂级数的收敛半径$R$为:

(1) 当$0 < \rho < +\infty$时,$R = \frac{1}{\rho}$;

(2) 当$\rho = 0$时,$R = +\infty$;

(3) 当$\rho = +\infty$时,$R = 0$.

在定理7.6中,**收敛半径R**的含义如下:

(1)若$0 < R < +\infty$,幂级数$\sum_{n=1}^{\infty} a_n x^n$在开区间$(-R, R)$内收敛,在$(-\infty, -R) \cup (R, +\infty)$内发散.(在端点$x = -R$与$x = R$处是否收敛,须判别数项级数$\sum_{n=1}^{\infty} a_n(-R)^n$与$\sum_{n=1}^{\infty} a_n R^n$的敛散性,从而得到收敛区间.)

(2)若$R = +\infty$,幂级数$\sum_{n=1}^{\infty} a_n x^n$的收敛区间为$(-\infty, +\infty)$.

(3)若$R = 0$,幂级数$\sum_{n=1}^{\infty} a_n x^n$的收敛区间为一个点$x = 0$.

【例1】 求幂级数 $\sum_{n=1}^{\infty}\dfrac{x^n}{n}$ 的收敛区间.

解 因为
$$\rho = \lim_{n\to\infty}\left|\dfrac{a_{n+1}}{a_n}\right| = \lim_{n\to\infty}\dfrac{\frac{1}{n+1}}{\frac{1}{n}} = 1$$

所以收敛半径 $R = \dfrac{1}{\rho} = 1$.

当 $x = -1$ 时,幂级数转化为 $\sum_{n=1}^{\infty}\dfrac{(-1)^n}{n} = \sum_{n=1}^{\infty}(-1)^n\dfrac{1}{n}$,收敛;

当 $x = 1$ 时,幂级数转化为 $\sum_{n=1}^{\infty}\dfrac{1}{n}$,发散.

所以,该幂级数的收敛区间为 $[-1, 1)$.

【例2】 求幂级数 $\sum_{n=1}^{\infty}\dfrac{x^n}{n!}$ 的收敛半径.

解 因为
$$\rho = \lim_{n\to\infty}\left|\dfrac{a_{n+1}}{a_n}\right| = \lim_{n\to\infty}\dfrac{\frac{1}{(n+1)!}}{\frac{1}{n!}} = \lim_{n\to\infty}\dfrac{1}{n+1} = 0$$

所以收敛半径 $R = \dfrac{1}{\rho} = +\infty$.

【例3】 求幂级数 $\sum_{n=1}^{\infty}n^n x^n$ 的收敛半径.

解 因为
$$\rho = \lim_{n\to\infty}\left|\dfrac{a_{n+1}}{a_n}\right| = \lim_{n\to\infty}\dfrac{(n+1)^{n+1}}{n^n} = \lim_{n\to\infty}\left(\dfrac{n+1}{n}\right)^n(n+1) = +\infty$$

所以收敛半径 $R = 0$.

【例4】 求幂级数 $\sum_{n=1}^{\infty}\dfrac{(-1)^n}{2^n}x^n$ 的收敛区间.

解 因为
$$\rho = \lim_{n\to\infty}\left|\dfrac{a_{n+1}}{a_n}\right| = \lim_{n\to\infty}\dfrac{\frac{1}{2^{n+1}}}{\frac{1}{2^n}} = \dfrac{1}{2},$$

所以收敛半径 $R = 2$.

当 $x = -2$ 时,幂级数化为 $\sum_{n=1}^{\infty}\dfrac{(-1)^n}{2^n}(-2)^n = \sum_{n=1}^{\infty}1$,由于一般项的极限 $\lim_{n\to\infty}1 = 1$,因而该级数发散.

当 $x = 2$ 时,幂级数化为 $\sum_{n=1}^{\infty}\dfrac{(-1)^n}{2^n}2^n = \sum_{n=1}^{\infty}(-1)^n$,由于一般项的极限 $\lim_{n\to\infty}(-1)^n$ 不存在,因而该级数发散.

所以,该幂级数的收敛区间为 $(-2, 2)$.

幂级数 $\sum_{n=1}^{\infty}a_n x^n$ 在收敛区间内若绝对收敛,则该级数代表一个函数 $S(x)$,称 $S(x)$ 为和函数,即

$$\sum_{n=1}^{\infty}a_n x^n = S(x)$$

例如，$\sum_{n=1}^{\infty} x^n = 1 + x + x^2 + x^3 + \cdots + x^n + \cdots = \dfrac{1}{1-x}, |x| < 1.$

三、幂级数的性质

性质1 如果幂级数 $\sum_{n=1}^{\infty} a_n x^n$ 和 $\sum_{n=1}^{\infty} b_n x^n$ 的收敛半径分别为 $R_1 > 0, R_2 > 0,$，令 $R = \min(R_1, R_2)$，则在 $(-R, R)$ 内，幂级数 $\sum_{n=1}^{\infty}(a_n + b_n)x^n$ 收敛，且有

$$\sum_{n=1}^{\infty}(a_n \pm b_n)x^n = \sum_{n=1}^{\infty} a_n x^n \pm \sum_{n=1}^{\infty} b_n x^n.$$

性质2 如果幂级数 $\sum_{n=1}^{\infty} a_n x^n$ 的收敛半径 $R > 0$，则在 $(-R, R)$ 内，其和函数 $S(x)$ 是连续函数.

性质3 如果幂级数 $\sum_{n=1}^{\infty} a_n x^n$ 的收敛半径 $R > 0$，则在 $(-R, R)$ 内，其和函数 $S(x)$ 是可积的，并且有

$$\int_0^x S(t)\mathrm{d}t = \int_0^x \left(\sum_{n=0}^{\infty} a_n t^n\right)\mathrm{d}t = \sum_{n=0}^{\infty} \int_0^x a_n t^n \mathrm{d}t = \sum_{n=0}^{\infty} \frac{a_n}{n+1} x^{n+1}.$$

性质3表明幂级数在收敛区间内可以逐项积分.

性质4 如果幂级数 $\sum_{n=1}^{\infty} a_n x^n$ 的收敛半径 $R > 0$，则在 $(-R, R)$ 内，其和函数 $S(x)$ 是可导的，并且有

$$S'(x) = \left(\sum_{n=0}^{\infty} a_n x^n\right)' = \sum_{n=0}^{\infty} n a_n x^{n-1}$$

性质4表明幂级数在收敛区间内可以逐项求导.

【例5】 求幂级数 $\sum_{n=1}^{\infty} \dfrac{x^{2n+1}}{2n+1}$ 的和函数，并求级数 $\sum_{n=1}^{\infty} \dfrac{1}{2n+1}\left(\dfrac{1}{2}\right)^{2n+1}$ 的值.

解 因为

$$\rho = \lim_{n \to \infty} \left|\frac{a_{n+1}}{a_n}\right| = \lim_{n \to \infty} \frac{\frac{1}{2(n+1)+1}}{\frac{1}{2n+1}} = 1,$$

所以收敛半径 $R = 1$. 显然 $x = \pm 1$ 时级数发散.

在收敛区间 $(-1, 1)$ 内，设

$$S(x) = \sum_{n=0}^{\infty} \frac{x^{2n+1}}{2n+1}.$$

逐项求导，得

$$S'(x) = \sum_{n=0}^{\infty} \left(\frac{x^{2n+1}}{2n+1}\right)' = \sum_{n=0}^{\infty} x^{2n} = 1 + x^2 + x^4 + \cdots + x^{2n} + \cdots = \frac{1}{1-x^2}.$$

逐项积分，得

$$S(x) = \int_0^x S'(t)\mathrm{d}t = \int_0^x \frac{\mathrm{d}t}{1-t^2} = \frac{1}{2}\ln\frac{1+x}{1-x}, \quad x \in (-1, 1).$$

即
$$\sum_{n=0}^{\infty} \frac{x^{2n+1}}{2n+1} = \frac{1}{2}\ln\frac{1+x}{1-x}, \quad x \in (-1, 1).$$

所以
$$\sum_{n=1}^{\infty} \frac{1}{2n+1}\left(\frac{1}{2}\right)^{2n+1} = \frac{1}{2}\ln\frac{1+\frac{1}{2}}{1-\frac{1}{2}} = \frac{1}{2}\ln 3.$$

【能力训练7.4】

(基础题)

1.求下列幂级数的收敛区间:

(1) $\frac{x}{2} + \frac{x^2}{2\cdot 4} + \frac{x^3}{2\cdot 4\cdot 6} + \cdots + \frac{x^n}{2\cdot 4\cdot 6\cdots(2n)} + \cdots$;

(2) $\frac{x}{3} + \frac{2x^2}{3^2} + \frac{3x^3}{3^3} + \cdots + \frac{nx^n}{3^n} + \cdots$;

(3) $1 + x + 2^2 x^2 + 3^3 x^3 + \cdots + n^n x^n + \cdots$;

2.利用逐项求导或逐项求积分的方法求下列级数在收敛区间上的和函数:

(1) $1 + 2x + 3x^2 + \cdots$; (2) $\frac{x^2}{2} + \frac{x^3}{3} + \frac{x^4}{4} + \cdots$.

(应用题)

利用函数的幂级数展开式,取前两项求$\cos 2°$的近似值,并估计误差.

§7.5 函数的幂级数展开

在前一节我们看到,幂级数在收敛区间内可以表示为一个函数,幂级数具有最简单形式的运算,这就使函数的数值计算在计算机上执行成为可能.幂级数的诸多优越性质促使人们考虑与前面相反的问题——能否把一个已知的函数$f(x)$表示为幂级数?

假如$f(x)$在点x_0及其左右可以展开为幂级数,即

$$f(x) = a_0 + a_1 x + a_2 x^2 + \cdots + a_n x^n + \cdots.$$

我们需要考虑:

(1) $f(x)$满足什么条件才能够确定幂级数的系数$a_0, a_1, a_2, \cdots, a_n, \cdots$;

(2) $f(x)$满足什么条件才能够使上述幂级数收敛且收敛于函数$f(x)$.

一、泰勒级数

1.泰勒级数

若$f(x)$在点x_0,其左右有任意阶导数,则可以唯一地确定幂级数的系数

$$a_0, a_1, a_2, a_3, \cdots, a_n, \cdots.$$

考察

$$f(x) = a_0 + a_1(x - x_0) + a_2(x - x_0)^2 + \cdots + a_n(x - x_0)^n + \cdots. \tag{7.3}$$

容易得到

$$f'(x) = a_1 + 2a_2(x-x_0) + 3a_3(x-x_0)^2 + \cdots + na_n(x-x_0)^{n-1} + \cdots,$$
$$f''(x) = 2!a_2 + 3 \cdot 2a_3(x-x_0) + \cdots + n \cdot (n-1)a_n(x-x_0)^{n-2} + \cdots,$$
$$\cdots\cdots\cdots$$
$$f^{(n)}(x) = n!a_n + (n+1)n\cdots 2a_{n+1}(x-x_0) + \cdots.$$

在以上各式中令$x = x_0$,可得

$$f(x_0) = a_0, f'(x_0) = a_1, f''(x_0) = 2!a_2, \cdots, f^{(n)}(x_0) = n!a_n, \cdots,$$

所以

$$a_0 = f(x_0), a_1 = \frac{f'(x_0)}{1!}, a_2 = \frac{f''(x_0)}{2!}, \cdots, a_n = \frac{f^{(n)}(x_0)}{n!} \cdots.$$

将$a_0, a_1, a_2, \cdots, a_n, \cdots$代入式(7.3),就可以得到函数$f(x)$的幂级数展开式.

$$f(x) = f(x_0) + \frac{f'(x_0)}{1!}(x-x_0) + \frac{f''(x_0)}{2!}(x-x_0)^2 + \cdots + \frac{f^{(n)}(x_0)}{n!}(x-x_0)^n + \cdots \tag{7.4}$$

> **定义 7.9** 若函数$f(x)$在点x_0处有任意阶导数,则称幂级数
>
> $$\sum_{n=0}^{\infty} \frac{f^{(n)}(x_0)}{n!}(x-x_0)^n = f(x_0) + \frac{f'(x_0)}{1!}(x-x_0) + \frac{f''(x_0)}{2!}(x-x_0)^2 + \cdots + \frac{f^{(n)}(x_0)}{n!}(x-x_0)^n + \cdots \tag{7.5}$$
>
> 为函数$f(x)$在点x_0处的泰勒级数.

实际应用中我们主要讨论在$x_0 = 0$处的幂级数展开式,若函数$f(x)$在原点处有任意阶导数,这时式(7.5)可写成

$$\sum_{n=0}^{\infty} \frac{f^{(n)}(0)}{n!}x^n = f(0) + \frac{f'(0)}{1!}x + \frac{f''(0)}{2!}x^2 + \cdots + \frac{f^{(n)}(0)}{n!}x^n + \cdots. \tag{7.6}$$

称式(7.6)为函数$f(x)$的麦克劳林级数.

2.泰勒级数的收敛性

由式(7.5)我们已经得到函数$f(x)$在点x_0处的泰勒级数展开,但$f(x)$在点x_0处的泰勒级数未必收敛.在其收敛区间内,其和函数也未必等于$f(x)$.

设式(7.5)中幂级数的部分和为$S_n(x)$,则当$\lim_{n\to\infty} S_n(x) = f(x)$时泰勒级数(7.5)在点$x_0$及其左右收敛于$f(x)$.该级数的余项为

$$R_n(x) = f(x) - S_n(x).$$

显然泰勒级数(7.5)收敛于和函数$f(x)$的充要条件是$\lim_{n\to\infty} R_n(x) = 0$,因此,我们有如下结论:

定理7.7 若函数$f(x)$在点x_0及其左右有任意阶导数,则$f(x)$在点x_0处的泰勒级数在点x_0收敛于和函数$f(x)$的充要条件是泰勒级数的余项$R_n(x)$满足$\lim_{n\to\infty} R_n(x) = 0$.

由于泰勒级数的余项$R_n(x)$的表达式较为复杂,验证$\lim\limits_{n\to\infty}R_n(x)=0$有一定难度,因此在以下内容中,验证$\lim\limits_{n\to\infty}R_n(x)=0$的详细过程从略.

二、函数的幂级数展开

将函数$f(x)$展开成x的幂级数$\sum\limits_{n=0}^{\infty}\dfrac{f^{(n)}(0)}{n!}x^n$有直接展开法和间接展开法.

将$f(x)$展开成x的幂级数的一般步骤为:

(1) 求出$f(x)$的各阶导数$f'(x),f''(x),\cdots,f^{(n)}(x),\cdots$;

(2) 计算$f(0),f'(0),f''(0),\cdots,f^{(n)}(0),\cdots$;

(3) 写出$f(x)$的麦克劳林级数

$$f(0)+\frac{f'(0)}{1!}x+\frac{f''(0)}{2!}x^2+\cdots+\frac{f^{(n)}(0)}{n!}x^n+\cdots;$$

(4) 求出上述级数的收敛半径R;

(5) 当$x\in(-R,R)$时,考察

$$\lim_{n\to\infty}R_n(x)=0$$

是否成立. 如果$\lim\limits_{n\to\infty}R_n(x)=0$成立,则$\sum\limits_{n=0}^{\infty}\dfrac{f^{(n)}(0)}{n!}x^n$的和函数为$f(x)$;否则即使$\sum\limits_{n=0}^{\infty}\dfrac{f^{(n)}(0)}{n!}x^n$收敛,和函数也不一定为$f(x)$.

【例1】 将函数$f(x)=e^x$展开为x的幂级数.

解 因为

$$f'(x)=f''(x)=\cdots=f^{(n)}(x)=\cdots=e^x,$$

所以

$$f(0)=f'(0)=f''(0)=\cdots=f^{(n)}(0)=\cdots=1.$$

于是函数$f(x)=e^x$的麦克劳林级数为

$$1+\frac{1}{1!}x+\frac{1}{2!}x^2+\cdots+\frac{1}{n!}x^n+\cdots.$$

由

$$\rho=\lim_{n\to\infty}\left|\frac{a_{n+1}}{a_n}\right|=\lim_{n\to\infty}\frac{\frac{1}{(n+1)!}}{\frac{1}{n!}}=\lim_{n\to\infty}\frac{1}{n+1}=0$$

得收敛半径$R=+\infty$,因而收敛区间为$(-\infty,+\infty)$.

任取$x\in(-\infty,+\infty)$,可以推出$\lim\limits_{n\to\infty}R_n(x)=0$成立.

所以e^x是麦克劳林级数的和函数,即

$$\begin{aligned}e^x&=1+\frac{1}{1!}x+\frac{1}{2!}x^2+\cdots+\frac{1}{n!}x^n+\cdots\\&=\sum_{n=0}^{\infty}\frac{1}{n!}x^n,\quad -\infty<x<+\infty.\end{aligned}$$

【例2】 将三角函数$f(x)=\sin x$展开为x的幂级数.

解 因为

$$f'(x) = \cos x = \sin\left(x + \frac{\pi}{2}\right),$$

$$f''(x) = -\sin x = \sin\left(x + \frac{2\pi}{2}\right),$$

$$f'''(x) = -\cos x = \sin\left(x + \frac{3\pi}{2}\right),$$

$$f^{(4)}(x) = \sin x = \sin\left(x + \frac{4\pi}{2}\right),$$

......

$$f^{(n)}(x) = \sin\left(x + \frac{n\pi}{2}\right),$$

$$f^{(n)}(0) = \sin\frac{n\pi}{2} = \begin{cases} 0, & n = 2m, \\ (-1)^{m-1}, & n = 2m - 1 \end{cases} \quad (m \in \mathbf{Z}),$$

所以,$f(x) = \sin x$的麦克劳林级数为

$$x - \frac{1}{3!}x^3 + \frac{1}{5!}x^5 - \frac{1}{7!}x^7 + \cdots.$$

又$\rho = \lim\limits_{n \to \infty}\left|\dfrac{a_{n+1}}{a_n}\right| = \lim\limits_{n \to \infty}\dfrac{\frac{1}{2(n+1)!}}{\frac{1}{(2n)!}} = \lim\limits_{n \to \infty}\dfrac{1}{2n(2n+1)} = 0$,因此收敛半径$R = +\infty$,收敛区间为$(-\infty, +\infty)$.

任取$x \in (-\infty, +\infty)$,可以推出$\lim\limits_{n \to \infty} R_n(x) = 0$成立.

所以,$f(x) = \sin x$的幂级数展开式为

$$\sin x = x - \frac{1}{3!}x^3 + \frac{1}{5!}x^5 - \frac{1}{7!}x^7 + \cdots + \frac{(-1)^n}{(2n+1)!}x^{2n+1} + \cdots$$

$$= \sum_{n=0}^{\infty} \frac{(-1)^n}{(2n+1)!}x^{2n+1}, \quad -\infty < x < +\infty.$$

在上述展开中我们看到,将函数$f(x)$展开为幂级数,先要求出$f(x)$的各阶导数,并且要找出其规律,才能写出$f^{(n)}(x)$的表达式.另外,要求出余项$R_n(x)$,并且判定$\lim\limits_{n \to \infty} R_n(x)$是否为零.一般来说,这两者都很困难,因此需要寻求更好一点的办法,以避免求各阶导数,避免讨论$\lim\limits_{n \to \infty} R_n(x)$是否为零而达到同样的目的.

2.间接展开法

有少数比较简单的函数的幂级数展开式能通过直接展开法得到,通常是从已知函数的幂级数展开式出发,通过变量代换、逐项求导、逐项积分或四则运算等方法求出函数的幂级数展开式,这就是**间接展开法**.由于函数展开成幂级数是唯一的,所以间接展开与直接展开所得结果是相同的.

【例3】 将函数$f(x) = \cos x$展开为x的幂级数.

解 由幂级数性质可知,对 $\sin x = \sum_{n=0}^{\infty} \frac{(-1)^n}{(2n+1)!} x^{2n+1}$ 求导得

$$\cos x = \sum_{n=0}^{\infty} \left[\frac{(-1)^n}{(2n+1)!} x^{2n+1} \right]' = \sum_{n=0}^{\infty} \frac{(-1)^n}{(2n)!} x^{2n},$$

所以

$$\cos x = 1 - \frac{1}{2!} x^2 + \frac{1}{4!} x^4 - \frac{1}{6!} x^6 + \cdots + \frac{(-1)^n}{(2n)!} x^{2n} + \cdots$$

$$= \sum_{n=0}^{\infty} \frac{(-1)^n}{(2n)!} x^{2n}, \quad -\infty < x < +\infty.$$

即为函数 $f(x) = \cos x$ 的幂级数展开式.

【例4】 将下列函数展开为 x 的幂级数:

(1) $\dfrac{1}{1-2x}$; (2) $\dfrac{1}{2-x}$; (3) $\dfrac{1}{1+x^2}$

解 因为 $\dfrac{1}{1-x} = 1 + x + x^2 + \cdots + x^n + \cdots, \quad -1 < x < 1.$

(1) 在上式中用 $2x$ 代替 x,得

$$\frac{1}{1-2x} = 1 + 2x + (2x)^2 + \cdots + (2x)^n + \cdots, \quad -1 < 2x < 1,$$

即

$$\frac{1}{1-2x} = 1 + 2x + 4x^2 + \cdots + 2^n x^n + \cdots, \quad -\frac{1}{2} < x < \frac{1}{2}.$$

(2) 因为 $\dfrac{1}{2-x} = \dfrac{1}{2} \cdot \dfrac{1}{1-\frac{x}{2}}$,所以用 $\dfrac{x}{2}$ 代替 x 得

$$\frac{1}{2-x} = \frac{1}{2}\left[1 + \frac{x}{2} + \left(\frac{x}{2}\right)^2 + \cdots + \left(\frac{x}{2}\right)^n + \cdots \right], \quad -1 < \frac{x}{2} < 1.$$

即

$$\frac{1}{2-x} = \frac{1}{2} + \frac{x}{2^2} + \frac{x^2}{2^3} + \cdots + \frac{x^n}{2^{n+1}} + \cdots, \quad -2 < x < 2.$$

(3) 因为 $\dfrac{1}{1+x^2} = \dfrac{1}{1-(-x^2)}$,所以用 $-x^2$ 代替 x 得

$$\frac{1}{1+x^2} = 1 + (-x^2) + (-x^2)^2 + \cdots + (-x^2)^n + \cdots, \quad -1 < -x^2 < 1.$$

即

$$\frac{1}{1+x^2} = 1 - x^2 + x^4 + \cdots + (-1)^n x^{2n} + \cdots, \quad -1 < x < 1.$$

【例5】 将函数 $\arctan x$ 展开成 x 的幂级数.

解 因为 $\arctan x = \displaystyle\int_0^x \frac{1}{1+t^2} \mathrm{d}t$,而函数 $\dfrac{1}{1+t^2}$ 的幂级数展开式可直接利用例4的结果来得到,即

$$\frac{1}{1+t^2} = 1 - t^2 + t^4 + \cdots + (-1)^n t^{2n} + \cdots, \quad -1 < t < 1.$$

将上式两端同时积分得到

$$\arctan x = x - \frac{1}{3}x^3 + \cdots + (-1)^n \frac{x^{2n+1}}{2n+1} + \cdots, \quad -1 \leqslant x \leqslant 1. \tag{7.7}$$

当 $x = \pm 1$ 时,右端分别得数项级数

$$1 - \frac{1}{3} + \cdots + (-1)^n \frac{1}{2n+1} + \cdots,$$

$$-1 + \frac{1}{3} - \cdots + (-1)^{n+1} \frac{1}{2n+1} + \cdots,$$

它们都是收敛的,又由幂级数的和函数的连续性知,式(7.7)当 $x = \pm 1$ 时成立.

【能力训练7.5】

(基础题)

1.将下列函数展开为 x 的幂级数,并指出其收敛域:

(1) $\dfrac{1}{1-x^2}$; (2) $\ln(a+x)(a>0)$ (3) e^{2x}; (4) $\sin\dfrac{x}{3}$.

2.将 $y = \dfrac{1}{x}$ 展开为 $x-3$ 的幂级数.

(应用题)

计算积分 $\displaystyle\int_0^1 \frac{\sin x}{x}\mathrm{d}x$ 的近似值,要求误差不超过0.0001.

§7.6 数学实验——用 *Matlab* 计算级数的和

一、无穷级数之和

在 *Matlab* 中使用命令 $symsum$ 来对无穷级数 $\displaystyle\sum_{k=1}^{\infty} s_k = s_1 + s_2 + s_3 + \cdots$ 进行求和,该命令的常用格式见表7.1,其中 s 为级数的一般项.

表 7.1

命令格式	功　能
$r = symsum(s,a,b)$	返回默认变量 k 从 a 开始到 b 为止 s 的和
$r = symsum(s,a,inf)$	返回默认变量 k 从 a 开始到 ∞ 为止 s 的和

【例1】 求 $\displaystyle\sum_{k=1}^{n} k^2$ 的一般表达式.

解　输入命令:

\>\> $syms\ k\ n$;

\>\> $symsum(k\wedge 2,1,n)$

输出结果为:

>> $ans = 1/3*(n+1)\wedge 3 - 1/2*(n+1)\wedge 2 + 1/6*n + 1/6$

输出结果比较复杂,可以化简一下,输入命令:

>> $simplify(ans)$

输出结果为

>> $ans = 1/3*n\wedge 3 + 1/2*n\wedge 2 + 1/6*n$

可以再对该结果进行因式分解,输入命令:

>> $factor(ans)$

输出结果为:

>> $ans = 1/6*n*(n+1)*(2*n+1)$

【例2】 求 $\sum_{k=1}^{10} k^3$.

解 输入命令:

>> $syms\, k;$

>> $symsum(k\wedge 3, 1, 10)$

输出结果为:

>> $ans = 3025$

【例3】 求 $\sum_{k=1}^{\infty} \frac{1}{k!}$.

解 输入命令:

>> $syms\, k;$

>> $r = symsum(1/sym('k!'), 0, inf)$

输出结果为:

>> $r = exp(1)$

二、幂级数之和

设幂级数为 $s(x) = \sum_{n=0}^{\infty} a_n x^n$,可以使用命令 $symsum(s, n, 0, inf)$ 来求出 $s(x)$,即 $symsum$ 命令不仅可以求数项级数的和,还可以求幂级数的和.

【例4】 求幂级数 $\sum_{k=0}^{\infty} \frac{x^k}{k!}$.

解 输入命令:

>> $syms\, x\, k;$

>> $r = symsum(x\wedge k/sym('k!'), k, 0, inf)$

输出结果为:

>> $r = exp(x)$

【例5】 求幂级数 $\sum_{k=0}^{\infty} x^k$.

解 输入命令:

>> $syms\, x\, k;$

>> $r = symsum(x\wedge k, k, 0, inf)$

输出结果为:

>> r = -1/(x - 1)

三、函数的幂级数展开

在Matlab中使用命令taylor求函数的幂级数展开式，其使用格式见表7.2.

表 7.2

命令格式	功　　能
$taylor(f,n)$	返回f关于默认变量的$n-1$阶麦克劳林展开式 $\sum_{k=0}^{n-1}\dfrac{f^k(0)}{k!}x^k$
$taylor(f,x,n,a)$	返回f在$x=a$处的$n-1$阶泰勒展开式 $\sum_{k=0}^{n-1}\dfrac{f^k(a)}{k!}(x-a)^k$

【例6】 求三角函数$\sin x$幂级数展开式的前4项.

解　输入命令：

>> syms x;

>> s = taylor(sin(x), 8)

输出结果为：

>> s = x - 1/6*x^3 + 1/120*x^5 - 1/5040*x^7

复习题七

一、单项选择题.

1. 设级数 $\sum\limits_{n=1}^{\infty}\dfrac{2}{q^n}$ 收敛，则有(　　)；

　(A) $q < 1$　　　(B) $|q| < 1$　　　(C) $q > -1$　　　(D) $|q| > 1$

2. 设 $u_n = (-1)^n \dfrac{1}{\sqrt{n}}$，则级数(　　)；

　(A) $\sum\limits_{n=1}^{\infty} u_n$ 与 $\sum\limits_{n=1}^{\infty} u_n^2$ 都收敛　　　(B) $\sum\limits_{n=1}^{\infty} u_n$ 与 $\sum\limits_{n=1}^{\infty} u_n^2$ 都发散

　(C) $\sum\limits_{n=1}^{\infty} u_n$ 收敛，$\sum\limits_{n=1}^{\infty} u_n^2$ 发散　　　(D) $\sum\limits_{n=1}^{\infty} u_n$ 发散，$\sum\limits_{n=1}^{\infty} u_n^2$ 收敛

3. 下列级数绝对收敛的是(　　)；

　(A) $\sum\limits_{n=1}^{\infty}(-1)^n\dfrac{1}{\sqrt[3]{n}}$　　(B) $\sum\limits_{n=1}^{\infty}\dfrac{1}{2^n}$　　(C) $\sum\limits_{n=1}^{\infty}\dfrac{n^2+3}{n^2}$　　(D) $\sum\limits_{n=1}^{\infty}\left(\dfrac{1}{n^2}-\dfrac{1}{n}\right)$

4. 级数 $\sum\limits_{n=1}^{\infty} a^n x^n$ 在 $x = -2$ 处收敛，则此级数在 $x = 1$ 处(　　)；

　(A) 条件收敛　　　(B) 绝对收敛　　　(C) 发散　　　(D) 无法确定

5. 级数 $\sum\limits_{n=1}^{\infty}\dfrac{n+1}{3^n}x^n$ 的收敛域是(　　)；

　(A) $x < 3$　　　(B) $x > -3$　　　(C) $-3 < x < 3$　　　(D) $x = 0$

6. 幂级数 $\sum_{n=1}^{\infty} \dfrac{2^n x^n}{n!}$ 的和函数为( ).

   (A) e^x (B) $e^{2x} - 1$ (C) e^{2x} (D) $2e^{2x}$

二、填空题.

1. 当 _____ 时，交错级数 $\sum_{n=1}^{\infty} (-1)^{n-1} u_n (u_n > 0)$ 收敛；

2. 对于级数 $\sum_{n=1}^{\infty} u_n$，$\lim\limits_{n \to \infty} u_n = 0$ 是它收敛的 _____ 条件；

3. 若级数 $\sum_{n=1}^{\infty} u_n$ 绝对收敛，则级数 $\sum_{n=1}^{\infty} u_n$ 必定 _____；

4. 若级数 $\sum_{n=1}^{\infty} u_n$ 条件收敛，则级数 $\sum_{n=1}^{\infty} |u_n|$ 必定 _____；

5. 已知级数 $\sum_{n=1}^{\infty} u_n$ 的部分和 $S_n = 2^n$，则 $u_n = $ _____；

6. 函数 $f(x) = \dfrac{1}{x}$ 展开为 $x - 1$ 的幂级数为 _____.

三、计算题.

1. 判别下列级数的敛散性.

   (1) $\sum_{n=1}^{\infty} (\sqrt{n+1} - \sqrt{n})$;   (2) $\sum_{n=1}^{\infty} \dfrac{3^n}{n^n}$;

   (3) $\sum_{n=1}^{\infty} \dfrac{1}{[\ln(n+1)]^n}$;   (4) $\sum_{n=1}^{\infty} (-1)^{n-1} \dfrac{n}{2n-1}$.

2. 求下列幂级数的收敛域.

   (1) $-x - \dfrac{x^2}{2} - \dfrac{x^3}{3} - \cdots - \dfrac{x^n}{n} - \cdots$;   (2) $\dfrac{x}{3} + \dfrac{x^2}{2 \cdot 3^2} + \dfrac{x^3}{3 \cdot 3^3} + \cdots + \dfrac{x^n}{n \cdot 3^n} - \cdots$.

3. 将下列函数展开成 x 的幂级数，并求其收敛半径.

   (1) e^{3x};   (2) $\dfrac{1}{2+x}$.

4. 求幂级数 $\sum_{n=1}^{\infty} \dfrac{1}{n} x^n$ 的和函数.

参考文献

[1] 魏寒柏,骈俊生. 高等数学. 北京:高等教育出版社,2014.

[2] 沈跃云,马怀远. 应用高等数学. 2版. 北京:高等教育出版社,2014.

[3] 颜文勇. 高等应用数学. 2版. 北京:高等教育出版社,2014.

[4] 康永强. 高等应用数学. 北京:高等教育出版社,2011.

[5] 陈翠. 高等数学. 北京:高等教育出版社,2014.

[6] 冯翠莲. 经济应用数学. 北京:高等教育出版社,2014.

[7] 同济大学. 高等数学. 4版. 北京:高等教育出版社,2008.

[8] 吴维峰. 高等数学. 北京:中国轻工业出版社,2013.

[9] 薛定宇,陈阳泉. 高等应用数学问题的 Matlab 求解. 北京:清华大学出版社,2004.

[10] 李心灿等. 高等数学应用 205 例. 北京:高等教育出版社,1997.

[11] 杨桂元. 数学模型应用实例. 合肥:合肥工业大学出版社,2007.

[12] 唐明等. 大学数学与数学文化. 北京:科学出版社,2015.

[13] 胡良剑,孙晓君. Matlab 数学实验. 北京:高等教育出版社,2006.

[14] 郭科. 数学实验高等数学分册. 北京:高等教育出版社,2010.

反侵权盗版声明

电子工业出版社依法对本作品享有专有出版权。任何未经权利人书面许可，复制、销售或通过信息网络传播本作品的行为；歪曲、篡改、剽窃本作品的行为，均违反《中华人民共和国著作权法》，其行为人应承担相应的民事责任和行政责任，构成犯罪的，将被依法追究刑事责任。

为了维护市场秩序，保护权利人的合法权益，我社将依法查处和打击侵权盗版的单位和个人。欢迎社会各界人士积极举报侵权盗版行为，本社将奖励举报有功人员，并保证举报人的信息不被泄露。

举报电话：（010）88254396；（010）88258888
传　　真：（010）88254397
E-mail：dbqq@phei.com.cn
通信地址：北京市万寿路173信箱
　　　　　电子工业出版社总编办公室
邮　　编：100036